JN270923

現代物理学［基礎シリーズ］

倉本義夫・江澤潤一 編集

6

# 基礎固体物性

齋藤理一郎

［著］

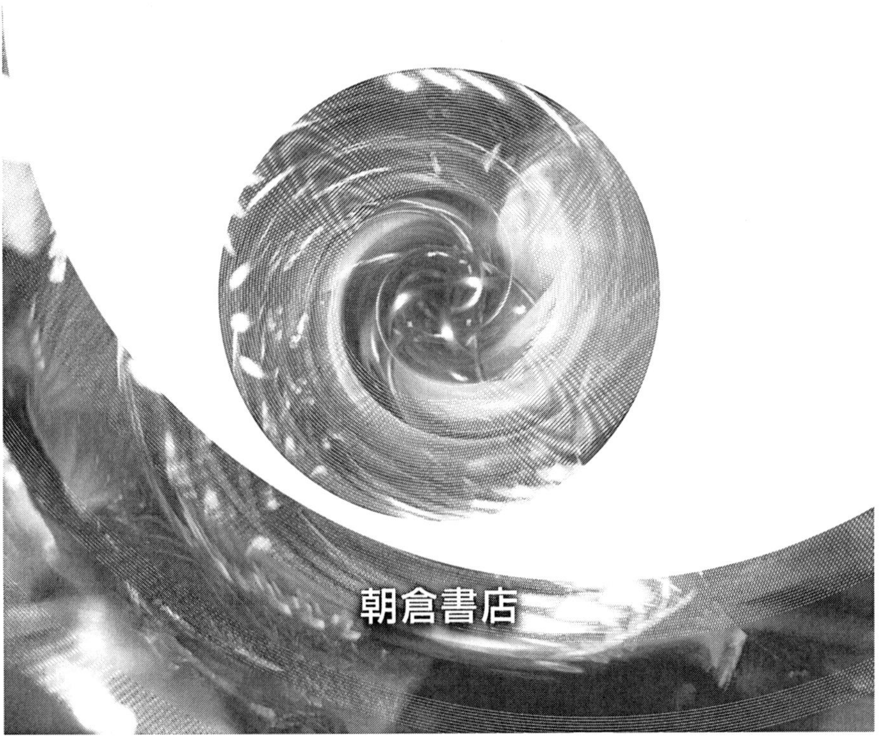

朝倉書店

編 集 委 員

倉本義夫　東北大学大学院理学研究科・教授

江澤潤一　東北大学名誉教授

# まえがき

本書は，固体物性の基礎を学ぶ教科書である．学部学生を対象とし，量子力学や統計力学を学んだあとに，固体の基礎的なことを半期で学ぶ授業に照準を合わせている．

固体物性とは，固体の物質の性質を理解する研究分野である．結晶の構造，電気的性質，光学的性質，磁気的性質などを，数式を用いて定量的に理解することが本書の目的である．この研究の大きな成果として，半導体や，レーザーの応用がある．これらはすべて日常生活と深く関わっている．

日常生活に関わっているとはいえ，科学として理解するのは容易ではない．例えば，出てくる数値の大きさは日常の感覚とは合わない．この教科書を通じてまず習得してほしいのは「固体物性の常識的な数値と単位」である．どんなに理論を深く理解しようとも，全く見当違いの値や単位を使っているのに読者が平気な顔をしているようでは，著者として困る．読者が失笑のまとになるようであれば，教科書として失格である．物理量に対する大きさ，単位を，読者が常に意識して読み進めるように，意識して執筆した．

次に重要なのは「どうやって実験するか」である．物理にはすべて実験と理論があり，実験の検証が必須である．どういう手法があり，その手法から何がわかるかは，固体物性を理解するうえで重要である．各章には代表的な実験手法の要点を説明してある．

従来の多くの固体物性の教科書の焦点は，理論の展開にあった．著者は，過去の難しい本で「以下の式を容易に求めることができる」という文章にだまされて，式の導出ができず放り投げたことが何度もある．式の導出には，知識，論理，根拠が必要である．導出に必要な数学は何か，なぜ必要か，何を意味するか，式の根拠は何か，という点を常に意識して執筆にあたり，必要以上に脚注に記述した．したがって「脚注ばかりの本」になった．脚注と本文を行き来しては読みにくい．授業中の余談程度のものとして，適宜，読み飛ばしてもらえれば幸いである．

本書は，90 分の授業を 12 回 (半期) 行うのと同程度の内容・分量である．1 年間の授業として使う場合には，演習問題の内容を授業に加えると幅が広がる．固体物性の教科書としてコンパクトであるということに主眼をおいた．優秀な読者にとっては，物足りないかもしれない．本書を足掛かりに，より専門的な教科書を読破してもらえれば，著者の役目を果たしたことになる．学部教育 (大学院の基礎教育) の授業に相応しい教科書となるように徹した．特に，物理屋くさい不可解な文体を使わないように，平易で短い文体を心掛けた．これは，本書が，工学，材料科学，化学，医学の分野の学生にとっても独習可能であることを目指しているからである．

コンパクトであることに主眼をおいたので，演習問題の解答は省略した．詳しい解答を著者の Web ページ (http://flex.phys.tohoku.ac.jp/japanese) に順次載せていくので参照してほしい．また，補足的なデータなども Web 上に載せたいと考えている．現在，多くの学生はインターネットを使える状況にあり，著者の過去の著作もそれに合わせている．読者との対話によって成長していく教科書を目指したい．多くの意見をお待ちしている．

この教科書を作るにあたって，隅野節子様には索引や文章の校正で大変お世話になった．また，東北大学の物性実験の先生などから，いろいろなコメントや興味深い図，写真をいただいた．朝倉書店編集部には本書を作る際にはお世話になった．ここに深く感謝する．

2009 年 1 月

仙台 青葉山にて

齋 藤 理 一 郎

# 目　　次

演習問題の答えは，著者の Web ページ (http://flex.phys.tohoku.ac.jp/japanese) に順次載せていく予定である．

# 1 結晶の構造，X 線構造解析

固体の物性物理学では，主に原子が周期的に並んだ結晶を研究する．この結晶の構造を，X 線を用いてどのように理解できるかを学ぼう．この章では，構造因子がキーワードである．

## 1.1　X 線で構造を解析する

**物性物理の世界にようこそ:** これから学ぶ物性物理とは，物質 (固体) の性質を研究する物理学の一分野である．身の回りにある物質だけでなく，自然界にはない人工的な物質を作り，すばらしい性質を見出すことを目標にしている．例えば太陽電池で動き，電波を受信して時刻を修正する腕時計があるが，この動作には物性物理の多くの成果が凝縮されている．また超伝導や超流動のような量子的な性質を理解することも物性物理学である．

**結晶と非晶質:** 物質の中でも性質のきれいな結晶を理解し，結晶の構造を X 線を用いて解析する方法を理解しよう．結晶とは原子が周期的に並んだ固体である．周期的とは，ある方向に一定の距離進むと同じ構造に出会うことである．周期的でないものを，非晶質 (アモルファス) という．ガラス，陶器は非晶質の例である[*1)]．

**X 線構造解析とブラッグの条件:** 物質の原子の並び方を構造と呼ぶ．物質の構造は X 線を当てて調べることができる．これを X 線構造解析と呼ぶ．X 線構造解析の原理を学びながら構造の定義を理解しよう．図 1.1 では，結晶のある面 (結晶面) が周期的 (面間隔 $d$) に並んでいる．結晶面は原子を多く含む平

*1) この他に，周期的でないが規則的に並んだ物質がある．これを準結晶と呼ぶ．準結晶には，結晶に類似した X 線構造パターンがある．

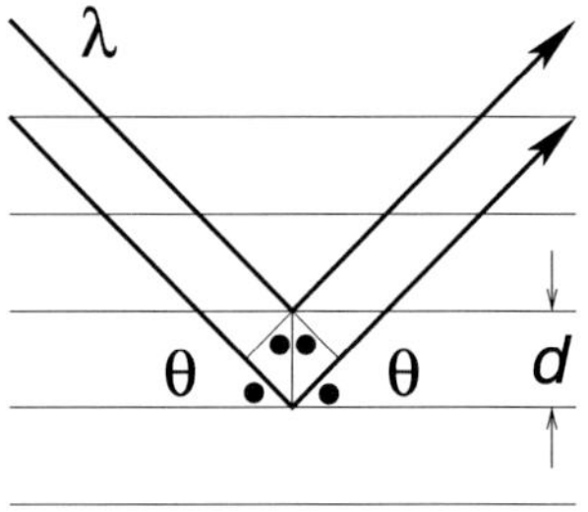


図 1.1　ブラッグの条件．面間隔 $d$ で周期的な結晶面に対して，角度 $\theta$(図中の黒丸はすべて $\theta$) で反射した隣り合う 2 つの波 (波長 $\lambda$) が干渉して強め合う条件は，式 (1.1) で与えられる．

面である．結晶面に X 線 (波長 $\lambda$) が当たり，角度 $\theta$ で反射するとき，隣り合う 2 つの面の反射波が強め合う条件は，

$$2d\sin\theta = n\lambda, \qquad \sin\theta = \frac{n\lambda}{2d} \tag{1.1}$$

で与えられる (ブラッグの条件)[*2]．ここで $n$ は整数である．ここで，波長 $\lambda$ と面間隔 $d$ は実験では決まっている値であるから，$n$ に応じて物質固有の $\theta$ の方向に散乱される．X 線構造解析では波長 $\lambda$ と $\theta$ の値から，面間隔 $d$ が求まる．

波数 (はすう)**:** X 線構造解析では，多くの議論を波数の世界で行う．波数 $k$ とは波長 $\lambda$ の逆数の $2\pi$ 倍，$k = 2\pi/\lambda$ である[*3]．光の振動数を $f$ とし光速を $c$ とおくと，$c = f\lambda$ であるので，角振動数 $\omega = 2\pi f$ は $\omega = ck$ と書くことができる．光のエネルギー量子 (フォトン) のエネルギーは，$\hbar\omega = \hbar ck$ である[*4]．

波数でのブラッグの条件**:** 波数 $\boldsymbol{k}_{\mathrm{in}}$ で入射した波は，$\boldsymbol{k}_{\mathrm{out}}$ 方向に散乱する (図 1.2)．このときの波数ベクトル[*5]の向きの変化 $\Delta\boldsymbol{k}$ は，

$$\Delta\boldsymbol{k} = 2k\sin\theta, \qquad k = |\boldsymbol{k}_{\mathrm{in}}| = |\boldsymbol{k}_{\mathrm{out}}| \tag{1.2}$$

で与えられる．式 (1.1) を式 (1.2) に代入すると，

---

*2)　図 1.1 の光の行路差は $2d\sin\theta$ である．行路差が波長の整数倍のとき 2 つの波の振幅は足され大きくなる．波の干渉効果である．

*3)　分光学の世界では，定数 $2\pi$ が付かない定義 $k = 1/\lambda$ を使うので注意が必要である．分光学での波数の定義は $\mathrm{cm}^{-1}$(カイザーという．英語では wave number ともいう) である．1 eV が $8065\,\mathrm{cm}^{-1}$ になる．

*4)　$\hbar = h/2\pi$．$h$ はプランク定数．$\hbar = 1.054 \times 10^{-34}$ Js.

*5)　波数は波の進行方向の向きを持ち，大きさ $k = 2\pi/\lambda$ のベクトルで表すことができる．これを波数ベクトルという．

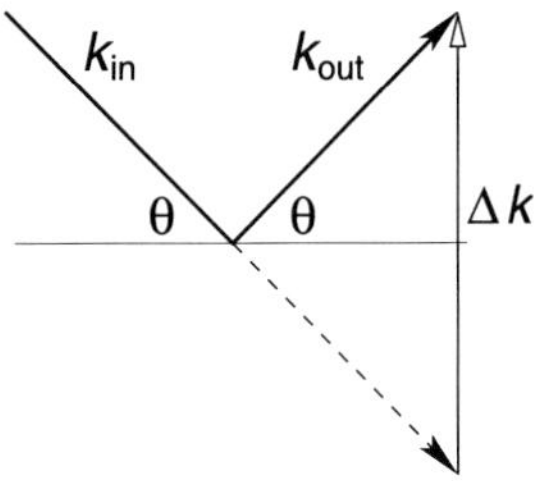


図 **1.2** 波数 $\boldsymbol{k}_{\rm in}$ で入射した波は，$\boldsymbol{k}_{\rm out}$ 方向に散乱する．このときの波数ベクトルの向きの変化 $\Delta\boldsymbol{k}$ は式 (1.3) で与えられ，逆格子ベクトル $\boldsymbol{G}$ で与えられる．

$$\Delta k = \frac{2\pi}{d} n = Gn \tag{1.3}$$

を得る．ここで $G = 2\pi/d$ は，面間隔 $d$ の格子に対する逆格子ベクトル (次節参照) の大きさである．

## 1.2 格子と逆格子

**単位胞:** 実空間でベクトル $\boldsymbol{a}$ の周期性があるとは，座標を $\boldsymbol{r}$ から $\boldsymbol{r}+\boldsymbol{a}$ に移動 (並進移動) したときに，結晶の同じ構造があることである．このとき $\boldsymbol{a}$ を周期と呼ぶ．実空間の周期性の最小の単位を単位胞と呼ぶ．結晶は，単位胞を隙間なく並べることで得られる．3 次元の単位胞は，3 方向の周期性を持つ．3 つの周期を表すベクトルを基本格子ベクトル $\boldsymbol{a_i}$, $(i = 1,3)$ と呼び，$\boldsymbol{a_i}$ で構成される平行六面体は単位胞である[*6)]．結晶の格子ベクトル $\boldsymbol{R}$ (異なる 2 つの単位胞中の等価な 2 点を結んだベクトル) は，

$$\boldsymbol{R} = p\boldsymbol{a_1} + q\boldsymbol{a_2} + r\boldsymbol{a_3}, \qquad (p, q, r \text{ は整数}) \tag{1.4}$$

のように，基本格子ベクトルの整数倍で表される．

**逆格子ベクトル:** 結晶中を $\boldsymbol{k}$ 方向に進行する波は，$\exp(i\boldsymbol{k}\cdot\boldsymbol{r})$ と書くことができる[*7)]．$\boldsymbol{r}$ 方向の周期として $\boldsymbol{a_i}$ をとると，$\boldsymbol{a_i}\cdot\boldsymbol{b_i} = 2\pi$ になるように $\boldsymbol{k} = \boldsymbol{b_i}$ とおけば，$\boldsymbol{r} \to \boldsymbol{r} + \boldsymbol{a_i}$ の並進移動に対して波は同じ振幅を与える[*8)]．

*6) 結晶の周期性を再現する単位胞の取り方は平行六面体と等価な形であれば良い．通常は最も対称性の高い形の単位胞が選ばれる．

*7) これを平面波という．実際の振幅を考えるときは実部または虚部を考えれば良い．

*8) $\exp(i\boldsymbol{k}\cdot\boldsymbol{r})$ の $\boldsymbol{k}\cdot\boldsymbol{r}$ の部分を位相と呼ぶ．位相が $2\pi$ ずれると同じ値を与える．

逆に $\boldsymbol{r} = \boldsymbol{a}_i$ とおくと，$\boldsymbol{k} \longrightarrow \boldsymbol{k} + \boldsymbol{b_i}$ の $k$ 空間の並進移動に対しても，波は同じ振幅を与える．実空間で周期性のある結晶は，波数 $k$ の空間でも周期性がある．この $k$ の空間での周期的な構造を逆格子と呼ぶ[*9)]．逆格子の周期性の最小の単位をブリルアン領域と呼ぶ．ブリルアン領域は，逆格子中の 3 つのベクトル $\boldsymbol{b_j}, (j = 1, 3)$ で書くことができる．格子ベクトル $\boldsymbol{R}$ に対して，逆格子の等価な点を結ぶベクトルを逆格子ベクトル $\boldsymbol{G}$ と呼び，

$$\boldsymbol{G} = l\boldsymbol{b_1} + m\boldsymbol{b_2} + n\boldsymbol{b_3} \equiv (l, m, n) \tag{1.5}$$

のように 3 つの整数，$(l, m, n)$ で表すことができる．

逆格子ベクトルの取り方: 3 つの基本格子ベクトル $\boldsymbol{a}_i$ に対し，

$$\boldsymbol{a_i} \cdot \boldsymbol{b_j} = 2\pi \times \delta_{ij}, \qquad \delta_{ij} = \begin{cases} 1 & i = j \\ 0 & i \neq j \end{cases} \tag{1.6}$$

になるように $\boldsymbol{b_i}$ を定めれば，他の $\boldsymbol{a}_i$ の方向の並進移動に対して独立に周期性を作ることができる．このような $\boldsymbol{b_i}$ は，以下の公式によって与えられる．

$$\boldsymbol{b_1} = \frac{2\pi(\boldsymbol{a_2} \times \boldsymbol{a_3})}{\boldsymbol{a_1} \cdot (\boldsymbol{a_2} \times \boldsymbol{a_3})}, \ \boldsymbol{b_2} = \frac{2\pi(\boldsymbol{a_3} \times \boldsymbol{a_1})}{\boldsymbol{a_2} \cdot (\boldsymbol{a_3} \times \boldsymbol{a_1})}, \ \boldsymbol{b_3} = \frac{2\pi(\boldsymbol{a_1} \times \boldsymbol{a_2})}{\boldsymbol{a_3} \cdot (\boldsymbol{a_1} \times \boldsymbol{a_2})} \tag{1.7}$$

ここで $\boldsymbol{a_2} \times \boldsymbol{a_3}$ の $\times$ はベクトルの外積であり，結果のベクトルは $\boldsymbol{a_2}$ と $\boldsymbol{a_3}$ に直角なベクトルであるから，式 (1.6) を満たす[*10)]．

## 1.3 デバイ・シェラー法

未知の物質の構造を測定する場合には，デバイ・シェラー法という X 線構造解析法が良く使われる．微結晶を試料ホルダーに入れ X 線を当てると，ブラッ

---

*9) 物理数学でフーリエ変換を勉強した人にとっては，ちょうど格子と逆格子はフーリエ変換と逆フーリエ変換でつながっている座標系に相当するものと理解できる．周期的な系では，フーリエ変換はフーリエ級数で表すことができる．

*10) 1 次元の構造の場合には，周期 $a$ に対して逆格子の周期は $2\pi/a$ である．したがって式 (1.3) の逆格子ベクトル $G$ の定義と一致する．2 次元の場合には，$a_3 = (0, 0, 1)$ として公式を用いれば良い．分母に現れる $\boldsymbol{a_1} \cdot (\boldsymbol{a_2} \times \boldsymbol{a_3})$ は，単位胞の体積である．作図によって $\boldsymbol{b_1}$ を求めるときには式 (1.7) の公式を用いずに，$\boldsymbol{a_2}$ と $\boldsymbol{a_3}$ に直角な方向に $\boldsymbol{b_1}$ の方向を定め，内積 $\boldsymbol{a_1} \cdot \boldsymbol{b_1}$ が $2\pi$ になるように大きさと向きを決めるのが簡単である．実際に著者はこの方法を用いる．一方，コンピュータのプログラムに組み込むときは，公式が便利である．

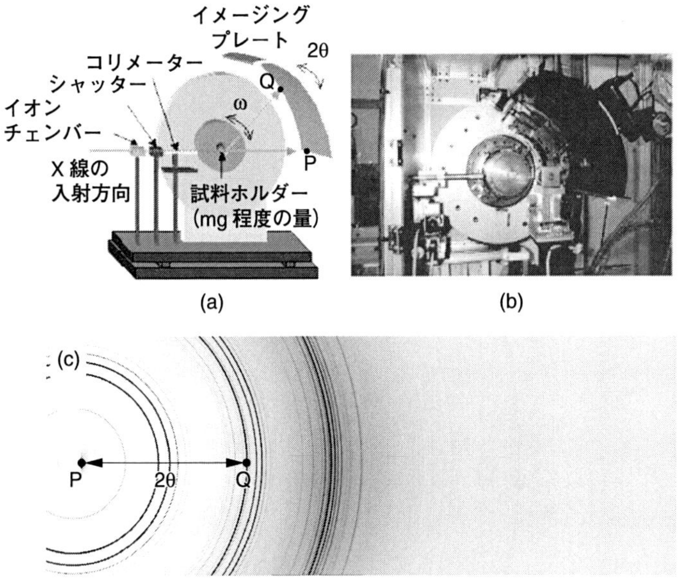


図 1.3 放射光施設の Spring 8 で使われている大型デバイ・シェラーカメラ．イメージングプレートという装置で散乱 X 線の量を測定する．(a) 装置の配置図．図左から入射された X 線は，$2\theta$ の方向に散乱する．それをイメージングプレートで像にする．(b) 実際の装置の写真．(c) イメージングプレートで測定されたパターン．左の 1 つの円の中心点 P から Q までの距離より，$2\theta$ の値がわかる (理化学研究所/東京大学 高田昌樹教授のご厚意による)．

グの条件を満たす $2\theta$ の方向に X 線が散乱される．ここで重要なのは，試料が多くの微結晶からなるという点である．多くの微結晶面は無秩序にいろいろな方向を向いているので，X 線の 1 つの入射方向に対して，どの結晶面 (または $\boldsymbol{G}$) のブラッグの条件も均等に満たす (図 1.3 参照)[11]．さらに結晶面の方向がいろいろな方向を向くように，中央に置かれた試料ホルダーを回転させる．微結晶でも強い X 線源を用いれば短時間にシグナルを得ることが可能である．現在ではシンクロトロン放射光[12]の X 線を単色化したものが使われている．

[11] 飛行機から町をみると，ときどき窓の光っている家がみえる．これはその窓がちょうど日光の反射光の向きに向いているからである．似たような現象は，日常生活では多く，そのたびにデバイ・シェラー法という言葉が思い出される．

[12] 電子を光速に近いスピードに加速する装置をシンクロトロンと呼ぶ．シンクロトロンでは強力な磁石によって電子の周回軌道を曲げ，交流電場で加速する．加速によって電子の質量が増加 (相

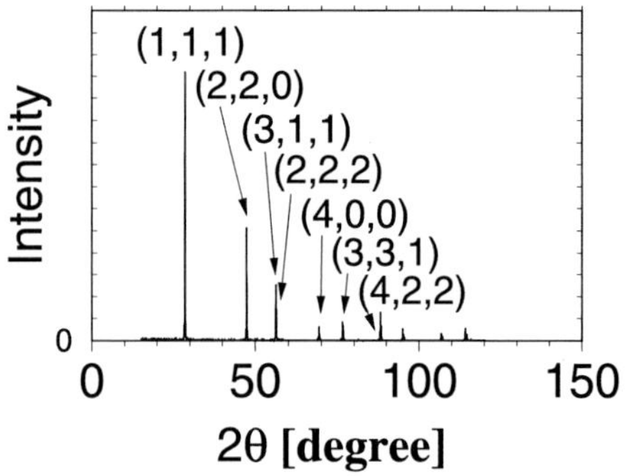


図 1.4　Si の微結晶粉末の X 線スペクトル．散乱光の強度を散乱角の $2\theta$ でプロット．数字はミラー指数．X 線は Cu の $K\alpha$ 線 (Cu の 2p → 1s 軌道への遷移による光，波長 1.54Å) を利用．95° は (3,3,3) と (5,1,1)，107° は (4,4,0)，114° は (5,3,1)，116° は (4,4,2) のミラー指数が対応する (東北大学 松村 武氏のご厚意による)．

式 (1.2) と式 (1.3) は，ブラッグの条件を満たす $2\theta$ が，ある逆格子ベクトル $\boldsymbol{G}$ と 1 対 1 に対応していることを示している．$\boldsymbol{G}$ は，式 (1.5) により 3 つの整数 $(l, m, n)$*13) で表される (ミラー指数)．図 1.4 は X 線の強度を $2\theta$ の関数でプロットしたものである．鋭いスペクトルのピークから未知の構造を決定するには，(1) 結晶構造を仮定し，(2) ミラー指数の位置にピークが現れるか調べ，(3) プロットを最も良く再現する格子定数を選ぶ，という手続きになる*14)．

## 1.4　ブラベー格子と空間群

求めたい結晶の構造は，(1) 単位胞の中の原子の配置と，(2) 単位胞がどう周期的に並んでいるかで決まる．単位胞の周期性は空間群で詳細に調べられてい

対論的効果) する際，交流電場の振動数を加速に合わせて同期，随時変更するのがシンクロトロンである．磁石で電子の運動が曲げられるところで，電子から軌道の接線方向に強い X 線が放出される．これをシンクロトロン放射光 (synchrotron orbit radiation, SOR) と呼ぶ．日本では 大型放射光施設 (Spring 8)，KEK-PF (高エネルギー加速器研究機構 放射光科学研究施設) などが共同利用設備である．単色化とは，特定の波長だけを取り出すことである．

*13) 3 つの数字の組を合わせてミラー指数という．負の整数の場合には，$(\bar{2}, \bar{2}, \bar{3})$ のように，上付きのバーで表される．

*14) 散乱強度の測定値と計算値のずれを信頼度因子 R 値 ($= \sum |$ 観測値 $-$ 計算値 $| / \sum |$ 観測値 $|$) で表現する．R 値が 1∼ 5% なら，仮定した構造が妥当である．ここで和は $2\theta$ に関してとる．

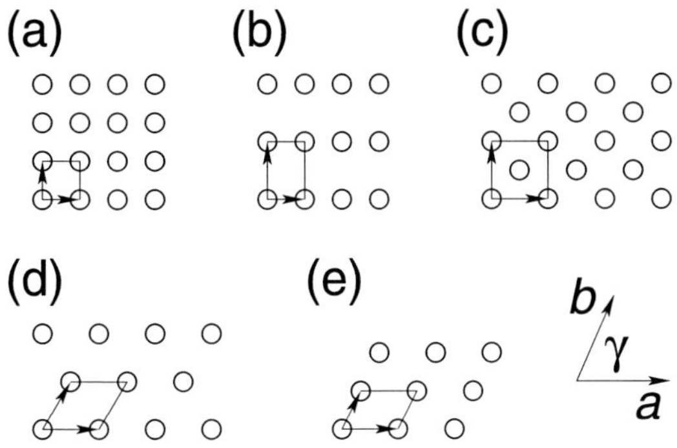


図 1.5 2 次元ブラベー格子は 5 種類. (a) 正方格子 (square lattice)($a = b$, $\gamma = 90°$), (b) 長方格子 (rectangular lattice) ($a \neq b$, $\gamma = 90°$), (c) 面心長方格子 (centered rectangular lattice) ($a \neq b$, $\gamma = 90°$), (d) 六方格子 (hezagonal lattice) ($a = b$, $\gamma = 60°$), (e) 斜格子 (oblique lattice) ($a \neq b$, $\gamma \neq 90°$). 面心正方格子がないのは, 1 辺が $1/\sqrt{2}$ 倍で, 45° 傾いた正方格子になるからである.

て, 可能な構造は, 3 次元で 230 種類あり, 1〜230 の番号が付いている[*15]. 3 次元の構造は, (A) 7 個の晶系, (B) 14 個のブラベー格子, (C) 32 個の点群で分類することができる. 3 次元の 7 個の晶系は, (A-1) 3 つの基本格子ベクトルの長さ $(a, b, c)$ が等しいかどうか, (A-2) 2 つの基本格子ベクトルのなす角 $(\alpha, \beta, \gamma)$ が直角かどうか, で分類できる (図 1.6 を参照). さらに基本格子ベクトルで作られる単位胞 (これを (0) 単純格子 (P) という) の中に同一の結晶構造を持つ原子がある場合[*16]がある. (1) 底心格子 (C, 底面の中心),(2) 体心格子 (B, 単位胞全体の中心),(3) 面心格子 (F, 各面の中心) があり, 7 個の晶系に対して単純格子が 7 個, その他の格子が 7 個可能である. 合計 14 個の空間格子をブラベー格子[*17]と呼ぶ. 図 1.5, 1.6 にそれぞれ 2 次元, 3 次元のブラベー

*15) 2 次元空間群では 17 個, 1 次元では 7 個の構造がある.

*16) 例えば, 単位胞全体の中心に等価な原子がある体心立方格子の場合 (図 1.6(b)), 中心の原子を立方体の頂点とするような格子を組むことができる. この場合, もとの格子で頂点にあった原子が中心にくる. このように体心立方格子の場合, 2 種類の格子の定義が可能で等価である. もし頂点と中心の原子が同じ種類の原子であれば, 最も小さな単位胞は, 立方体ではなく, 頂点の原子から近接の 3 つの中心の原子に向けた, 基本格子ベクトルで作られる平行六面体になる. この場合には, 単位胞には 1 つの原子しかない. この場合も体心立方格子と呼ぶことに注意しよう.

*17) ブラベー格子は, 空間的な対称性が等価でない結晶格子のことと定義される. 2 次元は 5 個, 3 次元は 14 個ある.

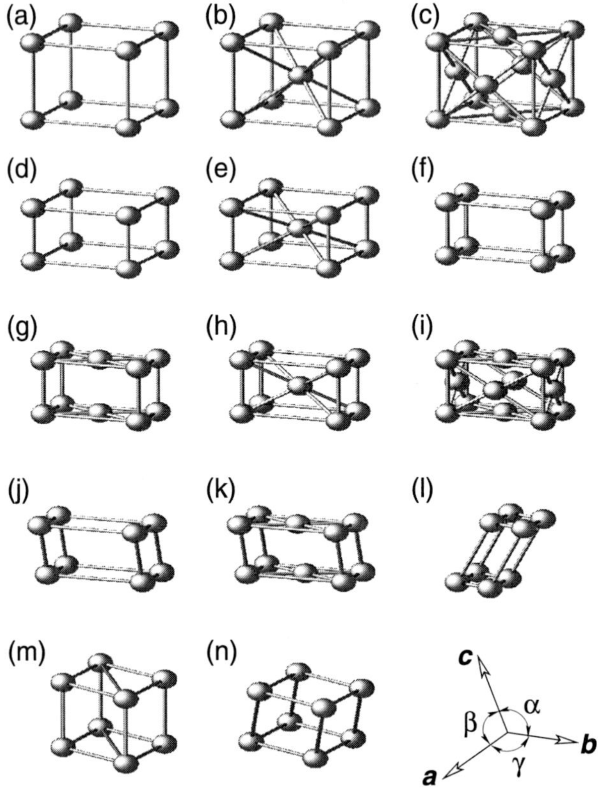


図 1.6　3 次元結晶系は 7 種類．ブラベー格子は 14 種類．(a-c) 立方晶系 (cubic) ($a = b = c$, $\alpha = \beta = \gamma = 90°$): (a) 単純立方格子 (sc), (b) 体心立方格子 (bcc), (c) 面心立方格子 (fcc)．(d, e) 正方晶系 (tetragonal) ($a = b \neq c$, $\alpha = \beta = \gamma = 90°$): (d) 単純正方格子 (st), (e) 体心正方格子 (bct)．(f-i) 斜方晶系 (orthorhombic) ($a \neq b \neq c$, $\alpha = \beta = \gamma = 90°$): (f) 単純斜方格子 (so), (g) 底心斜方格子 (cco), (h) 体心斜方格子 (bco), (i) 面心斜方格子 (fco)．(j, k) 単斜晶系 (monoclinic) ($a \neq b \neq c$, $\alpha = \beta = 90° \neq \gamma$): (j) 単純単斜格子 (sm), (k) 底心単斜格子 (cm)．(l) 三斜晶系 (triclinic) ($a \neq b \neq c$, $\alpha \neq \beta \neq \gamma$)．(m) 六方晶系 (hexagonal) ($a = b \neq c$, $\alpha = \beta = 90°$, $\gamma = 120°$)．(n) 菱面体晶系 (trigonal) ($a = b = c$, $\alpha = \beta = \gamma < 120°$, $(\neq 90°)$)．

格子を示した．14 個のブラベー格子は，さらに単位胞の中の原子の種類や配置の持つ対称性で細かく分類され 230 個の空間群の構造が定められている*18)．

## 1.5　構造因子と形状因子

図 1.4 でみられる，Si の微結晶粉末 X 線スペクトルのミラー指数は，(1) すべてが奇数のものか，(2) すべてが偶数で 3 つの指数の和が 4 の倍数のもの，だけしか現れない．これは散乱波の干渉効果によるものであり，次の構造因子の計算を行えばその規則の求め方が理解できる．

X 線 (電磁波) の散乱波の振幅 $f$ はボルン近似*19)を用いて，結晶中の座標 $\boldsymbol{r}$ での積分の形で表される．

$$f = \int dV n(\boldsymbol{r}) \exp\{i(\boldsymbol{k}_{\mathrm{in}} - \boldsymbol{k}_{\mathrm{out}}) \cdot \boldsymbol{r}\} \tag{1.8}$$

ここで $\boldsymbol{k}_{\mathrm{in}} - \boldsymbol{k}_{\mathrm{out}}$ は，図 1.2 および式 (1.2) で与えられ，$\Delta \boldsymbol{k} = \boldsymbol{G}$ である*20)．$n(\boldsymbol{r})$ は無次元化した*21)結晶のポテンシャルであり，結晶中の原子のポテンシャルの和として

$$n(\boldsymbol{r}) = \sum_{i=1}^{N} \sum_{j=1}^{m} n_j(\boldsymbol{r} - \boldsymbol{r}_j - \boldsymbol{R}_i) \tag{1.9}$$

で表される．このとき，単位胞中の座標 $\tilde{\boldsymbol{r}}$(図 1.7 参照) は，

$$\tilde{\boldsymbol{r}} = \boldsymbol{r} - \boldsymbol{r}_j - \boldsymbol{R}_i \tag{1.10}$$

で表され，(1) $i$ 番目 $(i = 1, \ldots, N)$ の単位胞の位置 $(\boldsymbol{R}_i)$ から，(2) $j$ 番目 $(j = 1, \ldots, m)$ の原子の相対位置 $\boldsymbol{r}_j$ を求め，(3) その原子からの位置の変数 $\tilde{\boldsymbol{r}}$ へと，平行移動することができる． 式 (1.9), (1.10) を 式 (1.8) に代入すると，

---

*18) さらに螺旋操作による対称性が結晶構造の分類に必要であるが，ここでは触れないことにする．

*19) ボルン近似は散乱振幅を求める近似法である．量子力学の散乱の理論で勉強する．入射波 $\exp(i\boldsymbol{k}_{\mathrm{in}}\boldsymbol{z})$ に対して散乱後の波が $\exp(i\boldsymbol{k}_{\mathrm{in}}\boldsymbol{z}) + f\exp(i\boldsymbol{k}_{\mathrm{out}}\boldsymbol{r})$ と表されるとき，$f$ を散乱振幅という．$f$ は散乱する方向の関数である．$f$ に対する表式が，式 (1.8) である．式の導出は，量子力学の教科書でボルン近似の項を参照してほしい．散乱 X 線の強度は $|f|^2$ で与えられる．

*20) 式 (1.2) を整数 $n$ 倍した $\boldsymbol{G}$ も逆格子ベクトルであるので，ここでは単に $\boldsymbol{G}$ とおく．

*21) $f$ の次元が 1 であるので，次元が合うように，結晶ポテンシャルをエネルギーと体積の次元を持った定数で割ったもので $n(\boldsymbol{r})$ を定義することを無次元化という．散乱振幅の絶対値の議論をする場合には，定数を明示して表現する必要がある．

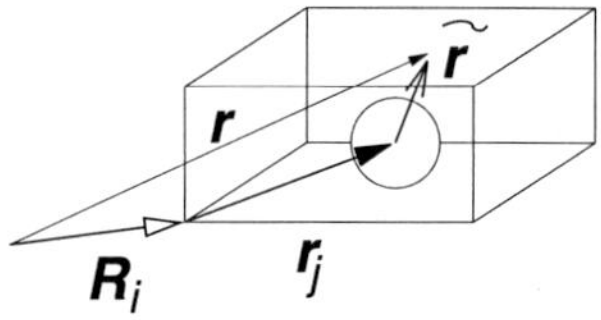


図 1.7　結晶中の原子の位置．$\boldsymbol{R}_i$ は $i$ 番目 $(i=1,\ldots,N)$ の単位胞の位置．$\boldsymbol{r}_j$ は単位胞の中の $j$ 番目 $(j=1,\ldots,m)$ の原子の位置．$\tilde{\boldsymbol{r}}$ は原子を中心とした位置．図の球は，原子の周りのポテンシャル $n_j$ を表す．$\boldsymbol{R}_i$ は格子ベクトルであり，$\boldsymbol{G}\cdot\boldsymbol{R}_i$ は $2\pi$ の整数倍である．

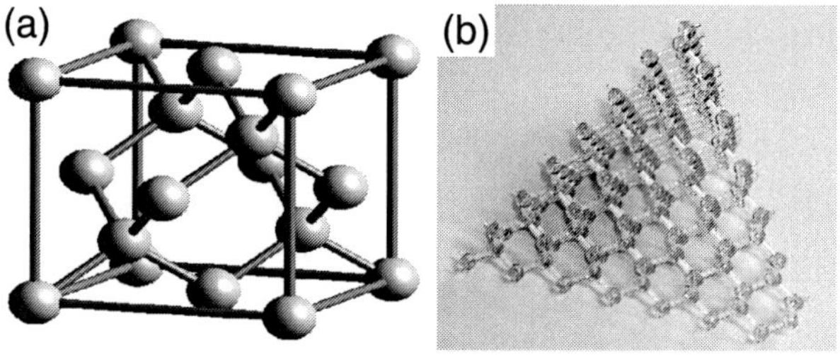


図 1.8　Si はダイヤモンド構造である．(a) 立方体の単位胞．1 つの原子から 4 つの結合の手が正四面体方向に伸びる．(b) Si の分子模型．

$$f=\sum_{i=1}^{N}\exp(i\boldsymbol{G}\cdot\boldsymbol{R}_i)\sum_{j=1}^{m}\exp(i\boldsymbol{G}\cdot\boldsymbol{r}_j)\int dVn_j(\tilde{\boldsymbol{r}})\exp(i\boldsymbol{G}\cdot\tilde{\boldsymbol{r}})\tag{1.11}$$
$$=NS_{\boldsymbol{G}}$$

とまとめられる．ここで，$\exp(i\boldsymbol{G}\cdot\boldsymbol{R}_i)=1$ であるので，$i$ に関する和は $N$ になる．積分の部分は $n_j(\boldsymbol{r})$ による散乱振幅であり，

$$f_j=\int dVn_j(\boldsymbol{r})\exp(i\boldsymbol{G}\cdot\boldsymbol{r})\tag{1.12}$$

と表される．$f_j$ を原子形状因子と呼ぶ．$S_{\boldsymbol{G}}$ を構造因子と呼び，$f_j$ を用いて

$$S_{\boldsymbol{G}}=\sum_{j=1}^{m}f_j\exp(i\boldsymbol{G}\cdot\boldsymbol{r}_j)\tag{1.13}$$

で表す．以下で Si の場合の構造因子を計算してみよう．

### 1.5.1 Si の構造因子

Si はダイヤモンド構造をとる (図 1.8). ダイヤモンド構造のブラベー格子は面心立方格子で, 立方体の 1 辺の長さを $a$ とおくと, (0,0,0) に原子をおいた面心立方格子と, この格子を $a(\frac{1}{4},\frac{1}{4},\frac{1}{4})$ ずらしたところにおいた格子を重ねた形をしている[*22]. X 線構造解析の世界では, わかりやすいように, 立方晶系は一辺 $a$ の立方体を単位として単位胞を定める. すなわち $\boldsymbol{a}_1=(a,0,0)$, $\boldsymbol{a}_2=(0,a,0)$, $\boldsymbol{a}_3=(0,0,a)$, である. 対応する逆格子ベクトルは $\boldsymbol{b}_1=(2\pi/a,0,0)$, $\boldsymbol{b}_2=(0,2\pi/a,0)$, $\boldsymbol{b}_3=(0,0,2\pi/a)$ であるので, $\boldsymbol{G}=(2\pi/a)(l,m,n)$ になる.

一辺 $a$ の立方体の中には 8 個の Si 原子があり, その座標は $a(0,0,0)$, $a(\frac{1}{2},\frac{1}{2},0)$, $a(\frac{1}{2},0,\frac{1}{2})$, $a(0,\frac{1}{2},\frac{1}{2})$, $a(\frac{1}{4},\frac{1}{4},\frac{1}{4})$, $a(\frac{3}{4},\frac{3}{4},\frac{1}{4})$, $a(\frac{3}{4},\frac{1}{4},\frac{3}{4})$, $a(\frac{1}{4},\frac{3}{4},\frac{3}{4})$ である[*23]. 最初の 4 つが原点と 3 つの面の中心になる[*24]. 残りの 4 つは, 最初の 4 つの点を $a(\frac{1}{4},\frac{1}{4},\frac{1}{4})$ ずらしたものである. この 8 個の点を式 (1.13) に代入し, Si の原子構造因子を $f_{\mathrm{Si}}$ とおくと

$$
\begin{aligned}
S_{\boldsymbol{G}} &= f_{\mathrm{Si}}\{1+e^{i\pi(l+m)}+e^{i\pi(l+n)}+e^{i\pi(m+n)}+e^{i\pi(l+m+n)/2} \\
&\quad + e^{i\pi(3l+3m+n)/2}+e^{i\pi(3l+m+3n)/2}+e^{i\pi(l+3m+3n)/2}\} \\
&= f_{\mathrm{Si}}\{1+e^{i\pi(l+m+n)/2}\}\{1+e^{i\pi(l+m)}+e^{i\pi(l+n)}+e^{i\pi(m+n)}\}
\end{aligned}
\tag{1.14}
$$

を得る. 因数分解した後ろの $\{\ldots\}$ は, $l,m,n$ が, (1) 3 つとも奇数, または, (2) 3 つとも偶数のときに 4 になり, それ以外の場合には 0 になる[*25]. また前の $\{\ldots\}$ は,

$$
1+e^{i\pi(l+m+n)/2} = \begin{cases} 2 & l+m+n=4p \\ 1+i & l+m+n=4p+1 \\ 0 & l+m+n=4p+2 \\ 1-i & l+m+n=4p+3 \end{cases}
\tag{1.15}
$$

になる ($p$ は整数)[*26]. まとめると, Si の構造因子は, $p$ を整数として,

---

*22) 単位胞中の原子がすべて Si 原子なので, 立方体より小さな, 面心立方格子の単位胞を指定することもできる. さらに空間群の螺旋操作を考えると, 面心立方格子の単位胞より小さな単位胞を指定することもできる. より小さな単位胞は, 対称性を十分反映したものであり, 対称性の情報をより多く含んだ結果であるが, 扱いが難しいという欠点がある.

*23) $a(\frac{3}{4},\frac{3}{4},\frac{3}{4})$ がないことに注意したい. ダイヤモンド構造は反転対称性 ($x\to -x$, $y\to -y$, $z\to -z$ とする操作に対して対称であること) がない.

*24) 原点とこの 3 つの点を結ぶベクトルが面心立方格子の基本格子ベクトルになる.

*25) 因数分解した後ろの $\{\ldots\}$ は, 面心立方格子の構造因子である.

*26) 散乱振幅に虚数が出てくるが, X 線の散乱強度は振幅の絶対値の 2 乗 $|f|^2$ であり実数になる

$$S_{\boldsymbol{G}} = \begin{cases} 8f_{\mathrm{Si}} & l,m,n\,\text{がすべて偶数で}\,l+m+n=4p \\ 4(1+i)f_{\mathrm{Si}} & l,m,n\,\text{がすべて奇数で}\,l+m+n=4p+1 \\ 4(1-i)f_{\mathrm{Si}} & l,m,n\,\text{がすべて奇数で}\,l+m+n=4p+3 \\ 0 & \text{それ以外} \end{cases} \tag{1.16}$$

で与えられる．図 1.4 に現れるミラー指数は，式 (1.16) を満たしている．また Si では，(2,2,2) や (4,1,3) のような指数は現れないことになる．これを構造因子の消滅則という．ミラー指数に対応する散乱角 $2\theta$ は式 (1.2)，(1.3) より，

$$2\theta = 2\sin^{-1}\left(\frac{\lambda}{2a}\sqrt{l^2+m^2+n^2}\right) \tag{1.17}$$

で与えられる ($\lambda$ は X 線の波長)．図 1.4 の X 線の波長は Cu の K$\alpha$ 線 ($\lambda$=1.54 Å)*27) である．また Si の $a$ は 5.42 Å である．例えば (1,1,1) の $2\theta$ は 28.5° ぐらいになるので確認してほしい．

### 1.5.2 GaAs の構造因子

III-V 化合物半導体で重要な GaAs(ガリウムヒソ) は，ダイヤモンド構造と同じ形であるが，(0,0,0) に Ga が，$a(\frac{1}{4}, \frac{1}{4}, \frac{1}{4})$ の位置に As が入る (これを閃亜鉛鉱構造という)．構造因子は，Ga と As の原子形状因子をそれぞれ，$f_{\mathrm{Ga}}$，$f_{\mathrm{As}}$ とおくと，式 (1.14) に似た式として，

$$S_{\boldsymbol{G}} = \{f_{\mathrm{Ga}} + f_{\mathrm{As}}e^{i\pi(l+m+n)/2}\}\{1+e^{i\pi(l+m)}+e^{i\pi(l+n)}+e^{i\pi(m+n)}\} \tag{1.18}$$

を得る．今度の場合には，右辺の最初の $\{\ldots\}$ の部分は，

$$f_{\mathrm{Ga}} + f_{\mathrm{As}}e^{i\pi(l+m+n)/2} = \begin{cases} f_{\mathrm{Ga}} + f_{\mathrm{As}} & l+m+n=4p \\ f_{\mathrm{Ga}} + if_{\mathrm{As}} & l+m+n=4p+1 \\ f_{\mathrm{Ga}} - f_{\mathrm{As}} & l+m+n=4p+2 \\ f_{\mathrm{Ga}} - if_{\mathrm{As}} & l+m+n=4p+3 \end{cases} \tag{1.19}$$

になる ($p$ は整数) ので，例えば Si のとき消滅した (2,2,2) の X 線スペクトルがみえる．いろいろな結晶構造で構造因子を計算し消滅則を求めるのは良い勉強になるし，X 線スペクトルから結晶構造を言い当てるときの重要な根拠になる．

---

ので問題ない．$8f_{\mathrm{Si}}$ と $4(1\pm i)f_{\mathrm{Si}}$ の強度比は，$64:32=2:1$ になる．

*27) Cu の原子の 2p から 1s の遷移による発光を K$\alpha$ 線と呼ぶ．3p から 1s の遷移による発光を K$\beta$ 線と呼ぶ．Cu の K$\beta$ 線の波長は，1.39 Å である．スピン軌道相互作用により，K$\alpha$, K$\beta$ 線とも 1/1000 Å の単位で分裂している．

### 1.5.3 原子形状因子

図1.4 の X 線のスペクトルの強度は，構造因子の 2 乗を反映しただけではない．実際に $\theta$ の増加に伴って，単調に減少しているのが理解できよう．これは原子形状因子 $f_{\mathrm{Si}}$ の効果である．式 (1.12) でわかるように，$f_{\mathrm{Si}}$ は，定数でなく $\boldsymbol{G}$ の関数であり，したがって $\theta$ の関数である．実際，式 (1.12) での原子のポテンシャルを簡単に，$n(r) = \exp(-\mu r)/r$ のような湯川型ポテンシャルと仮定すると積分を実行することができ*28)，

$$f_j = \frac{4\pi}{\mu^2 + G^2} \tag{1.20}$$

と表すことができる．ここで $\mu$ は長さの逆数の次元を持つ．$|G| > \mu$ では，G が大きくなる ($\theta$ やミラー指数が大きくなる) につれ，$G^{-2}$ で小さくなることがわかる．$\mu^{-1}$ として，原子半径 (イオンであればイオン半径) を入れれば大体スペクトルを再現できる．Si-Si 間の結合は 2.35 Å であるので，例えば，$\mu^{-1} = 1.2$ Å とおくことができる*29)．

## 1.6 構造解析のまとめと展開

この章では，未知の構造を同定する手法として，X 線スペクトルのミラー指数と構造因子における消滅則を勉強した．身近な物質の X 線スペクトルを文献や Web で調べ，結晶構造の構造因子の計算と比較したい*30)．

X 線ではなく粒子線 (電子線や中性子線) を使っても構造を解析できる．それぞれ一長一短の個性がある．粒子線の場合の波長は，ド・ブロイ波長*31)である．電子線は軽く，加速も容易であるが，結晶内部での散乱が大きいので主に表面の構造解析に使われる*32)．高分解能の電子顕微鏡は原子の粒子像まで

---

*28) $\boldsymbol{G}$ の方向に $z$ 軸をとり 3 次元極座標に直すと積分できる．

*29) さらに詳細に計算をしたい場合には，原子のシュレディンガー方程式を解き $n(r)$ を求めて計算する．構造解析のプログラムとして RIETAN がある．Web で検索すれば情報が得られる．通常，原子のポテンシャルは中心力場として等方的であるが，化学結合や内殻軌道が部分的に占有する場合には等方的でなく，したがって原子形状因子も異方的になる．この場合，$f_j$ は $\boldsymbol{G}$ の大きさだけによらず $\boldsymbol{G}$ に直接依存する．電子電子相互作用で異なる 3d 軌道が交互に並ぶ軌道秩序は，共鳴 X 線散乱という手法が用いられるが，この $f_j$ の異方性が重要である (第 7 章)．

*30) レポート課題として適当である．

*31) プランクの定数 $h = 6.626 \times 10^{-34}$ Js．運動量を $p$ とすると，ド・ブロイ波長は $\lambda = h/p$ で与えられる．1 eV の運動エネルギーを持つ電子や中性子のド・ブロイ波長を計算してみるとよい．

*32) 低速電子線回折 (low energy electron diffraction, LEED) や，反射高速電子線回折 (reflection

みることができるが，これは電子波としての干渉効果を利用している．中性子線は，電荷がないので X 線と全く異なる原子形状因子を持ち，特に原子番号が近接する化合物 (GaAs) などの解析には威力を発揮する．また中性子はスピンを持っているので，磁気的な結晶構造を観測するのに適している．一方，中性子は粒子源に原子炉や加速器など，比較的大きな装置を必要とする．

大きな単結晶が得られるのなら，ラウエ法が有効である[*33)]．また，電子や X 線を物質に当て，原子固有の蛍光 X 線を空間分解して[*34)]スペクトル観測することにより，物質中にどのような元素が存在するかを調べることができる (**蛍光 X 線分析**)．この他，XAFS 構造解析，共鳴 X 線散乱，X 線非弾性散乱などが有力な測定手段であり，軌道秩序物質の秩序構造 (第 7 章) やフォノンの分散関係 (第 3 章) などを求めることができる．また X 線の構造の同定に **最大エントロピー (maximam entropy method, MEM) 法** という情報理論が使われる[*35)]．この方法を用いると，構造の初期の仮定をすることなしに，実験で観測した X 線強度を再現する構造を求めることができる．これらの太字で示したキーワードをもとに，より深く勉強すると良い．現在，コヒーレントな **X 線**を開発すべく研究が進められている．コヒーレントとは，波として干渉可能という意味であり，例えばレーザーは代表的なコヒーレントな電磁波である (第 6 章)．もしコヒーレントな X 線が開発されるとすると，X 線の像は X 線の位相の情報も得るので，もとの結晶構造をフーリエ変換しただけのものになり，この逆変換を行うことでもとの結晶構造を得ることができる[*36)]．

---

high energy electron diffraction, RHEED) がある．どちらも「リード」というが，英語の L(舌が歯の裏に付く) と R(付かない) の発音の差が必要．分子線エピタクシー (molecular beam epitaxy, MBE) の原子層ごとの結晶成長の「その場 (in-situ) 観察」にも用いられる．

*33) ラウエ法では結晶軸の方向がわかるので，結晶面を回転させてブラッグの条件を作る．散乱 X 線は点になり，$\boldsymbol{G}$ と 1 対 1 に対応する．この節の詳細は太字で示したキーワードをもとに，より深く勉強してほしい．

*34) 観測する場所の $x, y$ 座標を変えて観測することを，走査 (または空間分解) した観測という．この他には時間分解したスペクトルがある．

*35) あることが起きる確率を $p$ とするとき，$-p\log p$ を情報エントロピーと呼ぶ．いろいろな可能性の確率に対して，情報エントロピーの和を計算することができる．観測した X 線スペクトルからもとの電子密度分布を推定するときに，計算した情報エントロピーが最大になる条件の密度分布が実際の分布であるという原理に基づいている．ピンボケした写真から，もとの像を再現する際にも利用されている．

*36) 可視光では，レーザー光というコヒーレントな光があるので，物体からの光を位相を含めて保存することができる．これを用いて物体の立体視を可能にしたのがホログラフィーである．

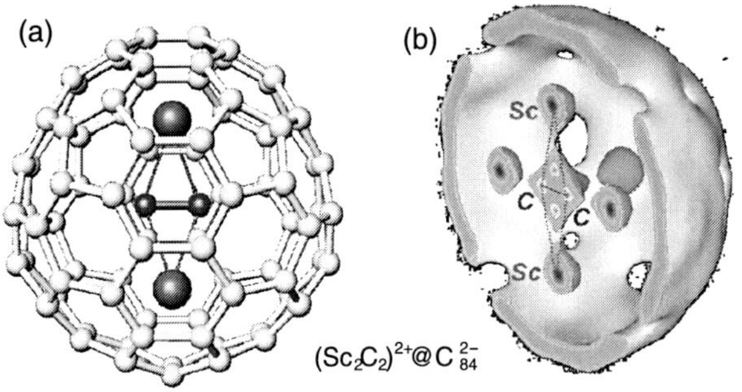


話題: 最大エントロピー法を用いた電子密度像. 炭素原子で囲まれた閉曲面分子をフラーレンという. (a) は $C_{84}$ 分子であり分子の内部に 2 つの Sc と 2 つの C が内包されている. これを内包フラーレンという. (b) 内包フラーレン結晶の X 線構造解析を最大エントロピー法を用いて調べることで, Sc と C がどのような構造で入っているかが明らかになった (理化学研究所/東京大学 高田昌樹教授のご厚意による).

## 演習問題*37)

[1-1] 面心立方格子の基本格子ベクトルを $(\frac{a}{2},\frac{a}{2},0)$, $(\frac{a}{2},0,\frac{a}{2})$, $(0,\frac{a}{2},\frac{a}{2})$ と定めることができる ($a$ は立方体の一辺). 単位胞を図示せよ. また逆格子ベクトルを求めよ.

[1-2] 体心立方格子の基本格子ベクトルを $(-\frac{a}{2},\frac{a}{2},\frac{a}{2})$, $(\frac{a}{2},\frac{a}{2},-\frac{a}{2})$, $(\frac{a}{2},-\frac{a}{2},\frac{a}{2})$ と定めることができる ($a$ は立方体の一辺). 単位胞を図示せよ. また逆格子ベクトルを求めよ.

[1-3] 面心立方格子の逆格子が体心立方格子になっていることを示せ.

[1-4] 体心立方格子の構造因子を計算し選択則を求めよ. ただし単位胞を一辺 $a$ の立方体とする.

[1-5] ダイヤモンドは $a = 3.56\,\text{Å}$ である. Cu の K$\alpha$ 線に対する X 線スペクトルで $2\theta$ の小さい順にミラー指数と $2\theta$ の値を 3 つ求めよ.

[1-6] NaCl の結晶構造 (塩化ナトリウム構造という) を調べ, 構造因子を計算し選択則を求めよ. Na, Cl の原子形状因子は $f_{\mathrm{Na}}$, $f_{\mathrm{Cl}}$ とせよ.

[1-7] 面心格子は立方晶系にはあるが, 正方晶系にはない. その理由について

*37) 演習問題の答えは, 著者の Web ページ (http://flex.phys.tohoku.ac.jp/japanese) に順次載せていく予定である. 読者からの投稿もお待ちしている.

図を用いて説明せよ．

[1-8] グラファイトの結晶構造を調べ，構造因子を計算し選択則を求めよ．

[1-9] (発展) 球を隙間なく詰めてできる構造として，六方最密構造がある．この構造を調べ，単位胞中の体積の何% を球の体積が占めているか計算せよ．面心立方格子が同じ密度になることを示せ．六方最密構造と面心立方格子の構造の違いを図示して説明せよ．

[1-10] (発展) 問題 [1-1] の単位胞と逆格子ベクトルを用いて，構造因子を計算し選択則を求めよ．立方体を単位胞として求めた結果と比べ，等価であることを示せ．ここでミラー指数は逆格子ベクトルの取り方に依存することに注意せよ．

***tea time***

各章末尾の空白を利用して，著者のよもやま話を綴る．駄文をご容赦下されば幸いである．

X 線といえば，レントゲン検査である．最近は，CT スキャンといって，体の断面の写真を撮って病気の位置をみるだけでなく，断層撮影から立体の形を作り病巣の空間の位置まで同定することができる．どのような仕組みで精細な像を作るか著者は知るよしもないが，医学の進歩は頼もしい限りである．一方で，どんな科学でもそうであるが，進歩した技術に頼りすぎると，その使い方を教育するのが難しい．著者の研究分野である物性理論でも，市販のソフトウェアは大変良くできているのでよく利用するが，研究の最前線では逆に手作りのプログラムを使う．考えたことをプログラム化する作業が必要である．新しい科学の先駆けとなる発見は，自作プログラムから出てくると思う．

# 2 エネルギーバンド，光電子分光

結晶構造を勉強したので，次は結晶のエネルギーバンドを勉強しよう．簡単なエネルギーバンドを計算して，エネルギーバンドの仕組みを理解する．実験では角度分解光電子分光法という，エネルギー分散関係を観測する手法を紹介する．この章で重要なキーワードは状態密度である．

## 2.1 エネルギーバンドの概念

結晶中にはエネルギーバンド*1)と呼ばれる「電子のとることのできるエネルギーの領域」がある．電子のとることができないエネルギー領域は，エネルギーギャップ (禁制帯) である (図 2.1)．1 つのエネルギーバンドには，エネルギーの上限と下限 (バンド端) がある．上限と下限の差のエネルギーをエネルギーバンド幅という．エネルギーバンド内では連続的に電子の状態が存在する．

エネルギーバンド内のエネルギーには，エネルギーの低い状態から電子が占有する．電子は，同じ状態*2)に 2 つ入ることができない (パウリの原理) ので，コップに水を入れるようにエネルギーの低い状態から電子が占有する．最も高い占有エネルギーをフェルミエネルギー $E_{\mathrm{F}}$ と呼ぶ*3)．

---

*1) 日本語では単にバンドということが多いが，論文で単に band と書くのは正しくない．energy band と書く必要がある．

*2) ここで状態とは，電子の軌道に関する状態と，スピンに関する状態の 2 つを考えている．1 つの電子軌道には，上向きスピンと下向きスピンが 1 つずつ占有する．ここで同じ状態とは，同じ軌道で同じスピンの状態を指す．

*3) 上付き，下付きの文字が単なる変数 ($x, y$ など) でない場合 (ここでは F は Fermi という意味がある) には，この文字は立体 (ローマンフォント) で書く．LaTeX などのソフトウェアを用いて数式で表すときには注意したい．立体になる例として，物質の単位 cm, kg, 関数 sin などがある．

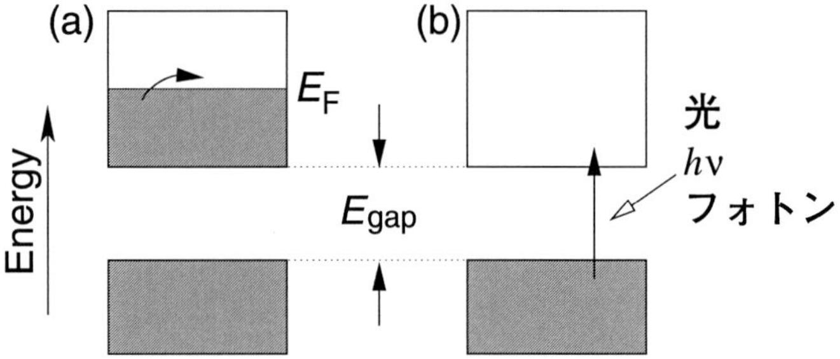


図 2.1 エネルギーバンド．結晶中の電子のとりうるエネルギーは，四角で示した上下2つのエネルギーの領域である．$E_{gap}$ はエネルギーギャップ．灰色の部分が電子が占有する部分．$E_F$ はフェルミエネルギー．(a) 金属の場合には，電子は $E_F$ をまたいで小さなエネルギーで励起できる．(b) 絶縁体 (半導体) の場合には，$E_{gap}$ より大きなエネルギーの光を吸収しないと励起できない．

### 2.1.1 金属，絶縁体，半導体

1つのエネルギーバンドに半分まで電子が占有する場合には，電子は小さいエネルギーで励起[*4)]することができる[*5)](図2.1(a))．こういう物質を金属と呼ぶ．金属はフェルミエネルギーがエネルギーバンド内にある物質である．

一方，あるエネルギーバンド[*6)]に電子がすべて占有する場合には，電子はそのエネルギーバンド内で励起することはできない (図2.1(b))．励起するためには，エネルギーギャップ以上のエネルギーが必要である．可視光のエネルギー[*7)]以上のエネルギーギャップがあると，光のエネルギーを吸収してもエネルギーギャップを越えて励起することができないので，物質は透明になり，電気も流さない．このような物質を絶縁体と呼ぶ．

可視光のエネルギー以下のエネルギーギャップを持つ物質は，透明ではない[*8)]．光が当たると，電子が励起されて1つ上のエネルギーバンド[*9)]に励起され，電

*4) 励起とは，熱や電磁波，光などによってエネルギーが高い状態に移ることである．逆は緩和という．

*5) ペットボトルに水を半分入れれば，その水は簡単に揺することができるのと同じである．

*6) 電子が占有する「一番エネルギーの高いエネルギーバンド」を価電子帯 (valence energy band) という．

*7) おおよそ 2 (赤)〜4(紫) eV．$1\,\mathrm{eV} = 1.602\times10^{-19}\,\mathrm{J}$.

*8) 例えば結晶 Si はあまり電気を流さないが金属光沢をしている．

*9) 伝導帯 (conduction energy band) という．電子が価電子帯を占有している場合には，$E_F$ は，

気を流す[*10]．このような，金属と絶縁体の中間のような物質を半導体と呼ぶ．

このように結晶の性質は，(1) エネルギーバンドに電子がすべて占有するか否かで絶縁体か金属かが決まり，また (2) フェルミエネルギー付近のエネルギーギャップの大きさの値がいくらであるかによって絶縁体か半導体かが決まる[*11]．以下では，このエネルギーバンドを実際に計算してみよう．

## 2.2 ブロッホの定理

エネルギーバンドの計算をする場合に，結晶の並進対称性に関する重要な定理がブロッホの定理である．結晶は基本格子ベクトルだけ並進移動すると，同じ構造に出会う (図 2.2. 並進対称性)．並進移動を対称操作とする群[*12]が空間群である．並進対称性のある結晶中の変数 (例えば 電子の波動関数，格子振動の振幅) は，対称操作を受ける関数 (群の言葉で表現) である．空間群の表現 $\Phi(\boldsymbol{r})$ は，並進対称操作 $R:\boldsymbol{r}\to\boldsymbol{r}+\boldsymbol{R}$ ($\boldsymbol{R}$ は任意の格子ベクトル) に対して，

$$R\Phi(\boldsymbol{r})\equiv\Phi(\boldsymbol{r}+\boldsymbol{R})=e^{i\boldsymbol{k}\boldsymbol{R}}\Phi(\boldsymbol{r})\quad(\text{ブロッホの定理})\qquad(2.1)$$

を満たす[*13]．本章の場合に限れば，エネルギーバンドの電子状態を記述する波動関数の値は，格子ベクトルだけずれると，もとの位置の関数値の定数倍になり，その定数が $e^{i\boldsymbol{k}\boldsymbol{R}}$ である．$e^{i\boldsymbol{k}\boldsymbol{R}}$ は絶対値が 1 の複素数であるので，波動関数の絶対値は格子と同じ並進対称性があり，複素数の位相[*14]だけがずれる

価電子帯と伝導帯の間のエネルギーギャップのほぼ真ん中に存在する．この $E_{\mathrm{F}}$ の定義は，フェルミ分布関数の定義に合うように決められる．

*10) これを光伝導 (photoconduction) という．光伝導の現象は，光の強さではなく光の波長によって決まっている (光電効果)．これは光が $h\nu$ のエネルギーの固まり (フォトン) を持っていることの証拠である．

*11) 従来，半導体のエネルギーギャップは可視光程度のエネルギーであったが，最近はワイドギャップ半導体で青色や紫外線の電磁波の発光素子も作られているので，絶縁体と半導体の境が変化していると言える．一方，赤外線のエネルギーに相当するエネルギーギャップを持つ半導体 (ナローギャップ半導体) も開発され，暗いところをみる装置などに利用されている．

*12) 対称性を議論するときの群とは対称操作 $R_i$ の集まり $G$ であり，以下の 4 つの条件を満たすものである．(1) 積が定義でき，閉じている ($R_iR_j\in G$)．(2) 結合法則 ($R_i(R_jR_k)=(R_iR_j)R_k$) を満たす．(3) 単位元 $R_0$ が存在する ($R_0R_i=R_iR_0=R_i$)．(4) 逆元 $R_i^{-1}$ が存在する ($R_i^{-1}R_i=R_iR_i^{-1}=R_0$)．詳細は群論の教科書を参照してほしい．

*13) ここで，$\equiv$ は，左辺を右辺で定義する場合に用いる．また $\boldsymbol{k}\boldsymbol{R}$ は 2 つのベクトルの内積である．

*14) 複素数を $Z=|Z|\exp(i\theta)$ と書くとき，$|Z|$ を絶対値，$\theta$ を位相という．

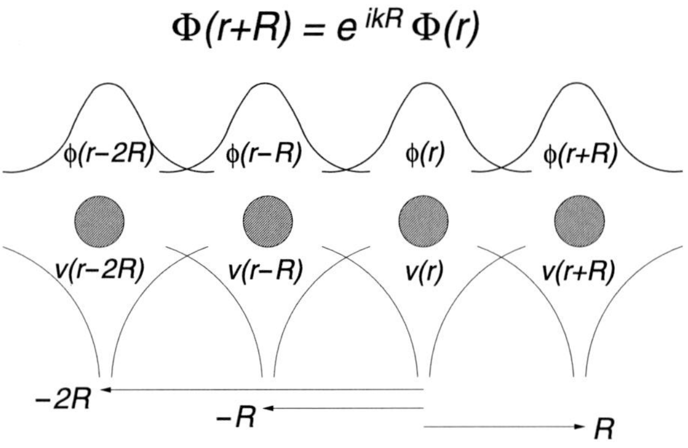


図 2.2 ブロッホの定理．結晶中の原子 (円) は，等間隔に並んでいる．原子のポテンシャル $v(r-R)$ から作られる結晶ポテンシャル $V(r)$ は，並進対称性がある．このとき，結晶中の電子の波動関数はブロッホの定理 $\Phi(\boldsymbol{r}+\boldsymbol{R})=e^{i\boldsymbol{k}\boldsymbol{R}}\Phi(\boldsymbol{r})$ (式 (2.1)) を満たす．ブロッホの定理を満たす関数 (ブロッホ関数) は原子の波動関数 $\phi(r-R)$ から作ることができる (タイトバインディング関数 (式 (2.4)))．

ことを意味している．この定理は，結晶の波動関数の形に強い制約がかかるので，計算が非常に楽になる．ブロッホの定理の証明は，はなはだ数学的であり，本書では証明しない．脚注*15)に方針を示す．

## 2.3 エネルギーバンドの計算法

### 2.3.1 ブロッホ関数

結晶中の電子の波動関数はブロッホの定理を満たし，かつシュレディンガー方程式 $H\Psi=E\Psi$ の固有関数である．ブロッホの定理 (式 (2.1)) を満たす波動関数 (ブロッホ関数) の代表的なものとして，(1) 平面波 $e^{i\boldsymbol{k}\boldsymbol{r}}$ と*16)，(2) タイトバインディング波動関数がある．平面波の場合には，波数 $\boldsymbol{k}$ の波動関数と

---

*15) 並進移動を対称操作とする群を並進群という．並進操作は可換 ($R_iR_j=R_jR_i$) である．可換である群を可換群 (またはアーベル群) という．可換群のすべての表現は 1 次元である，という数学の定理がある．1 次元の表現とは，対象操作をかけると $R\varphi(\boldsymbol{r})=C\varphi(\boldsymbol{r})$ のように絶対値 1 の複素数の定数 $C$ をかけることに対応する．表現の関数形は変わらない．この $C$ に関して，例えば $Na$ ($Na$ は結晶の大きさ) だけ進んだら波動関数がもとの値に戻るような周期境界条件を考えると，$1=e^{i\boldsymbol{k}\boldsymbol{N}\boldsymbol{a}}$ より $k=2\pi p/Na$, $(p=1,2,\ldots,N)$ を満たす．したがって $C$ を式 (2.1) のように定めれば良い．

*16) $e^{i\boldsymbol{k}\boldsymbol{r}}$ が式 (2.1) を満たすことは，代入すれば理解できる．

して

$$\Psi_{\boldsymbol{k}}(\boldsymbol{r}) = \sum_{\boldsymbol{G}} C_{\boldsymbol{G}} e^{i(\boldsymbol{k}+\boldsymbol{G})\boldsymbol{r}} \tag{2.2}$$

と，逆格子ベクトル $\boldsymbol{G}$ だけ異なる平面波の重ね合わせとして書く[*17)]．$C_{\boldsymbol{G}}$ はシュレディンガー方程式を解くことで得られる係数である．波数 $\boldsymbol{k}$ は並進対称性のあるときには良い量子数[*18)]である．一方，タイトバインディング波動関数は，原子の $i$ 番目の波動関数のブロッホ軌道 $\Phi_i(\boldsymbol{k}, \boldsymbol{r})$ の重ね合わせで書く．

$$\Psi_{\boldsymbol{k}}(\boldsymbol{r}) = \sum_{i} C_i \Phi_i(\boldsymbol{k}, \boldsymbol{r}) \tag{2.3}$$

ここで，和は単位胞中の原子軌道に関してとる．$\Phi_i(\boldsymbol{k}, \boldsymbol{r})$ の具体的な形は

$$\Phi_i(\boldsymbol{k}, \boldsymbol{r}) = \frac{1}{\sqrt{N_{\mathrm{u}}}} \sum_{\boldsymbol{R}} e^{i\boldsymbol{k}\boldsymbol{R}} \varphi(\boldsymbol{r} - \boldsymbol{R}) \tag{2.4}$$

で与えられる．ここで，和は結晶中のすべての単位胞に対する格子ベクトル (数 $N_{\mathrm{u}}$) に関してとる．和の前の因子 $\frac{1}{\sqrt{N_{\mathrm{u}}}}$ は，波動関数の規格化因子である[*19)]．

### 2.3.2 平面波を使ったエネルギーバンドの求め方

結晶中に存在する 1 個の電子に対するエネルギーバンドを，平面波 (式 (2.2)) を用いて求める．ハミルトニアン $H$

$$H(\boldsymbol{r}) = -\frac{\hbar^2}{2m}\Delta + V(\boldsymbol{r}) \tag{2.6}$$

---

*17) これは波動関数のフーリエ級数展開である．1 次元で $L$ の周期性のある関数 $f(x)$ は，

$$f(x) = \sum_{p=0}^{\infty} f_p e^{i2\pi px/L}$$

と書くことができる．波数 $k$ の関数は $e^{ikx} f(x)$ と書くことができる．

*18) 良い量子数 $X$ とは，系の保存量 $[H, X] = 0$ であり，それぞれの固有関数に $X$ をもって名前を付ける数である．並進対称性の場合には，波数 (運動量) が保存量であり，回転対称性の場合には角運動量が保存量である．波動関数は，$k$ や $\ell m$ などの量子数に対する関数である．

*19) 式 (2.4) がブロッホの定理を満たしているのは，以下の式変形で理解できる．

$$\begin{aligned}
\Phi(\boldsymbol{k}, \boldsymbol{r} + \boldsymbol{a}) &= \frac{1}{\sqrt{N_{\mathrm{u}}}} \sum_{\boldsymbol{R}} e^{i\boldsymbol{k}\boldsymbol{R}} \varphi(\boldsymbol{r} + \boldsymbol{a} - \boldsymbol{R}) \\
&= e^{i\boldsymbol{k}\boldsymbol{a}} \frac{1}{\sqrt{N_{\mathrm{u}}}} \sum_{\boldsymbol{R}-\boldsymbol{a}} e^{i\boldsymbol{k}\boldsymbol{R}-\boldsymbol{a}} \varphi(\boldsymbol{r} - (\boldsymbol{R} - \boldsymbol{a})) \\
&= e^{i\boldsymbol{k}\boldsymbol{a}} \Phi(\boldsymbol{k}, \boldsymbol{r})
\end{aligned} \tag{2.5}$$

最後で和の取り方を $\boldsymbol{R}$ から $\boldsymbol{R} - \boldsymbol{a}$ にずらしても良いのは，結晶ぐらいの大きさでの周期境界条件を使ったためである．$\varphi(\boldsymbol{r} - \boldsymbol{R})$ は $\boldsymbol{R}$ での原子軌道である．

は，運動エネルギー $-\frac{\hbar^2}{2m}\Delta$ とポテンシャルエネルギー $V(\boldsymbol{r})$ の和であり，並進対称性を満たす*20)．したがって，波動関数の展開と同様に $V$ も逆格子ベクトル $\boldsymbol{G}$ でフーリエ級数分解ができる．

$$V(\boldsymbol{r}) = \sum_{\boldsymbol{G}} V_{\boldsymbol{G}} e^{i\boldsymbol{G}\boldsymbol{r}}, \quad \text{ただし } V_{\boldsymbol{G}} = \frac{1}{N_{\mathrm{u}}} \int d\boldsymbol{r}' V(\boldsymbol{r}') e^{-i\boldsymbol{G}\boldsymbol{r}'} \tag{2.7}$$

ここで $\boldsymbol{r}'$ に関する積分は結晶全体で行う．式 (2.2) を $H\Psi = E\Psi$ に代入すると，

$$\begin{aligned} &\sum_{\boldsymbol{G}} \frac{\hbar^2}{2m}(\boldsymbol{k}+\boldsymbol{G})^2 C_{\boldsymbol{G}} e^{i(\boldsymbol{k}+\boldsymbol{G})\boldsymbol{r}} + \sum_{\boldsymbol{G}',\boldsymbol{G}''} V_{\boldsymbol{G}'} C_{\boldsymbol{G}''} e^{i(\boldsymbol{k}+\boldsymbol{G}'+\boldsymbol{G}'')\boldsymbol{r}} \\ &\qquad = E \sum_{\boldsymbol{G}} C_{\boldsymbol{G}} e^{i(\boldsymbol{k}+\boldsymbol{G})\boldsymbol{r}} \end{aligned} \tag{2.8}$$

となる．第 2 項で $\boldsymbol{G}'+\boldsymbol{G}''=\boldsymbol{G}$ とおき，$e^{i(\boldsymbol{k}+\boldsymbol{G})\boldsymbol{r}}$ の項を取り出すと*21)，

$$\frac{\hbar^2}{2m}(\boldsymbol{k}+\boldsymbol{G})^2 C_{\boldsymbol{G}} + \sum_{\boldsymbol{G}''} V_{\boldsymbol{G}-\boldsymbol{G}''} C_{\boldsymbol{G}''} = E C_{\boldsymbol{G}} \tag{2.9}$$

という，$C_{\boldsymbol{G}}$ に関する斉次連立方程式*22)が得られる．実際の計算は，$\boldsymbol{G}=\boldsymbol{0}$ を中心に $N(\sim 10^4)$ 個の $\boldsymbol{G}$ をとり，$C_{\boldsymbol{G}}$ の列ベクトル $\boldsymbol{C}$ を作る．また，$N \times N$ のハミルトニアン行列，

$$H_{\boldsymbol{G}\boldsymbol{G}'} = \begin{cases} \dfrac{\hbar^2}{2m}(\boldsymbol{k}+\boldsymbol{G})^2, & (\boldsymbol{G}=\boldsymbol{G}' \text{ の場合}) \\ V_{\boldsymbol{G}-\boldsymbol{G}'}, & (\boldsymbol{G}\neq\boldsymbol{G}' \text{ の場合}) \end{cases} \tag{2.10}$$

を定義すると，式 (2.9) は，$H\boldsymbol{C} = E\boldsymbol{C}$ となり，固有値 $E$，固有ベクトル $\boldsymbol{C}$ を求める問題になる．実際のエネルギーバンド計算は，プログラム*23)により数値的に解く．ここで求めた $E$ はある $\boldsymbol{k}$ に対する値であり，実際にはブリルアン

---

*20) ラプラシアン $\Delta$ は，$x' = x + a$ の変換に対して不変．$V(\boldsymbol{r}+\boldsymbol{a}) = V(\boldsymbol{r})$ である．

*21) $e^{i(\boldsymbol{k}+\boldsymbol{G})\boldsymbol{r}}$ は $\boldsymbol{G}$ が異なると互いに独立な関数なので，それぞれの係数が等しくなければならない．また，$\boldsymbol{G}'$ と $\boldsymbol{G}''$ に関する和を，$\boldsymbol{G}$ と $\boldsymbol{G}''$ に関する和に直す．$\boldsymbol{G}' = \boldsymbol{G} - \boldsymbol{G}''$ である．

*22) $n \times n$ の定数行列 $A$，変数列ベクトル $\boldsymbol{x}$, 定数列ベクトル $\boldsymbol{b}$ からなる連立方程式 $A\boldsymbol{x} = \boldsymbol{b}$ に対して，$\boldsymbol{b} = \boldsymbol{0}$ (0 列ベクトル) の場合を斉次 (せいじ) 連立方程式という．$A$ に逆行列 $A^{-1}$ が存在すると，$\boldsymbol{x} = A^{-1}\boldsymbol{b}$ と解が得られるが，斉次連立方程式の場合には $\boldsymbol{x} = \boldsymbol{0}$ となり物理的に意味のない解となる．したがって，$A^{-1}$ が存在しない．この条件 ($\det A=0$) から固有値 $E$ を求める方程式を得る．ただし $\det A=0$ で固有値を求めるのは $n = 6$ ぐらいまでであり，実際の数値的な解法では「行列の対角化プログラム」を用いる．

*23) $N \times N$ の複素エルミート行列 $H$ を与えると，$N$ 個の固有値 $E$ と，各固有値に対応する固有ベクトル $\boldsymbol{C}$ を与えるプログラムが存在する．ハウスホルダーバイセクション法などが，代表的なアルゴリズムである．このプログラムは自分で作らなくても LAPACK のような無償のライブラリが Web 上に存在するので利用すると良い．

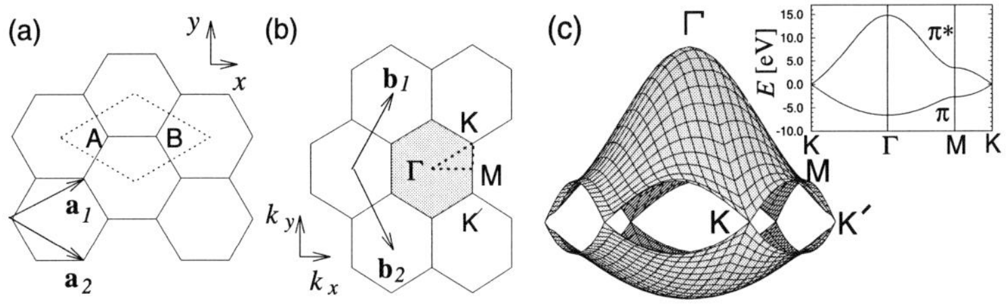


**図 2.3** エネルギーバンドの例．1 層の炭素原子層からなる 2 次元六方格子をグラフェンと呼ぶ．(a) ひし形が単位胞．単位胞に A, B 2 個の原子がある．(b) 六角形がブリルアン領域．Γ, K, M が対称性の高い点．Γ, K, M を結ぶ三角形の辺に沿ってエネルギーバンドを計算して表示したのが，(c) の右上の図．立体的な図は，エネルギーを $z$ 軸方向に $k_x$, $k_y$ の関数として 3 次元的に表示したもの．

領域の多くの $\boldsymbol{k}$ に対して $H\boldsymbol{C} = E\boldsymbol{C}$ を繰り返し解き，$\boldsymbol{k}$ の関数として $E(\boldsymbol{k})$ を求める．結晶中でエネルギーは $\boldsymbol{k}$ の関数であり，$E(\boldsymbol{k})$ をエネルギー分散関係またはエネルギーバンドという*24)．$E(\boldsymbol{k})$ は逆格子空間の中で周期的であるから，逆格子空間の単位胞である第 1 ブリルアン領域の中だけで値を求めれば良い．ブリルアン領域の中の $E(\boldsymbol{k})$ の (最大値 − 最小値) がエネルギーバンド幅を与える．図 2.3 に，2 次元グラフェンのエネルギーバンドを示す．通常のエネルギーバンドは，ブリルアン領域の対称性の高い点を結んだ線上でエネルギーの値を表示する (エネルギーバンド図という) が，2 次元の場合には，エネルギーを $z$ 軸にとって立体的に表示することもできる．図 2.3(c) の図は，ブリルアン領域の図と一緒にみる必要がある．

実際のエネルギーバンド計算*25)は，(1) 与えられた構造に対しブリルアン領域を定め，(2) $V_{\boldsymbol{G}}$ をフーリエ変換で計算し，(3) 各 $\boldsymbol{k}$ 点で $H\boldsymbol{C} = E\boldsymbol{C}$ を解き，エネルギー固有値を求める構成になっている．平面波の数*26)が大きいと計算精度が良くなるが，計算時間が増加する．平面波 $\boldsymbol{G}$ の数を少なくしても精度の良い計算ができるように，原子ポテンシャルをなめらかにする方法 (擬ポ

*24) 「エネルギー分散関係」と「エネルギーバンド」という言葉にはほとんど違いがない．「$\boldsymbol{k}$ の関数として」という意味を強調したいときに，積極的にエネルギー分散関係という．

*25) Web 上に公開されたプログラム (ABINIT, OSAKA2000 など) が多数ある．

*26) カットオフエネルギー $\hbar^2 \boldsymbol{G}_{\max}^2/2m$ で与える場合が多い．単位胞が大きくなると $\boldsymbol{G}$ の大きさが小さくなるので，同じ大きさのカットオフエネルギーでも多くの平面波が必要である．

テンシャル法[*27)])が広く用いられている．

### 2.3.3 タイトバインディング法

次にタイトバインディング波動関数 (式 (2.3)) を用いた計算方法を示す．変分法[*28)]の式に式 (2.3) を代入すると，以下の式を得る．

$$E(\boldsymbol{k}) = \frac{< \Psi|H|\Psi >}{< \Psi|\Psi >} = \frac{\displaystyle\sum_{i,j} C_i^* C_j H_{ij}}{\displaystyle\sum_{i,j} C_i^* C_j S_{ij}} \tag{2.11}$$

ここで，$H_{ij}$, $S_{ij}$ をそれぞれハミルトニアン行列，重なり行列と呼ぶ．単位胞中の原子軌道から作られるブロッホ軌道 $\Phi_i(\boldsymbol{k}, \boldsymbol{r})$, (式 (2.4)) を用いて，

$$H_{ij} =< \Phi_i|H|\Phi_j >, \quad S_{ij} =< \Phi_i|\Phi_j > \tag{2.12}$$

と表される[*29)]．$C_i^*$ を変化させて式 (2.11) を最小にできれば，変分法の解である[*30)]．$C_i^*$ に関して偏微分したものを 0 とおくと，

$$\frac{\partial E(\boldsymbol{k})}{\partial C_i^*} = \frac{\displaystyle\sum_j C_j H_{ij}}{\displaystyle\sum_{i,j} C_i^* C_j S_{ij}} - \frac{\left(\displaystyle\sum_{i,j} C_i^* C_j H_{ij}\right)\left(\displaystyle\sum_j C_j S_{ij}\right)}{\left(\displaystyle\sum_{i,j} C_i^* C_j S_{ij}\right)^2} = 0 \tag{2.13}$$

を得る．ここで分母の共通項 $\sum_{i,j} C_i^* C_j S_{ij}$ をかけて除き，第 2 項に対して式 (2.11) の $E(\boldsymbol{k})$ に置き換えると，

$$\sum_j H_{ij} C_j = E(\boldsymbol{k}) \sum_j S_{ij} C_j \tag{2.14}$$

---

*27) 擬ポテンシャルとは，人為的に作られた結晶ポテンシャルで，多くの平面波を必要としないように原子核付近をなめらかに作った関数である．固体の電子状態計算で重要なのは，価電子帯や伝導帯などのように原子価結合に関係する，原子の外側の軌道である．内側の部分 (例えば 1s, 2s 軌道) は原子に局在する軌道であり，固体の構造に直接は関わらない．一方で原子の中心部はポテンシャルが急峻であり，フーリエ変換するには非常に多くの平面波が必要である．内側の軌道の計算を無視して，結合に関する軌道だけを精度良く計算する手法である．

*28) 量子力学のシュレディンガー方程式が解析的に解けない場合に，適当な関数 $\Psi$ を用いて $E =< \Psi|H|\Psi > / < \Psi|\Psi >$ で $E$ を評価する．このとき，$\Psi$ にパラメータを入れ，パラメータに関して $E$ を最小にする (変分の) 方法が，量子力学における変分法である．

*29) $H_{ij}$, $S_{ij}$ は，$\boldsymbol{k}$ の関数である．$< \Phi_i|H|\Phi_j > \equiv \int \Phi_i^* H \Phi_j d\boldsymbol{r}$.

*30) 変分法の解は，基底状態のエネルギーを与える．$C_i^*$ は複素数の変数なので実部と虚部があり，2 つの自由度があるので，$C_i$ と $C_i^*$ を独立な変数として変分をとることができる．すなわち，$C_i^*$ に関して変分する場合には $C_i$ を定数として扱うことができる．

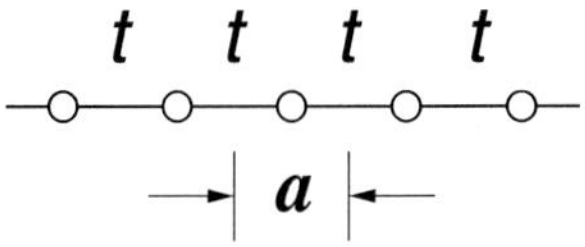


図 2.4 1 次元原子鎖のモデル．$a$ は単位胞の長さ．$t$ は隣接原子とのトランスファー相互作用．

のように，行列 $H$ と $S$ に列ベクトル $\boldsymbol{C}$ をかけた，斉次方程式 $H\boldsymbol{C} = ES\boldsymbol{C}$ になる．平面波の場合と同じように各 $\boldsymbol{k}$ 点で固有値，固有ベクトルを求め，エネルギー分散関係を求めることができる*31)．

## 2.4 簡単なエネルギーバンド計算の例

タイトバインディング法を用いてエネルギーバンドを計算し，計算方法を理解するとともに結晶の構造とエネルギーバンドの関係を考えてみよう．

### 2.4.1 1 次元原子鎖のエネルギーバンド

図 2.4 のように，格子間隔 $a$ で等間隔に並んだ原子*32)のエネルギーバンドを求める．単位胞は，長さ $a$ の線分である．逆格子ベクトルの大きさは $2\pi/a$ であるから，ブリルアン領域を $-\pi/a < k < \pi/a$ にとることができる．単位胞の中の 1 つの軌道しか考えないので，$H$ と $S$ は行列ではなく数字である．式 (2.12) に式 (2.4) を代入すると，

$$
\begin{aligned}
H &= \frac{1}{N_{\mathrm{u}}} \sum_{\boldsymbol{R},\boldsymbol{R}'} e^{i\boldsymbol{k}(\boldsymbol{R}-\boldsymbol{R}')} < \varphi(\boldsymbol{r}-\boldsymbol{R}')|H|\varphi(\boldsymbol{r}-\boldsymbol{R}) > \\
S &= \frac{1}{N_{\mathrm{u}}} \sum_{\boldsymbol{R},\boldsymbol{R}'} e^{i\boldsymbol{k}(\boldsymbol{R}-\boldsymbol{R}')} < \varphi(\boldsymbol{r}-\boldsymbol{R}')|\varphi(\boldsymbol{r}-\boldsymbol{R}) >
\end{aligned}
\tag{2.15}
$$

*31) 平面波の場合には $H\boldsymbol{C} = E\boldsymbol{C}$ であったが，タイトバインディング法の場合には $S$ が付く．$S$ が正値エルミート行列 (固有値がすべて正の実数の行列) の場合には，$H\boldsymbol{C} = E\boldsymbol{C}$ に変換することができ，対角化するプログラムが存在する．タイトバインディング法の行列の大きさは，単位胞の中の原子軌道の数であるから，数としては 100 程度以下である．この計算は式 (2.3) の変分関数が精度を決めるので，平面波のように単に軌道の数を増やせば精度が上がるというものではない．多くの場合にはモデル計算や平面波の結果を再現するようにパラメータ ($H_{ij}$, $S_{ij}$) を与えて使う．

*32) 原子の s 軌道のエネルギーバンドと言うのが正しい．

を得る．$H$ の並進対称性を使うと，原子軌道による積分である $< \varphi(\boldsymbol{r}-\boldsymbol{R}')|H|\varphi(\boldsymbol{r}-\boldsymbol{R}) >$ や $< \varphi(\boldsymbol{r}-\boldsymbol{R}')|\varphi(\boldsymbol{r}-\boldsymbol{R}) >$ は，平行移動する変数変換 $\boldsymbol{r}' = \boldsymbol{r}-\boldsymbol{R}$ によって 2 つの波動関数の相対的な位置ベクトル $\boldsymbol{R}-\boldsymbol{R}' \equiv \Delta\boldsymbol{R}$ だけの関数 $H(\Delta\boldsymbol{R})$, $S(\Delta\boldsymbol{R})$ になる*33)．したがって，和 $\sum_{\boldsymbol{R},\boldsymbol{R}'}$ を $\Delta\boldsymbol{R}$ と $\boldsymbol{R}$ の和に置き換える*34)と，$\boldsymbol{R}$ の和の部分は $N_{\mathrm{u}}$ となり，規格化因子 $\frac{1}{N_{\mathrm{u}}}$ と打ち消し合う*35)．その結果，$H$ と $S$ は，

$$H = \sum_{\Delta\boldsymbol{R}} e^{i\boldsymbol{k}(\Delta\boldsymbol{R})} H(\Delta\boldsymbol{R}), \qquad S = \sum_{\Delta\boldsymbol{R}} e^{i\boldsymbol{k}(\Delta\boldsymbol{R})} S(\Delta\boldsymbol{R}) \tag{2.16}$$

のように書くことができる．$H$，$S$ の中で一番大きな寄与をすると考えられるのは，$\Delta\boldsymbol{R} = \boldsymbol{0}$ の場合であり，この項は $k$ によらず定数である．ここで，$H(\boldsymbol{0})$ を $E_0$ とおき，$S(\boldsymbol{0})$ を 1 とおく*36)．エネルギーの原点を $E_0$ におくと，以下の議論で $E_0 = 0$ としても問題ない．定数項だけではエネルギー分散関係が得られないので，$H$ の次に大きい $(\Delta\boldsymbol{R} = \pm\boldsymbol{a})$ を考える．$H(\boldsymbol{a}) = H(-\boldsymbol{a}) = t$ とおき，さらに $S$ の $(\Delta\boldsymbol{R} = \pm\boldsymbol{a})$ 項を考えない*37)と，

$$E(k) = \frac{H}{S} = 2t\cos(ka), \qquad (\frac{-\pi}{a} < k < \frac{\pi}{a}) \tag{2.17}$$

を得る．図 2.5 に式 (2.17) のエネルギー分散関係 $E(k)$ を示した．$t < 0$ であることに注意しよう*38)．図 2.5 のエネルギーバンド幅は $4|t|$ である．

---

*33) 積分は 2 つの波動関数の相対的な位置だけで決まり，積分の座標の原点にはよらない．

*34) この和の置き換えは，固体物理では非常に多用される．2 重の無限の和をとるときに，和の変数を置き換えても良いことを納得してほしい．数学で 2 重の無限の和の変数を並べ替えてもよい条件は，それぞれの級数が一様収束する場合である．物理の場合は，特殊な場合を除いて一様収束の条件を満たしている．

*35) 結晶中の非常に多くの格子ベクトル $\boldsymbol{R}$ の足し算は，結晶中の原子数ぐらいの非常に大きい値を与える．結晶の端で周期境界条件を課すと，和の変数の置き換えが可能であることや 1 の和が $N_{\mathrm{u}}$ になることがわかる．結晶端での境界条件の取り方による相違は通常は無視できる．

*36) $S$ が 1 とおけるのは，原子軌道が規格化されていると仮定したからである．

*37) この取扱いに納得しない読者がいると思う．もし $S$ の $(\Delta\boldsymbol{R} = \pm\boldsymbol{a})$ 項を考えると，$E = 2t\cos(ka)/(1+2s\cos(ka))$ になる．分母を展開すると，最初の項は式 (2.17) であり，残りの項は $\sin(2ka)$ や $\cos(2ka)$ の関数である．この項を考えるのであれば，$\Delta\boldsymbol{R} = \pm 2\boldsymbol{a}$ の項を考えないと，近似の概念が正しくないことがわかる．

*38) 価電子の $|t|$ の値はおおよそ 1～3 eV である．結晶中の電子の運動エネルギー $K$ は正，ポテンシャルエネルギー $U$ は負である．結晶中のポテンシャルをクーロンポテンシャル $U \propto r^{-1}$ とすると，ビリアル定理 $-<U> = 2<K>$ より，$<U> + <K> < 0$ である．したがって $t$ の期待値は負である．p 軌道のように波動関数の符号が関わる場合には $t$ が正になることもある．

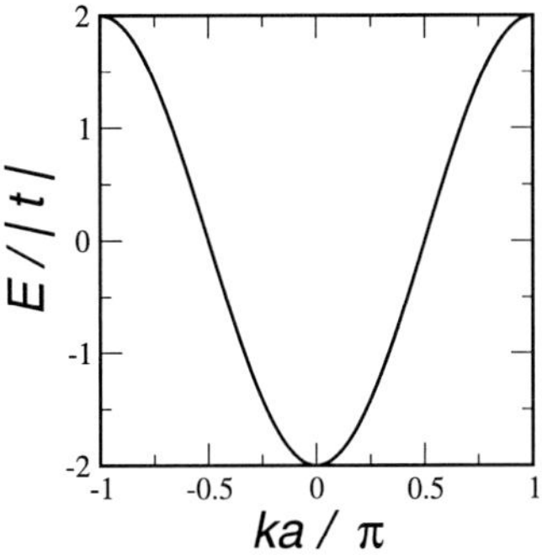


図 **2.5** 式 (2.17) のエネルギー分散関係 $E(k) = 2t\cos(ka)$．$t < 0$ である．

### **2.4.2 単位胞に 2 つ以上の軌道がある場合**

単位胞に 2 つ以上の原子がある場合や，1 つの原子の複数の原子軌道 (例えば 2s, 2p 軌道) を考える場合には，エネルギーバンドの固有状態 $\Psi_j(k,r)$, $(j = 1,\cdots,n)$ は，各原子軌道から作られるブロッホ軌道 $\Phi_i(k,r)$, $(i = 1,\cdots,n)$ の線形結合で書くことができる．

$$\Psi_j(k,r) = \sum_i^n C_{ij}(k)\Phi_i(k,r) \tag{2.18}$$

ここで，$C_{ij}(k)$ は，以下の対角化の操作によって得られる係数であり，$k$ の関数である．$\Psi_j(k,r)$ は，$H\Psi_j(k,r) = E_j(k)\Psi_j(k,r)$ を満たすので，両辺に $\Phi_i^*(k,r)$ をかけて積分をすると，$k$ を固定したときの連立方程式

$$\mathcal{H}(k)\mathbf{C_j}(k) = E_j(k)\mathcal{S}(k)\mathbf{C_j}(k) \tag{2.19}$$

を得る．ここで $\mathbf{C_j}(k)$ は，$C_{ij}(k)$, $(i = 1,\cdots,n)$ を列ベクトルにしたものである．また $\mathcal{H}, \mathcal{S}$ は，それぞれハミルトニアン行列，重なり行列で，

$$\begin{aligned} \mathcal{H}_{ij} &=< \Phi_i(k,r)|H|\Phi_j(k,r) > \\ \mathcal{S}_{ij} &=< \Phi_i(k,r)|\Phi_j(k,r) > \end{aligned} \tag{2.20}$$

であり，各行列要素はブロッホ軌道を原子軌道に展開して計算する．ここで $n$ の値が大きい場合には，対角化の数値計算プログラムを用いる．プログラムの入力としてエルミート行列 $\mathcal{H}$，正値エルミート行列 $\mathcal{S}$ を与えると，出力として 固有値としてのエネルギー分散関係 $E_j(k)$ とブロッホ軌道の係数 $C_{ij}(k)$ が求められる．

$n$ の値が小さい場合には，$(\mathcal{H}-E\mathcal{S})\mathcal{C} = 0$ の自明な解 $(\mathcal{C} = 0)$ でないためには

$\mathcal{H}-E\mathcal{S}$ が逆行列を持たないことを用いる．この条件は，行列式 $\det(\mathcal{H}-E\mathcal{S})=0$ であることから，$n=2$ の行列であれば $E_j(k)$ を解析的に解くことができる (演習問題 [2-5, 2-11, 2-12, 2-13] 参照).

## 2.5 状態密度

エネルギー分散関係 $E(k)$ が与えられており，エネルギーが $E$ から $E+dE$ の間に存在する状態の数を $dN$ とするとき，$dN/dE \equiv D(E)$ を**状態密度**という．状態密度をエネルギーで積分したものは**状態数** $N(E)$ である．$D(E)$ の単位は，状態数/エネルギーである*39)．$D(E)$ は，1 つのエネルギーバンドを $E$ でエネルギーバンド下端から上端まで定積分したときに，2 になる．

結晶では，波数 $k$ は $(2\pi/L)$ ごとに等間隔に与えられる ($L$ は結晶のある方向の長さ)*40)．したがって，1 次元の物質では，波数が $k$ から $k+dk$ の間に存在する状態数 $dN$ は，以下で与えられる．

$$dN = 2\frac{Ldk}{2\pi} = \frac{Ldk}{\pi}, \quad \therefore \ \frac{dN}{dk} = \frac{L}{\pi} \tag{2.21}$$

ここで因子 2 はスピンの自由度*41)である．ここから 1 次元の状態密度は，

$$D(E) \equiv \frac{dN}{dE} = \frac{dN}{dk}\left|\frac{dk}{dE}\right| = \frac{\dfrac{dN}{dk}}{\dfrac{dE}{dk}} = \frac{L}{\pi}\left|\frac{dE}{dk}\right|^{-1} \tag{2.22}$$

で与えられる．ここで $dE/dk$ は，状態密度が正であるので絶対値をつける．$E(k)$ の傾きになっているので，**状態密度 $D(E)$ は $E(k)$ の傾きが小さい方が大きな値になる**．実際に，1 次元のエネルギーバンドの分散関係 (式 (2.17)) を式 (2.22) に入れると，

$$\begin{aligned} D(E) &= \frac{L}{\pi}\left|2ta\sin(ka)\right|^{-1} \\ &= \frac{L}{\pi a}\frac{1}{\sqrt{(2t)^2-E^2}} = \frac{L}{\pi a}\frac{1}{\sqrt{(2t+E)(2t-E)}} \end{aligned} \tag{2.23}$$

---

*39) 状態密度の単位として，1 原子あたりの状態密度「state/eV/atom」なども用いる．

*40) 長さ $L$ での波の波長 $\lambda$ がおよそ $L/p$ ($p$ は整数) で与えられる．波数と波長の関係は $k=2\pi/\lambda$ から $k=2\pi/L\times p$ なので，$k$ は $2\pi/L$ ごとにある．

*41) 1 つの $k$ の状態には，上向きのスピンと下向きのスピンの電子が 1 個ずつ入る．これをスピン自由度という．

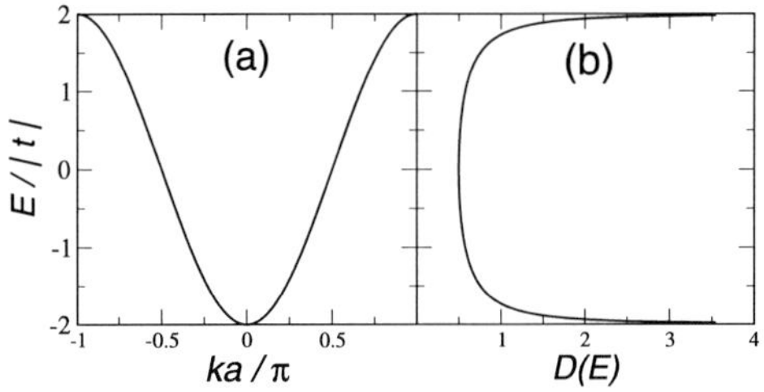


図 **2.6** (a) 式 (2.17) のエネルギー分散関係 $E(k)$. (b) 状態密度 $D(E)$. 縦軸は $E/|t|$ で共通. $E(k)$ が平らなところ (エネルギーバンドの上限と下限) で $D(E)$ が発散する (1 次元のファンホーブ特異性).

になり，エネルギーバンドの上限と下限 $E_0 = \mp 2t$ で $D(E)$ が $1/\sqrt{\pm(E_0 - E)}$ のように発散することがわかる (図 2.6(b)). これを **1 次元のファンホーブ特異性**という.

3 次元の結晶の場合には，一辺 $L$ の立方体であれば，$k$ 空間で一辺 $(2\pi/L)$ の立方体ごとにスピンの自由度を含めて 2 つの状態が存在する. この $k$ 空間での立方体の体積は，$(2\pi/L)^3 = 8\pi^3/V$ ($V$ は体積) であるから，この大きさでブリルアン領域を切って，各立方体での $k$ の値で $E(k)$ を計算し，$E$ と $E + dE$ の間の部分に状態の数 2 を加えるという操作を行えば，状態密度のヒストグラムを作ることができる. これをエネルギーで積分して，エネルギーバンドごとに 2 になるように規格化すれば良い. 図 2.7 は，数値的に求めた 1∼3 次元のコサインバンドの状態密度である. 2 次元の場合では，エネルギーバンド中央で対数的な発散 ($\log|E|$) があり，3 次元の場合では，状態密度の傾きが 4ヶ所で発散する. このように状態密度の特異性 (ファンホーブ特異性) は物質の次元によって大きく変化する[*42].

[*42] すべての物質は 3 次元であるが，層状の物質 (線状の物質) は擬似的に 2 次元 (1 次元) 物質と考えることができる. 例えばグラファイトは層状物質であり，その 1 枚の層をグラフェンと呼ぶ. グラフェンを円筒上に丸めた構造をカーボンナノチューブという. グラフェン (2 次元)，カーボンナノチューブ (1 次元) の状態密度は，それぞれ図 2.7(b), (a) の特徴を持っている. 状態密度が発散するところでは強い光吸収がある.

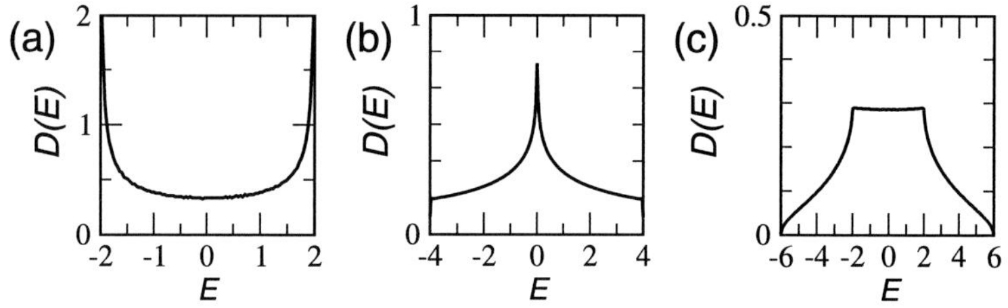


図 2.7 状態密度のファンホーブ特異性. (a) 1 次元, (b) 2 次元, (c) 3 次元のコサインバンド ($E = \cos(ka)$, $E = \cos(k_x a) + \cos(k_y a)$, $E = \cos(k_x a) + \cos(k_y a) + \cos(k_z a)$) の状態密度. 1 次元は, $1/\sqrt{E^2 - 4}$ の発散. 2 次元は，エネルギー分散関係の鞍点 ($E = 0$) で $D(E)$ が対数 ($\log |E|$) 発散. 3 次元は，状態密度の傾きが発散する. 状態密度を $E$ で積分すれば，いずれの場合も 2 になる.

## 2.6 角度分解光電子分光

エネルギーバンドの状態密度や分散関係を調べる実験的手法として，光電子分光がある．真空中の物質に光を当てると電子が飛び出してくる (光電効果). 飛び出してくる電子の運動エネルギーは，光のエネルギー $\hbar\omega$ から，電子の始状態のエネルギー*43)を引けば良い． 実験では，静電場中で電子の運動を曲げることによって，電子を検出する装置に到達する運動エネルギーを測定できる (図 2.8). もし光電効果により電子の飛び出す確率が，波数やエネルギーによらず等しいなら，飛び出してくる電子の運動エネルギーの分布は状態密度に比例する．これは，電子の占有したエネルギーバンドの有効な情報になる*44).

さらに電子の飛び出してくる方向 (波数ベクトル $\boldsymbol{k}$) まで考えて測定 (角度分解測定) を行うと*45)，上記のエネルギーと合わせて，エネルギー分散関係 $E(k)$

*43) 電子の始状態のエネルギーは，物質の仕事関数 (真空準位とフェルミエネルギーの差) と電子の束縛エネルギー (フェルミエネルギーから測った電子のエネルギー) の和で表される．束縛エネルギーの大きな始状態を観測するには，エネルギーの大きな光が必要である．

*44) 光電子分光の情報は，占有したエネルギーバンドの情報である．電子の占有しないエネルギーバンドの情報を知りたければ光電子分光の逆，すなわち「エネルギーのわかっている電子を入れて出てくる光のエネルギーを測定」すればよい．これを逆光電子分光法と呼ぶ．

*45) 光の運動量 $h\boldsymbol{k}$ と真空中に飛び出した電子の運動量 $\boldsymbol{p}$ から，始状態の運動量すなわち $\boldsymbol{k}$ の情報がわかる．通常の光電子分光では紫外線が用いられ，この場合には光の運動量は結晶の運動量に比べ無視できる．しかし，エネルギーの大きな X 線を用いた光電子分光の場合には光の運動量の値を考慮する必要がある．

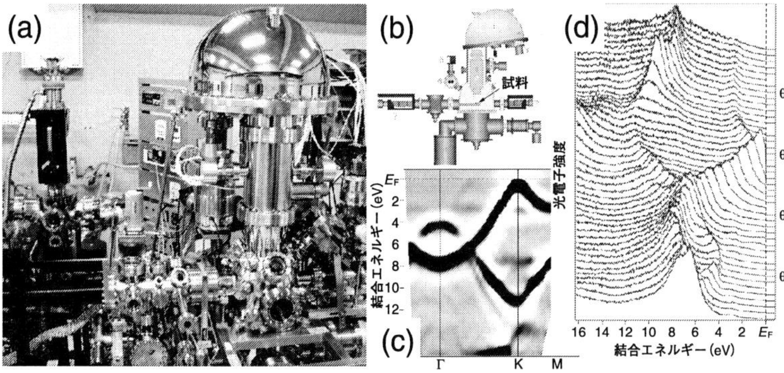


図 **2.8**　(a) 光電子分光の実験装置: 光を当てて放出された電子を電場で曲げることによって，運動エネルギーを測定する．上の半球部分で電子の運動を曲げる．電子の運動を妨げないように装置の中は高真空状態に保たれている．(b) 装置の概要，(c) 角度分解光電子分光で測定した，グラファイトのエネルギー分散関係，(d) 実際の角度分解光電子分光のスペクトル．ピークのところをたどると (c) の図が得られる．黒い部分がエネルギー分散関係になる．図 2.3 (c) の $E < 0$ の部分に対応する (東北大学 高橋 隆教授のご厚意による).

がわかる．これを角度分解光電子分光 (**ARPES**)[*46)] という．角度分解光電子分光は，電子のエネルギー分散関係を直接的にみる手法として，新規物質の評価に必須の実験となっている．

## 演習問題

[2-1]　(電子の占有数)　エネルギーバンド 1 つに対して，単位胞あたり電子が 2 個占有することを示せ．ここでは問題を簡単にするために，単位胞を一辺 $a$ の立方体とする．また，1 つの $k$ の状態にはスピンの異なる 2 つの電子が占有することを用いよ．

[2-2]　(平面波の数)　平面波展開によるエネルギーバンド計算は，逆格子ベクトル $G$ の数が多いほど，計算精度が良くなる．通常は，半径 $G_C$ の球の中に入る $G$ を用いる．このときのエネルギー $\hbar^2 G^2 c/2m$ をカットオフエネルギーと呼ぶ．平面波展開によるエネルギーバンド計算では，カットオフエネルギーは，計算精度を示す重要な指標である．単位胞が一辺

*46)　angle resolved photo emission spectroscopy，アルペス (英語読みだとアーピス) と呼ぶ.

2 Å の立方体の結晶とし，$m$ を電子の静止質量とするとき，1 keV のカットオフエネルギーに対応する平面波 $G$ の数を求めよ．

[2-3] (平面波展開の精度) 前問 [2-2] で，単位胞の一辺を $a$ から $2a$ にすると，1 keV に対応する平面波 $G$ の数は何倍になるか? このことから，平面波展開によるエネルギーバンド計算の精度を示す指標として，平面波の数よりカットオフエネルギーの方が相応しいことを説明せよ．

[2-4] (1 次元ファンホーブ特異性) 1 次元のタイトバインディング法で，格子定数 $a$ のエネルギーバンドの状態密度がエネルギーバンドの上端と下端で発散することを示せ．この発散をファンホーブ特異性という．

[2-5] (結合交替) 1 次元のタイトバインディング法で，格子定数 $a$ が，$a_1$, $a_2$, $a_1$, $a_2$, ... と交互に伸び縮みする場合を考える ($a_1 + a_2 = 2a$)．この場合のエネルギーバンドを求めよ．ただし，$a_1$, $a_2$ に対応するトランスファー積分を $t_1 < t_2 < 0$ とし，重なり積分は 1 と近似して良い．2 つのエネルギーバンドが現れ，エネルギーギャップが生じることを示せ．

[2-6] (2 次元のエネルギーバンド) 2 次元の正方格子 (格子定数 $a$) のエネルギーバンドを求めよ．隣接原子間のトランスファー積分を $t < 0$ とし，重なり積分は 1 と近似する．エネルギー分散の図を $k_x$, $k_y$ の関数として表示せよ．エネルギーバンド幅はいくらになるか?

[2-7] (2 次元ファンホーブ特異性) 2 次元の正方格子 (格子定数 $a$) のエネルギーバンドの上端と下端は，$k_x$, $k_y$ の 2 次式に近似できる．この近似した分散関係を用いて，エネルギーバンドの上端と下端付近の状態密度はエネルギーによらず一定になることを示せ．

[2-8] (2 次元ファンホーブ特異性での対数発散) 2 次元の正方格子 (格子定数 $a$) のエネルギーバンドの $E = 0$ 付近は，$k_x = \pm k_y \pm \dfrac{\pi}{a}$ の関係があることを示せ．2 次元ブリルアン領域で，$E = 0$ のエネルギー等高線を図示せよ．さらに，$E = 0$ 付近のエネルギー分散を $k_x$, $k_y$ の 2 次式に展開し，状態密度が $\log|E|$ に発散することを示せ．

[2-9] (3 次元のエネルギーバンド) 3 次元の立方格子 (格子定数 $a$) のエネルギーバンドを求めよ．隣接原子間のトランスファー積分を $t < 0$ とし，重なり積分は 1 と近似する．エネルギー分散の図を $k_x$, $k_y$, $k_z$ の関数と

して求め，ブリルアン領域の対称な点を結ぶ線上でのエネルギー分散の図を描け．エネルギーバンド幅はいくらになるか?

[2-10] (3 次元ファンホーブ特異性) 3 次元の立方格子 (格子定数 $a$) の状態密度を求め，概形を描け．特に状態密度の傾きが発散する様子を，エネルギー分散を $k_x$, $k_y$, $k_z$ の 2 次関数で展開することで調べよ．

[2-11] (1 次元梯子格子) 図 2.9 の梯子状の結晶格子 (格子定数 $a$) のエネルギーバンドを求め，エネルギー分散関係を図示せよ．なお，トランスファー積分は図にあるものを使い，重なり積分は 1 とせよ．

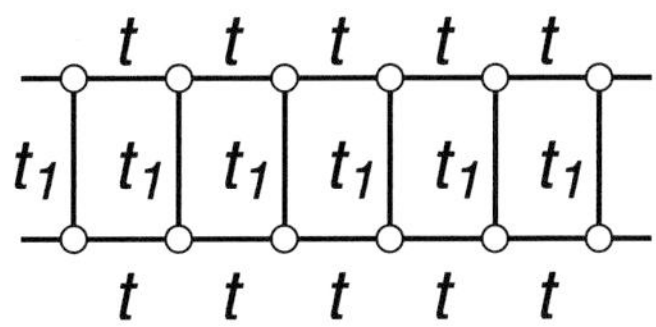


図 **2.9** 梯子状の結晶格子 (格子定数 $a$)

[2-12] (1 次元三角格子) 図 2.10 の三角格子状の結晶格子 (格子定数 $a$) のエネルギーバンドを求め，エネルギー分散関係を図示せよ．なお，トランスファー積分は図にあるものを使い，重なり積分は 1 とせよ．前問 [2-11] と比べ，エネルギー分散関係の違いについて説明せよ．

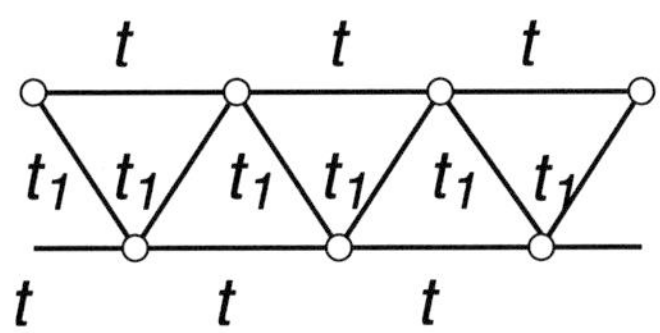


図 **2.10** 三角格子状の結晶格子 (格子定数 $a$)

[2-13] (グラフェンの電子状態) グラファイトは層状の構造をしている．1 枚の層 (グラフェン) は，六角形が連なる六方格子をしている．この場合の単位胞とブリルアン領域を示し，エネルギーバンドを求めよ．簡単のため，基本格子ベクトルの大きさを $a$，最近接の炭素原子間の $2\mathrm{p}_z$ 軌道間の相

互作用を $\gamma_0$(慣習による) とおき，ブリルアン領域の対称性の高い点でのエネルギーの値を，$\gamma_0$ を用いて表せ (ヒント：図 2.3 を参考にせよ).

[2-14] (サイクロトロン半径) 光電子分光で電子の運動エネルギーを測定するときに，初期の装置では磁場中で電子を曲げることで測定していた．一様磁場 B[T] 中の垂直な平面上にエネルギー E[eV] で入ってきた電子の回転半径を求めよ．B=1[T], E=1[eV] のときの回転半径の値を求めよ．電場で測定する方法と比べ，どちらが測定しやすいかを考えよ．

[2-15] (補足問題) 式 (2.15) から 式 (2.16) を導く過程をわかりやすく説明せよ．特に和の置き換えが正しいことを図に示すなど直感的に説明せよ．

***tea time***

著者が 6 年前に仙台に来てからの趣味で，はまっているのが野菜作りである．2 年前に中古の家を購入し，庭の一角に小さいながらも畑を作った．野菜を作り食べている．もちろん無農薬．最近は有機肥料も堆肥化してから土壌に施しているので，本当においしい野菜が採れる．肥料で大きく作る野菜ではなく，健康に育った野菜だからである．

仙台の家の地面は 30 cm ぐらい掘ると，粘土の層が出てくる．野菜の根は，この粘土の層を貫くようには伸びないので，根が張る野菜（大根！）を育てるのは難しい．粘土の層を少し掘り込んで粘土を除き，落ち葉などを埋めると，翌年にミミズ軍団が良い土に変えてくれる．しかし深さ 30 cm ほど落ち葉を積んだとしても最終的に土になるのは，2 cm もない．大学の落ち葉や，近くの街路樹の落ち葉などをせっせと集め，地面が凹んだら埋めている．家の裏側の雨の当たらないところに，集めた一部の落ち葉を積み上げる箱を作り，鶏糞と混ぜて堆肥も作っている．よく掻き混ぜると，真ん中辺りは手で触れないぐらい熱くなる．微生物の力には驚くばかりである．堆肥は，野菜の肥料になるだけでなく，地表の乾燥防止，土壌細菌の育成，地温の向上など多面的な効果がある．良い土を作るということは，良い野菜を作ることとほぼ同義である．庭の土は 2 年目でだいぶ良くなったが，本当に良い土を作るにはかなり時間がかかりそうである．

さて，いつも思うのであるが，学生や教員を野菜にたとえれば大学は畑のようなものである．良い土壌であれば，それほど肥料を入れなくても健康に育つ．良い大学環境とは，良い設備という点もあろうが，何よりも勉強が好きなだけできる良い雰囲気であると思う．日本の大学の歴史は 100 年ぐらいであるが，良い土壌を作る努力も日々の積み重ねによってできていくと思われる．

# 3 格子振動，中性子非弾性散乱

格子振動は，結晶格子を作っている原子の熱運動である．結晶の並進対称性により，格子振動も波のように伝搬し，エネルギー分散関係を持つ．このエネルギー分散関係を求める実験手法が中性子非弾性散乱である．

## 3.1 格子振動の量子「フォノン」

結晶格子の原子は，等間隔に存在するポテンシャル $V(x)$ の底 $V_0$ に存在する．ポテンシャルの底の傾きは 0 であるから，最も安定な位置からのずれを $x$ とすると，$V(x)$ をテイラー展開することによって $V(x) = V_0 + V_2 x^2$ のように，$x$ の 2 次から始まることが期待できる*1)．これは，バネのポテンシャルエネルギーと同じである．最も簡単な近似では，結晶格子は質量 $m$ の原子とバネ定数 $K$ からなる格子とおくことができる．

この場合，バネの伸び縮みに応じて格子振動は隣の原子に力を及ぼす．この結果，格子振動は波として結晶中を伝搬する．第 2 章では，結晶格子に並進対称性がある場合には，電子の波動関数はブロッホの定理を満たすことを学んだ．格子振動の各変位もブロッホの定理を満たす．その結果，格子振動のエネルギーは波数 $k$ の関数としてエネルギー分散関係を持つ．波数 $k$ の格子振動が角振動数 $\omega$ の振動数を持つとき，エネルギーは $\hbar\omega$ に量子化されている．量子化された格子振動をフォノンという．以下では，フォノンのエネルギー分散関係とフォノンの種類を勉強しよう．

---

*1) 図 3.5 をみてもらうと，イメージがわくと思う．

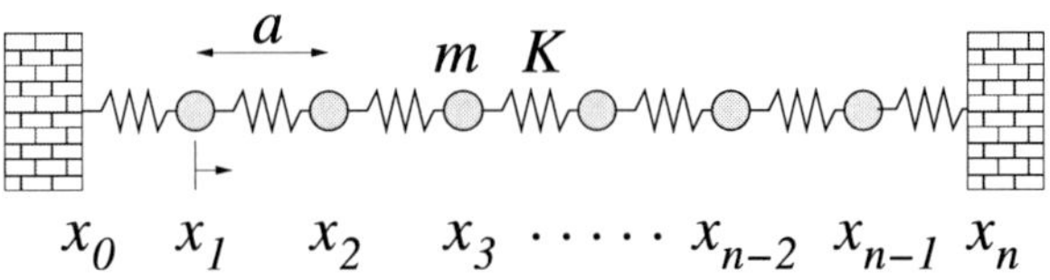


図 3.1　1 次元上に $n-1$ 個並んだ原子の運動．原子の質量を $m$，バネ定数を $K$，格子定数 $a$，原子の変位を $x_l$, $(l=1,\cdots,n-1)$ とおいた．両端の壁の位置を $x_0=x_n=0$ とおく．

## 3.2　1 次元の原子の格子振動

図3.1のように，2 つの壁の間に固定された $n-1$ 個の原子の格子振動を考えよう．原子の質量を $m$, 安定な状態からのずれを $x_l$, $(l=1,\ldots,n-1)$，バネ定数を $K$ とおくと，$x_l$ に対する運動方程式は,

$$m\ddot{x}_l = -K(x_l - x_{l-1}) - K(x_l - x_{l+1}) \tag{3.1}$$

である．ここで，$x_0$ と $x_n$ を壁の位置の座標と考えると，端のところで連立微分方程式の形を変える必要がない．境界条件として，$x_0=x_n=0$ とおけばよい．さらに $n-1$ 個の原子が角振動数 $\omega$，波数 $k$ で振動すると仮定すると，$x_l = A\exp(ikla - i\omega t)$ と書くことができる ($A$ は振幅)[*2]．実際の振幅は，$x_l$ の実部とする．$\ddot{x}_l = -\omega^2 x_l$, $x_{l\pm1} = \exp(\pm ika)x_l$ を用いると，式 (3.1) の両辺を $x_l$ で割って,

$$\begin{aligned} -m\omega^2 &= -K\{1-\exp(-ika)\} - K\{1-\exp(ika)\} \\ &= -2K\{1-\cos(ka)\} \\ &= -4K\sin^2(ka/2) \end{aligned} \tag{3.2}$$

となる．よって固有振動数 $\omega$ は $k$ の関数として

$$\omega = 2\omega_0|\sin(ka/2)|, \quad (\omega_0 = \sqrt{K/m}) \tag{3.3}$$

で与えられる．これがフォノンの分散関係である．図3.2 に分散関係を $0<$

*2) このことを理解するためには，(1) バネの伸縮方向の $n-1$ 個の自由度に対して，$n-1$ 個の固有振動数 (基準振動数) が存在すること，(2) 境界条件のもとで，$x_l$ がブロッホの定理を満さなければならないことから，この解の形が要請される．3.3 節で，$n$ の値が 3 の場合の解がこの問題の解として成り立つことを示す.

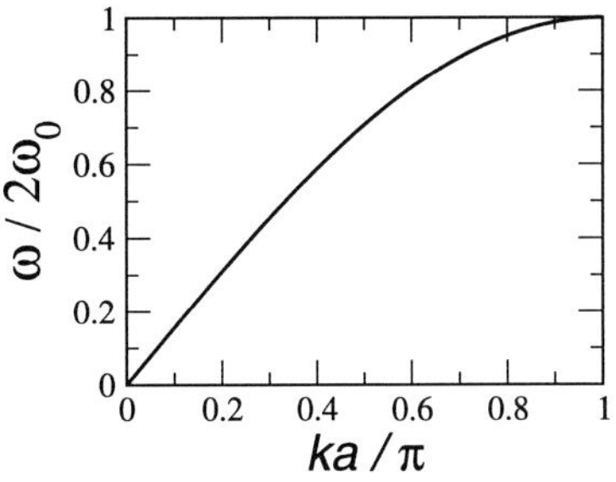


図 **3.2** $n-1$ 個の原子の振動．角振動数 $\omega$ を波数 $k$ の関数 (分散関係) として表示．

$ka/\pi < 1$ で示す[*3]．

可能な波数は，境界条件から求めることができる．$x_0 = 0$ より，$t = 0$ で $l = 0$ を $x_l$ に代入し，$x_l$ の実部を 0 とおくと，$A$ は純虚数 ($A = ib$ とおく，$b \neq 0$) になる．次に $x_n = 0$ より，$\sin(kna) = 0$ という条件が得られるので，可能な $k$ の値は，$k = p\pi/na$, ($p$ は整数，$p = 1, \ldots, n-1$) である．ここで $p$ の上限は，$k$ がブリルアン領域にある条件 $|k| < \pi/a$ より定めた．$n-1$ 個の原子に対し，$n-1$ 個の自由度の振動が求まった[*4]．

## 3.3 音響フォノンと光学フォノン

再び 1 次元の問題で $n-1 = 2$ の場合を考える (図3.3)．運動方程式は

$$\begin{cases} m\ddot{x}_1 = -Kx_1 + K(x_2 - x_1) \\ m\ddot{x}_2 = -Kx_2 + K(x_1 - x_2) \end{cases} \tag{3.4}$$

である．この問題は，辺々を足す，辺々を引くということで独立した 2 つの微分方程式になる．$X_1 = x_1 + x_2$, $X_2 = x_1 - x_2$ とおくと，

$$m\ddot{X}_1 = -KX_1, \quad m\ddot{X}_2 = -3KX_2 \tag{3.5}$$

であるから，2 つの微分方程式に対応する固有振動数は $\omega_0$, $\sqrt{3}\omega_0$ である．これは，式 (3.3) に波数 $k = \pi/3a$, $2\pi/3a$ を代入した結果と一致する．変数 $X_1$ は $x_1 = x_2$ の振動に対応する (この場合，時間によらず，$X_2 = 0$)．このとき

[*3] $\omega(k)$ の $k$ が負の部分は正の部分と対称な関数で，偶関数である．

[*4] $k$ が負のものは，振幅の符号が変わるだけ (位相が変わるだけ) で独立な自由度にならない．また，$k + 2\pi/a$ は $k$ と同一な振幅を与える．したがって自由度が増えることはない．

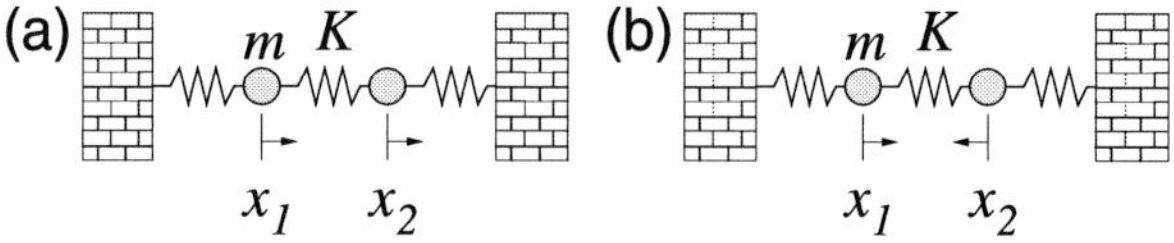


図 3.3 2 個のバネの運動．(a) 音響フォノン ($\omega = \omega_0$)，(b) 光学フォノン ($\omega = \sqrt{3}\omega_0$) の振動．

真ん中のバネは伸び縮みせず，力を与えないから振動数が $\omega_0$ になる．また変数 $X_2$ は，$x_1 = -x_2$ (この場合には $X_1 = 0$) に対応する．この場合，真ん中のバネは両側のバネより 2 倍伸び縮みするので，3 つのバネが働いているのと同じであり $\sqrt{3}\omega_0$ になる (図 3.3).

隣り合う原子が同じ方向に振動する ($X_1$ の振動) 場合を**音響フォノン**という．また互いに逆の方向に振動する ($X_2$ の振動) 場合を**光学フォノン**という．音響フォノンは，ギターの弦が振動するときに弦全体が同じ方向に振動することを想像すれば名前の由来がわかりやすい*5)．また光学フォノンという名前は，+ イオンと − イオンが交互に並んでいる物質に光 (電場) が加わると，+ と − のイオンで逆方向の力を受けて振動が起きることに由来している．

## 3.4 縦 波 と 横 波

一般に，単位胞に $N$ 個の原子がある場合，$3N$ 個の自由度があり $3N$ 個のフォノン分散関係ができる．このうち $N$ 個のフォノン分散関係は，波数ベクトル (波の進行方向) と振動方向が平行な**縦波** (longitudinal mode, L) であり，残りの $2N$ 個のフォノン分散関係は，進行方向と振動方向が垂直な**横波** (transverse mode, T) である．波の進行方向を $z$ 軸の方向にとると，横波の場合には，$x$ と $y$ の独立な 2 つの振動モードがある．また，$N$ 個の原子がすべて同じ方向に振動する音響モード (acoustic mode, A) の分散関係が 3 個 (1 個が縦波 LA, 2 個が横波 TA) 存在し，残りの $3(N-1)$ 個の分散関係が光学モード (optical mode, O. $(N-1)$ 個が縦波 LO, $2(N-1)$ 個が横波 TO) である．実際の物質では，エネルギーの低い順に TA, LA, TO, LO のフォノンモードがある．

*5) ギターの場合は，弦の振動方向は弦に垂直である．

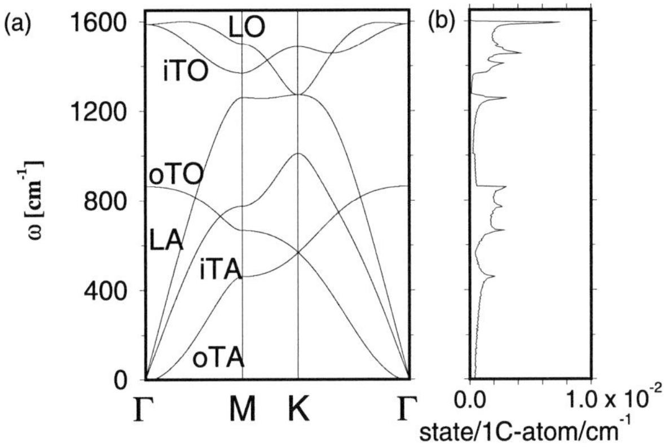


図 **3.4** (a) グラフェンのフォノンの分散関係．縦軸の単位は振動数であるが，分光学で用いられる波数が使われ，$\mathrm{cm}^{-1}$ ($1\,\mathrm{eV}=8065\,\mathrm{cm}^{-1}$) である．横軸の記号はブリルアン領域の対称性が高い点 (図 2.3(b) 参照)．(b) フォノン状態密度．

図 3.4 にグラフェン*6) のフォノン分散関係を示す．グラフェンの単位胞には 2 個の原子があり，したがって 6 個のフォノン分散関係がある．この場合，横波には面内に振動するモード (in plane, i) と面外に振動するモード (out of plane, o) があり，振動数が異なる．エネルギーの低い方から oTA, iTA, LA, oTO, iTO, LO の 6 個の フォノンモードが存在する．したがってグラファイト層を伝わる音速は oTA, iTA, LA の 3 種類あるが，LA モードの音速*7) は 21 km/s, iTA モードが 13 km/s であり非常に速い．結晶性の高い炭として有名な備長炭を打つと金属音がするのは，LA および TA モードの音速が非常に速いことによる．図 3.4(b) にフォノンの状態密度を示す．

## 3.5 振動の非調和性

今までは，格子振動をバネのモデルで考えてきた．調和振動子のポテンシャルは $Kx^2/2$ である．しかし実際の格子の振動は，2 つの原子間のポテンシャルであるので，ポテンシャルの底でテイラー展開した場合，1 次の項は消えるが

---

*6) グラファイト (黒鉛) は層状構造の物質で，1 層の構造は六方格子であり，グラフェンという．

*7) 波の速度には，位相速度 $v_{\mathrm{p}} = \omega/k$ と群速度 $v_{\mathrm{g}} = \partial\omega/\partial k$ がある．音響フォノンの場合には，$k \sim 0$ 付近で $\omega \propto k$ より $v_{\mathrm{p}} = v_{\mathrm{g}}$ である．エネルギーの伝わる速度は群速度である．

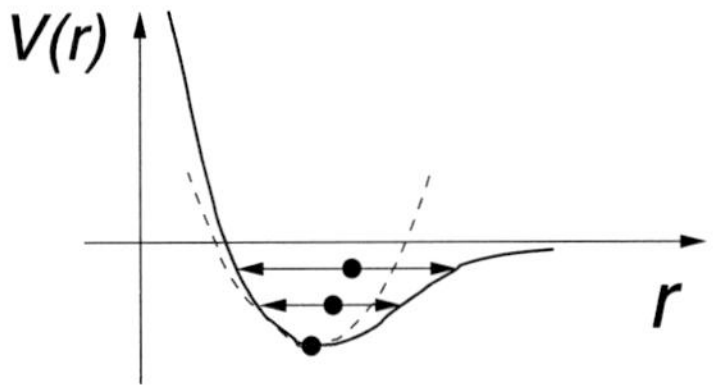


図 3.5 振動の非調和性．原子間のポテンシャル $V(r)$ を表示．$V(r)$ の最小の点で放物線に近似したポテンシャル (破線) が，調和近似 (バネモデル) である．実際には，$V(r)$ は最小点の周りで非対称で，振動の振幅 (矢印) が大きくなると振動の中心 (黒丸) が $r$ の大きな方にずれる (熱膨張)．

$x^3$ や $x^4$ の項は 0 ではない．これを振動の非調和性という．$x^3$ の項が入ると，$x > 0$ と $x < 0$ のポテンシャルが非対称な形になる．したがって温度を上げて格子の振動の振幅が大きくなると，振動の中心が原子間距離の増える方向にずれる (図3.5)．このように $x^3$ の項は，熱膨張に関連していることがわかる．

$x^4$ の項は対称であるので，熱膨張には寄与しない．しかし $x^4$ の項が入ると，調和振動子の固有状態は良い量子数ではなくなる．つまり，調和振動子の $\hbar\omega(n+1/2)$ の $\omega$ の状態のフォノン $n$ 個の振幅を持つ振動は有限の寿命を持ち，一定の時間後は別の振幅 $n'$ の値になり，また別の $\omega'$ の振幅 $m$ が増える．これは，熱の拡散を示している．熱の拡散はフォノンフォノン相互作用により起こり，熱伝導率を決定する*8)．例えば，非常に熱伝導率の大きい物質として有名なダイヤモンドの熱伝導率は 1000〜2000 $\mathrm{Wm^{-1}K^{-1}}$*9) であり，銀の値 428 $\mathrm{Wm^{-1}K^{-1}}$(0°C) よりも遥かに大きい．

## 3.6 中性子 (X 線) 非弾性散乱

フォノンの分散関係を直接実験で調べる方法として，中性子 (または X 線) 非弾性散乱がある．粒子や電磁波 (フォトン) が物質に衝突した場合，別の方向に散乱が起きる．このときエネルギーを失わない散乱を弾性散乱と呼び，エネ

*8) 金属の場合には，自由電子も熱伝導を担っている．上記の議論は絶縁体の場合の議論である．

*9) 1 $\mathrm{m^3}$ の立方体の向かい合う 2 つの面に 1 K の温度差を与えたときに単位時間に流れるエネルギーを熱伝導率という．熱伝導率は温度の関数である．

ルギーを失う散乱*10)を非弾性散乱と呼ぶ．エネルギーを失うのは，衝突したときに物質中においてエネルギー状態の励起があったからである．物質のエネルギー状態は量子化されているので，励起エネルギーも量子化されている．このとき量子化された励起を素励起と呼ぶ．非弾性散乱では，何らかの素励起*11)が起きている．ここでは素励起としてフォノンの励起を考える．

エネルギーと運動量のわかっている中性子 (質量 $M$, 運動量 $\hbar \boldsymbol{k}_i$, エネルギー $\hbar^2 k^2/2M$)*12)が物質中で散乱されて，運動量 $\hbar \boldsymbol{k}_f$ の方向に散乱されたとする．このとき，あるフォノンモードのフォノン (運動量 $\hbar \boldsymbol{q}$, エネルギー $\hbar\omega$) が生成されたとすると，運動量エネルギー保存の関係から，

$$\boldsymbol{q} = \boldsymbol{k}_i - \boldsymbol{k}_f, \quad \hbar\omega = \frac{\hbar^2\left(k_i^2 - k_f^2\right)}{2M} \tag{3.6}$$

を得る (図 3.6(a))．中性子を X 線に変えた場合でも，運動量 $\hbar \boldsymbol{k}$, エネルギー $\hbar ck$ で，運動量エネルギーの関係式が得られる．

これらの関係式を解くと，中性子の散乱角と中性子のエネルギーからフォノンの運動量とエネルギーの関係，すなわちフォノンの分散関係がわかる．中性子散乱がフォノンのエネルギーの測定に適している理由は，ド・ブロイ波長が原子間隔程度の中性子は室温程度のエネルギーを持つからである*13)．

これらの実験は，近年非常に高い精度で行われるようになってきた．日本では，

---

*10)　エネルギーをもらう場合もある．

*11)　格子振動の素励起はフォノンの生成である．この他には磁性体の素励起マグノン，電子の集団運動の素励起プラズモン，電子正孔対の素励起であるエキシトン，さらにはポラリトン，ポーラロンと様々な素励起が存在する．

*12)　中性子源から出てきた中性子に対して，一定のエネルギーや運動量だけを取り出すことを，単色化という．単色化とは，分光学で特定の波長を取り出すことを意味する．また，同じ意味で中性子の特定のド・ブロイ波長を取り出すことを指す．原子炉などから出てきた中性子を単色化する方法として，Si などの単結晶 (またはグラファイトなどの層状結晶) のブラッグ反射を用いる．この場合，格子長やミラー指数で指定される運動量を取り出すことができる．また陽子をタングステンなどに加速衝突させてできる中性子はパルス状に発生する (パルス中性子源) ので，中性子を透過しない機械的なチョッパー (遮断する装置) によって通路を開閉し，飛行通過時間 (time of flight, TOF) の差で速度を選別する方法が用いられる．

*13)　X 線は原子程度の波長であり，原子の構造を解析するのに適している．しかし X 線のエネルギーを温度に換算すると非常に高温であり，多くのフォノン励起を伴うので，原子の運動を測定する目的では不適である．一方，室温程度のエネルギーを持つ電磁波である赤外線は，フォノンの吸収，放出を測定することができるが，波長 ($1 \sim 100\mu$m) が格子定数より大きいので物質の微細構造をみることはできない．中性子線は室温程度のエネルギーで，原子間隔程度の波長を持っている．粒子線，電磁波はそれぞれの利点と欠点を持っている．

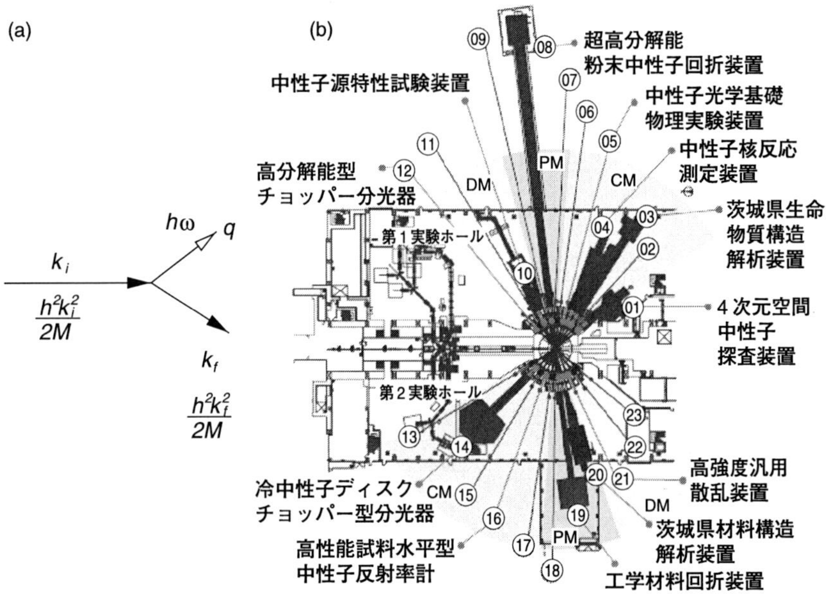


図 3.6　(a) 中性子の散乱のエネルギー運動量保存の関係. (b) J–PARC の中性子実験装置の装置図. 中心の試料を取り巻くように，いろいろな測定装置が取り付けられている. http://j-parc.jp/MatLife/ja/instrumentation/ns.html より転載.

高エネルギー加速器研究機構 (KEK) や，日本原子力研究所，J–PARC (Japan proton accelerator research complex) などの中性子発生装置などを用いて中性子の物性実験が進められている (図 3.6(b)).

従来は主に中性子線散乱が行われてきたのであるが，強い X 線 (シンクロトロン軌道放射光[*14)]) の光源と高い角度分解能を持つ分光器を用いることによって，X 線非弾性散乱でもフォノンの分散関係が測られるようになってきた. 中性子非弾性散乱の実験を行うには比較的大きな (cm 程度) 単結晶が必要である[*15)]. また，結晶中での散乱が 1 回だけ起こるような大きさでなければならないので，X 線や中性子線の透過率を計算する必要がある. 中性子は電荷がないので物質中では比較的散乱しにくく，原子との衝突を測定するのに有利であ

---

*14)　p.5 の脚注＊12) を参照.

*15)　X 線非弾性散乱の実験の場合には 1mm 以下の試料でも観測できる.

る．しかし中性子源は特殊であり，中性子は電荷がないのでエネルギーや運動量を調節するには特殊な技術が必要になる．一方，光の吸収放出の過程でもフォノンが放出され，可視光が非弾性散乱を起こす．これをラマン効果*16)と呼ぶ．こちらは可視光の散乱であり，中性子源に比べて簡単な装置で測定することができる．ラマン散乱で観測される結晶中のフォノンは $q \sim 0$ 付近にしか観測されない．この詳細については第 8 章で説明する．

## 演習問題

[3-1] (音響フォノンと光学フォノン) 2 つのバネ定数 $K_1$ と $K_2$ が交互につながる 1 次元の原子鎖がある．原子の質量を $m$，隣り合う原子の間隔を $a$ としてフォノン分散関係を求めグラフにせよ．波数 $k$ が 0 と $\pi/2a$ のとき，原子の動きを図示せよ．$K_1 = K_2$ の場合にどうなるか議論せよ．

[3-2] (フォノン分散関係) 2 つの質量 $m_1$ と $m_2$ の原子が交互に存在する 1 次元の原子鎖がある．バネ定数を $K$，隣り合う原子の間隔を $a$ としてフォノン分散関係を求めグラフにせよ．波数 $k$ が 0 と $\pi/2a$ のとき，単位胞での原子の動きを図示せよ．

[3-3] (縦波と横波) 質量 $m$ の原子からなる 1 次元の原子鎖 (格子長 $a$) で，縦波と横波を考える．原子鎖の方向を $z$，それに垂直な方向で $x$ と $y$ を考える．縦波と横波の変位に対して 1 次の力 ($x$, $y$, $z$ に比例して) が働く．縦波と横波の変位に対するバネ定数を $K_L$, $K_T$ とするとき，フォノン分散関係を求め，グラフにせよ．波数 $k$ が 0 と $\pi/a$ のとき，単位胞での原子の動きを求め図示せよ．

[3-4] (2 次元フォノン分散関係) 質量 $m$ の原子からなる 2 次元の正方格子の原子鎖 (格子長 $a$) の格子振動を考える．原子鎖の方向を $x$ と $y$ とし，それに垂直な $z$ 方向の振動 (面外振動) を考える．$z$ 方向の変位に対するバネ定数を $K$ とするとき，フォノン分散関係を求め，グラフにせよ．波数 $(k_x, k_y)$ が $(0, 0)$, $(\pi/a, 0)$ と $(\pi/a, \pi/a)$ での原子の動きを図示せよ．

[3-5] (1 次元フォノン状態密度) 1 次元の原子鎖のフォノンの状態密度を計算し，グラフにせよ．バネ定数 $K$ や質量 $m$ を変化させたときの状態密度

---

*16) チャンドラーセカー・ラマン (Chandrasekhara Raman) が 1928 年に発見した．

の変化を説明せよ (注: 単に大きくなる，小さくなるではなく，どういう関数形で変化するかを示せ)．フォノンの状態密度が発散することを示せ．

[3-6] (フォノン状態密度と比熱) フォノンの状態密度が発散する場合，比熱にどんな影響があるか説明せよ．状態密度の発散が $(E-E_0)^{-1/2}$ の場合を議論せよ．

[3-7] (バネ定数) 論文でフォノンのエネルギーを扱う際には，波数の単位 $\mathrm{cm}^{-1}$ を用いる．この単位では $1\mathrm{eV} = 8065\,\mathrm{cm}^{-1}$ であることを示せ．炭素原子鎖の LO フォノンの最大値は約 $2000\,\mathrm{cm}^{-1}$ である．この炭素原子鎖のバネ定数を $\mathrm{eV/Å^2}$ で求めよ．

[3-8] (位相速度，群速度) フォノンのエネルギーと波数をそれぞれ $\hbar\omega$, $q$ とし，$\omega/q$, $\partial\omega/\partial q$ をそれぞれ位相速度，群速度と呼ぶ．炭素原子鎖の LA フォノンの長波長 $q \to 0$ の音速は，約 20 km/s である．ここから炭素原子鎖のバネ定数を求めよ．

[3-9] (固体の音波の伝搬) フォノン分散関係がサイン関数のように与えられる場合，群速度は波数 $q$ または 角振動数 $\omega$ の関数となる．このことを用いて，硬いもので固体の表面を叩いた場合，その振幅は固体中をどのように伝搬するか図を用いて説明せよ．縦波と横波が存在する場合も考えよ．式を用いて説明する場合には，1 次元の原子鎖を考えても良い．

[3-10] (固体中の音速) 自由固体 (固体の大きさが波長より十分大きい) の場合と棒 (棒の太さが波長より小さい) の場合には，固体中の音速は，体積弾性率 $K$, ずれ弾性率 $G$, ヤング率 $E$, および固体の密度 $\rho$ によって表される．これらの弾性定数の定義を調べて説明し，音速の表式を求めよ．この弾性定数とバネ定数の関係を議論せよ．

[3-11] (中性子源) 中性子を発生させる仕組みと，中性子のエネルギーと運動量を測る方法について調べ，図を用いて説明せよ．

[3-12] (中性子の非弾性散乱) 質量 $M_n$ の中性子のエネルギーが 1 eV のときのド・ブロイ波長を求めよ．エネルギー $E$ の中性子が格子に当たってフォノンを放出し，$\theta$ 進行方向を変えて非弾性散乱した．散乱後の中性子が失ったエネルギーは，$\Delta E$ であった．フォノンの運動量 $q$ と エネルギー $\hbar\omega$ を，$E, \theta, \Delta E, M_n$ を用いて表せ．$k = 0.2 \times 2\pi/a$, $a = 0.1\,\mathrm{nm}$, $\theta = 30^\circ$, $\Delta E = 0.2\,\mathrm{eV}$ のとき，実験を行うために必要な $E$ の大きさ

(eV) を求めよ．ただし中性子の重さ $M_n = 1.67 \times 10^{-27}$ kg とせよ．

[3-13] (X 線の非弾性散乱) 10 keV の X 線が，物質中で 0.2 eV のフォノンを放出して非弾性散乱する場合を考える．このときのフォノンの波数を 1.0 Å$^{-1}$ とするとき，散乱角度はどれくらいになるか評価せよ．10 m 離れたところに測定器をおくとき，散乱角度は角度の増える方向に対しどれぐらいの長さに対応するか?

[3-14] (X 線と中性子線の比較) 中性子の弾性散乱 (エネルギーの変化がない散乱) を使うと，X 線構造解析と同じ結晶構造を調べることができる．その原理を説明せよ．X 線と中性子線を用いる場合で，双方の利点と欠点を述べよ．さらに，電子線による散乱も調べて比較せよ．

***tea time***

学生面談の際に気をつけてみるのが学生のコミュニケーション能力である．情報を正確に伝える，人の話を誠実に聞く，相手が納得するように答える，という能力は天賦のものではない．かなりの経験が必要である．

大学の 4 年間，一生懸命勉強し非常に良い成績を収めた学生が，もし 4 年間会話をほとんどしなかったとすれば一種の悲劇である．社会や大学院での生活では，コミュニケーション能力が重要だからである．能力の欠如＝低評価，は否めない．メールなどインターネットでは適切な会話ができるのに，人と顔を合わせて話すのは苦手という学生もいる．インターネットは省略された言葉の世界である．会話では，表情や間(ま)，冗長な表現という要素が新たに加わる．コンビニやファーストフード店のお仕着せの言葉に対して返事をしないことに慣れすぎると，1 対 1 で話をしているときに自分が無返事であっても異常だと感じなくなってしまう．教員の居室の入口に幽霊のように立ち，自分が誰であるか，何のために訪問したのか切り出せない学生もいる．どうしましたか，と聞くと無言でいきなり居室の一番奥の私の机までやってくる．私は刺されるのではないかと身構える．まさか!と思うかもしれないが，そんなに珍しい話ではないのである．これとは反対に，面談で快活に適切な会話ができる学生もいる．両方の学生から話を聞くと，日頃の生活パターンの差が大きいことが原因であると実感する．どういう点が違うかは，また別の機会にお話ししたい．

# 4 固体中の電子物性，走査トンネル分光

固体の物性の多くは，価電子のエネルギーバンドの電子状態で決まる．特に金属の場合には，自由電子の物性はフェルミエネルギーでの状態密度の値で決まる．状態密度を測定する実験的手段として，走査トンネル分光がある．

## 4.1 金属，半導体，絶縁体

第2章では，エネルギー分散関係を求め，エネルギーの低い状態から電子を占有させた．ここで電子が占有する最もエネルギーの高いエネルギーバンドを価電子帯という[*1]．1つのエネルギーバンドは，単位胞あたり (上向きと下向きのスピンを持つ)2 個の電子を占有することができる．

価電子帯に単位胞あたり 1 個の電子が占有する場合には，電子はエネルギーバンドの半分まで占有する (図4.1(a))．この場合の電子は，同じエネルギーバンドのあいている状態に容易に励起することができ，その励起に必要なエネルギーは 0 から始まる．したがって，電気をよく流すことができる．このような物質を金属と呼ぶ．金属の一般的な性質である金属光沢，硬さ，延展性，電気伝導性は，この価電子帯のフェルミエネルギー付近の自由電子による効果である．この章では自由電子の物性を考える．

もし価電子帯に，単位胞あたり 2 個の電子が占有する場合には，エネルギーバンドに電子がすべて占有するので，この電子は同じエネルギーバンド内で励起することはできない[*2]．しかし，価電子帯の 1 つ上のエネルギーバンドであ

[*1] 価電子帯の電子の波動関数は占有する原子軌道の中で最も広がっており，隣接する原子との化学結合に重要な役割を果す．結合の手と呼ばれる，隣接する原子との化学結合の軌道の数を原子価と呼び，原子価に関係する電子を価電子と呼ぶ．

[*2] スピンを含めて同じ状態に電子が 2 つ占有することはできない (パウリ (Pauli) の原理)．同じ

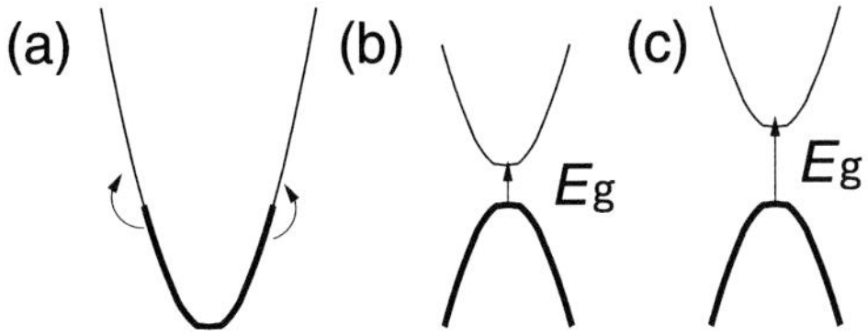


図 **4.1**　(a) 金属，エネルギーバンドに半分まで電子が占有 (太線部分)．非占有の部分に励起が容易．(b) 半導体，価電子帯 (下半分) に電子が占有．エネルギーギャップ $E_g$ を越えて励起可能．(c) 絶縁体 $E_g > 5\,eV$ の場合には，励起は $E_g$ 以上のフォトンでないと不可能．図 2.1 を $k$ 空間で表したものである．

る伝導帯に励起することは可能である (図 4.1(b))．価電子帯と伝導帯の間のエネルギーには状態がないので励起することはできない．これをエネルギーギャップ (禁制帯) と呼ぶ．

エネルギーギャップ $E_g$ の大きさがおおむね 5 eV 以上のものを絶縁体と呼ぶ (図 4.1(c))．$E_g$ が 5 eV 以下のものを半導体と呼ぶ*3)．半導体においては，$E_g$ より大きなエネルギーの光によって電子を励起させることができ，電流を流すことができる (光伝導と呼ぶ)*4)．また励起した電子は，エネルギーギャップのエネルギーで発光する (第 6 章参照)．絶縁体は，波長の短い紫外線や X 線などのエネルギーの大きな電磁波を用いると，エネルギーギャップを越えて電子を励起することができるが，可視光では電子が励起できないので透明な物質になる*5)．また抵抗率の値も $10^8\ \Omega m$ と非常に大きく，電気を通さない物質として重要である．

---

状態に 1 つの粒子しか入ることができない粒子をフェルミ・ディラック (Fermi-Dirac) 統計に従う粒子 (フェルミ粒子) と呼び，2 つ以上いくらでも粒子が入る粒子をボーズ・アインシュタイン (Bose-Einstein) 統計に従う粒子 (ボーズ粒子) という．統計とスピンの大きさには関係があり，スピンが 1/2, 3/2 のような半奇数の場合にはフェルミ粒子，スピンが 0, 1, 2 のような整数の場合にはボーズ粒子であることが知られている．電子はフェルミ粒子である．統計性は粒子間の相互作用と密接な関係があるが，相互作用の及ぶ範囲がクーロン相互作用のように長距離になると，統計性からずれた振る舞いを示すことが知られている．

*3)　通常の Si のエネルギーギャップの大きさは 1.1 eV である．3 eV 以上のものをワイドギャップ半導体 (例えば SiC, GaN, InGaN, ZnO)，0.5 eV 以下のものをナローギャップ半導体 (PbS, PbTe, カーボンナノチューブ) と呼ぶ．

*4)　半導体素子 (トランジスターなど) の電流は，半導体中にわずかに混ぜた不純物から供給された電子やホールによって流れる．この場合には，光は不要である．

*5)　絶縁体で重要なのは碍子などのセラミックやガラスなどの非晶質の物質である．ガラスは結晶ではないが光を透過する．ガラスも非常に厚い場合には光の散乱が起きるので光を透過しない．

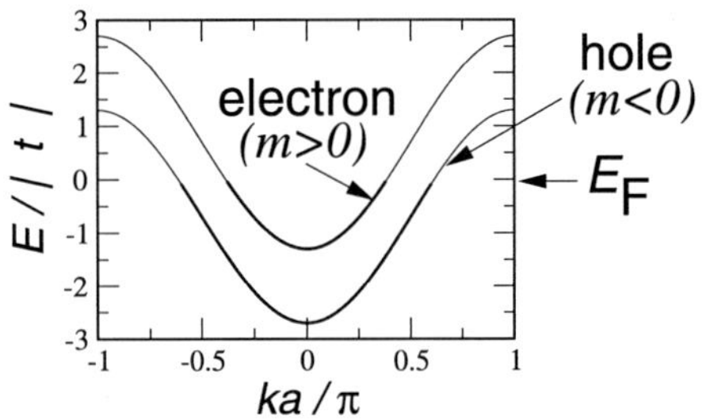


図 **4.2** 半金属のエネルギーバンド図．2 つのエネルギーバンドが重なり，電子が低いエネルギーバンドにすべて占有する (太い線) 前に高いエネルギーバンドに占有した状態．$E_{\mathrm{F}}$ は，フェルミエネルギー．低いエネルギーバンドはホール的 $(m < 0)$ に振る舞い，高いエネルギーバンドは電子的 $(m > 0)$ に振る舞う．

## 4.2 半金属，周期律表，元素

このように金属，半導体，絶縁体の分類は単位胞中の電子の数によって敏感に変化する．電子の数は周期律表から，その性質をみることができる．I 属のアルカリ金属 (Li, Na, K, Rb, Cs) は価電子に s 電子を 1 個含み，単位胞 (立方体ではない最小のもの) に原子が 1 個であるので金属になる*6)．I 属と VII 属のハロゲン (F, Cl, Br, I) の化合物 (NaCl など) は，絶縁体になる．同様に III 属 (B, Al, Ga) は金属，IV 属 (Si, Ge) は半導体の性質を示す．

II 属であるアルカリ土類金属 (Be, Mg, Ca) は各原子に s 電子が 2 個あり，1 つのエネルギーバンドに占有する．そうなると半導体か絶縁体になりそうであるが，そうならないで名前の示す通り金属になる．なぜ金属になるかというと，価電子帯と伝導帯がエネルギー的に重なり合うように位置するからである (図 4.2)．したがって価電子帯に電子がすべて占有する前に，伝導帯にも電子が占有される．この場合，価電子帯と伝導帯の両方に，励起の容易な電子が存在する．このような状況の物質を半金属*7) と呼ぶ．

半金属のエネルギーバンドには，低いエネルギーバンド (電子が半分以上占有する) と，高いエネルギーバンド (電子が半分以下占有する) の 2 つがある．

---

*6) アルカリ金属は，通常の空気中に置くと発火するほど反応性が高いので，金属として使われることはない．一方，電子を供給する物質として，物質設計をする際によく使われる．

*7) 半金属の定義として，荷電子帯と伝導帯の重なりが小さい物質に限定する場合が多い．

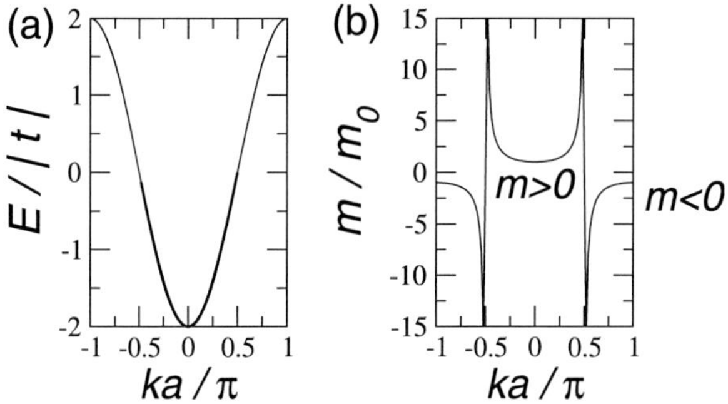


図 4.3 (a) 単位胞に電子が 1 個ある場合には，エネルギーバンドに半分電子が占有する (太い部分)．電子は空いている状態に励起することができる．金属の性質を示す．(b) 有効質量 $m$ と電子の静止質量 $m_0$ との比を波数 $k$ の関数として表示．$m > 0$ (中央部) と $m < 0$ (端の部分) に分かれることがわかる．電子が (a) のように半分まで占有する場合には $m > 0$ だが，電子が半分以上占有する場合には $m < 0$ になる．$m < 0$ は，ホールで考えるとわかりやすい．

電気伝導にも，この 2 つのエネルギーバンドに存在する異なった性質の電子 (キャリアー[*8]) が寄与する．電子はエネルギーバンドのどこにいるかで実効的な質量が異なる．次に述べる有効質量という概念が重要である．

## 4.3 有効質量とホール

有効質量とは，エネルギーバンド中の電子が電場を受けて加速されるときに実効的に感じる質量である．真空中の自由な電子の運動エネルギーは，$E = \hbar^2 k^2/2m$ である．両辺を $k$ で 2 回微分すると，

$$\frac{\partial^2 E}{\partial k^2} = \frac{\hbar^2}{m} \qquad \Longleftrightarrow \qquad m = \frac{\hbar^2}{\dfrac{\partial^2 E}{\partial k^2}} \tag{4.1}$$

のように質量 $m$ とエネルギー $E(k)$ の関係が得られる．式 (4.1) にエネルギーバンドの分散関係を入れて得られた質量を**有効質量**と定義する．この定義は，分散関係上の $E(k)$ の一点に接する放物線を考えたときに放物線で定義できる質量に対応している．図 4.3(b) は，式 (4.1) で表したコサインバンド (図 4.3(a))

[*8] 電荷を持った粒子，電子や，次に説明するホールを指し，電流には別々に寄与する．

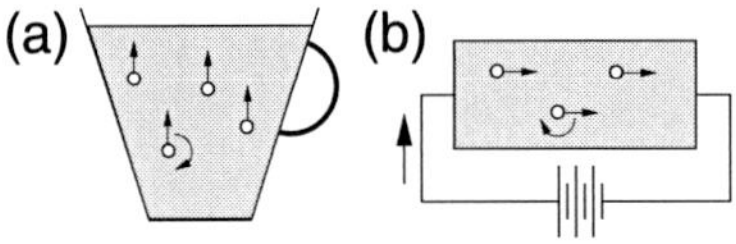


図 **4.4** ホールの概念図．(a) 炭酸水の泡は上に上がる．泡の周りの水が重力で落ちると考えるより視覚的である．(b) 電子がエネルギーバンドにほとんど占有している物質 (例えば p 型の半導体)．この場合エネルギーバンドの電子占有していないところ (ホール) が，電場から力を受けて右に動くと考えるのがわかりやすい．電子は逆にホールの部分を埋めるように左向きに移動している．

の有効質量を $k$ の関数でプロットしたものである．電子が半分以上占有した場合のエネルギーバンドは上に凸の分散関係を持ち，有効質量は負である．一方，電子が半分以下の部分は下に凸であり有効質量は正である．有効質量が負の状況を考える代りに，ホール (正孔) を考える．

ホールを理解するためには炭酸水の中の泡を考えるとわかりやすい (図 4.4(a))．我々は泡は上がると見るのであるが，実際には泡の部分で水が下がっているわけである．水で充たされるときの泡は，泡が動くと考えた方が視覚的でわかりやすい．泡は，負の質量を持ち重力に逆らうように動くのである．電子がいっぱいつまったエネルギーバンドの場合にも同様なことが考えられる (図 4.4(b))．電子が動いているというより，電子がつまっていない状態 (ホール，図中の白丸) が動いていると考えた方がわかりやすい．ホールのある場所は電子がすべてつまっているときよりも，$+e\ (>0)$ 多い電荷を持つ．絶対値をとって質量を正にすれば，電場をかけたときにホールは電子と反対方向に動く．

半金属の場合は，電子的なエネルギーバンドとホール的なエネルギーバンドの 2 種類のキャリアーによって電気伝導が起きるのが特長である．IV 属の半導体においても，p 型と呼ばれる III 属の不純物を半導体にドープする (混ぜる) と，不純物の状態 (アクセプター準位) に電子が捉えられ，ホールが発生する．これを **p** 型半導体と呼ぶ[*9)]．p 型半導体のキャリアーはホールである．一方 n 型と呼ばれる V 属の不純物をドープすると，不純物の状態 (ドナー準位) から電子が放出される．これを **n** 型半導体と呼ぶ．n 型半導体のキャリアーは電子である．n 型半導体と p 型半導体の部分を接合したものを pn 接合と呼び，

[*9)] ここで，p と n は，positive (正) と negative (負) を意味する．半導体中のキャリアーの電荷の符号に対応する．

ダイオード (pn) や，トランジスター (pnp, npn)，サイリスター (pnpn) など様々な半導体素子が作られている．

## 4.4 フェルミエネルギー

金属の物性を決めるのは，価電子帯の自由電子である．電気伝導や電子比熱，パウリの常磁性と呼ばれる物性は，自由電子の寄与である．電子は自由に動けるといっても,「エネルギーバンドの底からつまった状態」*10) であることに注意したい．金属中でも動けるものは，最もエネルギーの高い部分だけであり，占有する最も高いエネルギーのことをフェルミエネルギー (以下 $E_{\mathrm{F}}$) という*11)．$E_{\mathrm{F}}$ より下の電子が励起するためには，$E_{\mathrm{F}}$ 以上に這い上がらないといけない．それ以下のエネルギーでは，励起した先にすでに電子がつまっているので，パウリの原理*12) によって励起することはできない．このような状況では，電子は温度 $T$ を持つときにはフェルミ分布関数

$$f(E) = \frac{1}{1 + e^{(E-\mu)/k_{\mathrm{B}}T}}, \qquad \mu \sim E_{\mathrm{F}} \tag{4.2}$$

に従う (図 4.5(a))．ここで $k_{\mathrm{B}}$ はボルツマン定数*13)，$\mu$ は化学ポテンシャルであるが，電子系では $E_{\mathrm{F}}$ と考えて良い*14)．$k$ 空間でエネルギー分散関係 $E(k)$

---

*10) 豆が入った木の升を少し傾けたとき，動くことができる豆は表面付近の豆だけである．このような状況の電子系を縮退電子系と呼ぶ．縮退とは，対称性によってエネルギーが同じ状態をとることを指す．量子統計 (フェルミ統計，ボーズ統計) に従う気体のことを縮退気体と呼ぶ．金属電子は，縮退フェルミ気体であるので縮退電子系と呼ばれる．

*11) 目の良い読者は，$E_{\mathrm{F}}$ の下付きの F の文字がイタリックではなく，立体 (ローマン) のフォントであることに気づいたと思う．レポートや論文を書く場合，数式の中では変数 ($x$ や $k_y$) は自動的にイタリックになるが，人名や意味のある関数 (sin, const.) は立体に指定しなければいけない．微妙なのは温度を表す変数 $T$ で，これはイタリックである (つまり，温度 = temperature を想像させるが，あくまでも変数である)．$E_{\mathrm{F}}$ や $k_{\mathrm{B}}$ の下付きの F や B は 人名 Fermi, Boltzmann であるので，立体である．s 軌道の s も立体になる．

*12) フェルミ統計に従う電子が，同じ状態 (スピン自由度も含む) に 1 つしか占有できないことをパウリの原理という．例えば電車の自由席では，すでに他人が座っている席には着席できない．パウリの原理である．

*13) ボルツマン定数 $k_{\mathrm{B}}$ に，アボガドロ数 $N_{\mathrm{A}}$ をかけたものが，気体定数 $R$ (状態方程式 $PV = nRT$ の $R$) である．$k_{\mathrm{B}} = 1.38 \times 10^{-23}\,\mathrm{J\,K^{-1}}$．$N_{\mathrm{A}} = 6.02 \times 10^{23}\,\mathrm{mol^{-1}}$, $R = 8.31\,\mathrm{J\,K^{-1}mol^{-1}}$ である．

*14) 化学ポテンシャルとは，粒子を 1 個外部から系に持ち込むのに必要なエネルギーのことである．日常生活では「持ち込み料」に概念が似ている．ここでは，電子を 1 個エネルギーバンドに入れるためには，エネルギーバンドの底からエネルギーの大きさを測るとすると，フェルミエネル

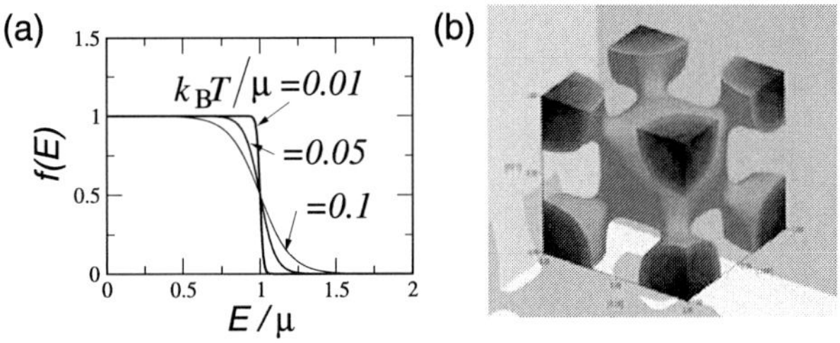


図 **4.5**　(a) フェルミ分布関数 (式 (4.2))．フェルミエネルギー $\mu = 1$ になるようにエネルギーをスケールした．また温度は $k_{\mathrm{B}}T/\mu = 0.01, 0.05, 0.1$ の 3 つの場合に対応．(b) 銅のフェルミ面．中央付近と立方体の角の付近に 2 種類のフェルミ面があるわけではない．銅のブリルアン領域は，正八角形と正方形からなる切頭六面体であるので，立方体の角付近のフェルミ面は，$k$ 空間で周期的な系における隣接する 8 個のブリルアン領域でのフェルミ面である．http://www.kek.jp/newskek/2003/marapr/photo/metal3.jpg より転載．

を考えたとき，$E = E_{\mathrm{F}}$ の等エネルギー面を**フェルミ面**と呼ぶ*15)．フェルミ面上のある $k$ の点での有効質量が，実空間において対応する方向を向いた電子の運動を決める．ブリルアン領域でのフェルミ面の形は，達人になるとそれを見ただけで伝導の性質をおおよそ理解できる．有効質量の大きさが正のフェルミ面を簡単に**電子面**と呼び，負のフェルミ面を**ホール面**と呼ぶ．電子面，ホール面は，それぞれ相対的な大きさによって電子的，ホール的，半金属的な電気伝導を担う．

## 4.5　自由電子，状態密度

$E = \hbar^2k^2/2m$ に従う電子を自由電子と呼んだ．量子力学の問題を取り扱うときには，量子井戸の中の電子のようにポテンシャル中の 1 つの電子だけを取り扱った (これを **1 電子問題**という)．これに対し，固体中には自由電子が $10^{23}$ 個あり，エネルギーバンドでフェルミエネルギー $E_{\mathrm{F}}$ までつまっているというこ

---

ギーだけ必要である．有限温度の場合には，フェルミエネルギー付近に分布が生じるので，必要なエネルギーの平均をとると，$T^2$ に比例した補正項 ($\mu \sim E_{\mathrm{F}} + aT^2$) が生じる．しかし以下の議論ではこの補正を考慮しない．

*15)　2 次元物質ならフェルミ線，1 次元物質ならフェルミ点になる．

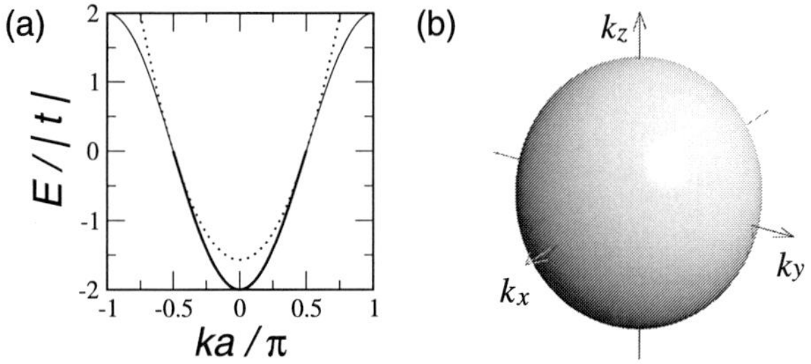


図 4.6 自由電子の近似．(a) コサインバンドに $E = E_{\mathrm{F}}$ で接するような放物線 (点線) を考える．(b) フェルミ球．$k$ 空間で電子はエネルギーの低い状態から占有するので，自由電子模型では球になる．$k$ 空間での状態密度は一定である．

とを考慮しなければならない[*16)]．実際の物性に寄与する電子の多くは $E = E_{\mathrm{F}}$ 付近にあるので，図 4.6(a) のように $E = E_{\mathrm{F}}$ でエネルギーバンドに接する放物線を考え，その放物線 (自由電子) を仮想的なエネルギーバンドとして物質の性質を議論する．これを自由電子近似と呼ぶ．ここで物質の性質として $E = E_{\mathrm{F}}$ での有効質量が採り入れられている．また，以下の議論では結晶の対称性も単純立方格子 (格子定数 $a$) のみを考慮する．このような近似でも，金属の物性を大まかに理解することができる．

自由電子近似では，放物線に近似したエネルギーバンドの底から電子が占有する．$E = \hbar^2 k^2/2m$ は $k$ 空間では等方的であるので，$k$ 空間では原点の部分から，半径 $k_{\mathrm{F}}$ ($E_{\mathrm{F}} = \hbar^2 k_{\mathrm{F}}^2/2m$) の球 (フェルミ球という) の中のすべての状態に電子が占有する (図 4.6(b))．一辺が $L$ の立方体の単位胞では，波数空間で $(2\pi/L)^3$ ごとに 1 つの状態がある (2.5 節参照) ので，全体では，フェルミ球の体積を $(2\pi/L)^3$ で割れば状態の個数が求まる．スピンの自由度 2 をかければ電子の個数 $N$ になる．

---

[*16)] さらに，電子電子間の相互作用が電子の物性の特徴を決定するのに重要な役割を持つが，ここでは簡単にそれぞれの電子が独立に運動している **1 電子近似**で取り扱うことにする．駅の地下通路など人が多く行き交う場所においても，通常の混雑であればそれぞれの人は独立して動いているように振る舞っているが，実際には，お互いがぶつからないように避け合って動いているわけである．全く人がいない場合と違って小刻みに向きを変えて動いているのだが，向きを変える時間の範囲内であれば，自由に動いているように振る舞うことができる．このように相互作用によって一定のエネルギーや運動量の値をとる時間が有限な粒子のことを**準粒子**と呼ぶ．

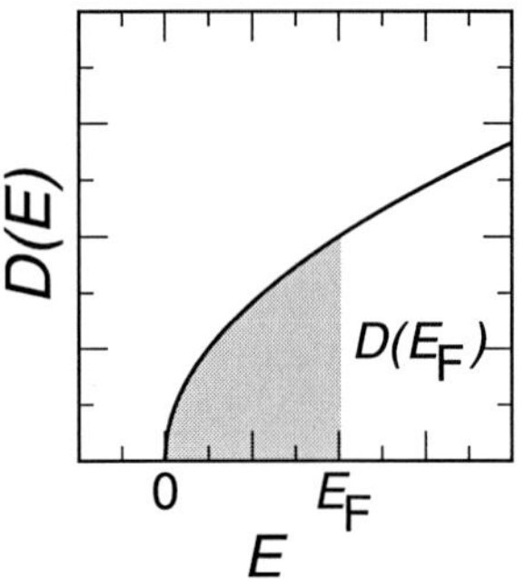


図 **4.7** 自由電子近似での状態密度は，エネルギー $E$ の平方根に比例する．$E$ はエネルギーバンドの底から測る．電子は $E_{\rm F}$ まで占有する．$E_{\rm F}$ での状態密度が $D(E_{\rm F})$ である．

$$N = 2\frac{4\pi k_{\rm F}^3}{3}\frac{L^3}{8\pi^3} = \frac{Vk_{\rm F}^3}{3\pi^2}, \qquad \frac{N}{V} = \frac{k_{\rm F}^3}{3\pi^2} \tag{4.3}$$

ここで，$N/V$ は単位体積あたりの電子の状態数である．以下，$N$ を単位体積 (V=1) あたりの状態数で定義することにする．

フェルミ球をエネルギーの低い状態からつめて，最もエネルギーの大きな状態の波数ベクトルの大きさを $k_{\rm F}$ とおくと，$E_{\rm F}$ での状態数 $N(E_{\rm F})$ は，

$$E_{\rm F} = \frac{\hbar^2 k_{\rm F}^2}{2m}, \quad k_{\rm F} = \frac{\sqrt{2mE_{\rm F}}}{\hbar} \text{より}, \quad N(E_{\rm F}) = \frac{1}{3\pi^2}\left(\frac{\sqrt{2mE_{\rm F}}}{\hbar}\right)^3 \propto E_{\rm F}^{3/2} \tag{4.4}$$

と表され $E_{\rm F}$ の 3/2 乗に比例することがわかる．したがって状態密度 $D(E)$ は，

$$D(E) = \frac{dN(E)}{dE} = \frac{1}{2\pi^2}\frac{(2m)^{3/2}}{\hbar^3}E^{1/2} \tag{4.5}$$

で与えられる (図 4.7).

### 4.5.1 フェルミエネルギーの見積もり

実際の金属のフェルミエネルギーは，1 eV のオーダーである．この簡単な評価をしてみよう．まず 1 つの原子から自由電子が 1 個放出されると考えられる．1 つの原子の占める体積を $V_0$ とすると，この体積ごとに 1 つ状態があることになる．式 (4.3) の表式に $N = 1, V = V_0$ を代入すると

$$1 = \frac{V_0 k_{\rm F}^3}{3\pi^2} \tag{4.6}$$

となり $k_{\mathrm{F}}$ が求まるので，$E_{\mathrm{F}} = \hbar^2 k_{\mathrm{F}}^2/2m$ より $E_{\mathrm{F}}$ が評価できる．原子量*17) $A$ の金属の場合には，$A$ グラム が 1 mol の重さであり，これをアボガドロ数 $N_{\mathrm{A}} = 6.02 \times 10^{23}$ で割った重さが，1 原子あたりの重さである．これを金属の密度 $\rho$ g/cm$^3$ で割れば，$V_0$ になる．演習問題 [4-5] でアルカリ金属 (Na, K, Rb) の $E_{\mathrm{F}}$ の評価があるので，各自実際に計算すると良い*18)．状態密度 $D(E)$ が $\sqrt{E}$ に比例するので，$D(E) = C\sqrt{E}$ と書くと，比例係数 $C$ は，

$$N = C\int_0^{E_{\mathrm{F}}} \sqrt{E}dE = \frac{2C}{3}E_{\mathrm{F}}^{3/2} \text{ より，} C = \frac{3N}{2E_{\mathrm{F}}^{3/2}},\ D(E_{\mathrm{F}}) = \frac{3N}{2E_{\mathrm{F}}} \quad (4.7)$$

と表すことができ，$E_{\mathrm{F}}$ での状態密度はわかりやすい形で表される．

## 4.6 自由電子の圧力と体積弾性率

フェルミ球の中にいる電子は，球の中心の状態を除き有限の $k$ の値を持ち，運動エネルギーを持つ．パウリの原理により同じ状態に 2 つ以上の電子を占有することができないため，絶対 0 度でも自由電子は動き回っている．電子の全エネルギー $U_0$ は，

$$U_0 = \int_0^{E_{\mathrm{F}}} ED(E)dE = \frac{3N}{2E_{\mathrm{F}}^{3/2}}\int_0^{E_{\mathrm{F}}} E^{3/2}dE = \frac{3N}{5}E_{\mathrm{F}} \quad (4.8)$$

である．電子 1 個あたりのエネルギーは，$U_0/N = 3E_{\mathrm{F}}/5$ になる*19)．

もし金属を圧縮すると，格子長 $a$ が小さくなる．$k$ 空間では $(2\pi/a)^3$ ごとに状態が 1 個あったわけであるから，$a$ が小さくなると，$k$ 空間での状態と状態の間隔が大きくなる．$N$ 個の電子が占有するフェルミ球の大きさは，実空間での圧縮によって大きくなる (図 4.8)．電子の自由エネルギーの値が大きくなるので，圧縮を妨げる力が働く．この自由電子の持つ圧力 $p$ のことを縮退圧と呼ぶ．熱力学第 1 法則によると，内部エネルギー $U = U_0$ の変化 $dU$ の表式から，

*17) 原子番号ではない．$^{12}$C の炭素原子の重さを 12 としたときの原子の重さが原子量である．

*18) 単位の換算を間違えなければ，2∼3 eV ぐらいに収まるはずである．レポートにこの問題を出すと，いつも $10^{-20} \sim 10^{20}$ eV の幅広い結果が提出される．まず金属での常識的な値を知ってほしい．ちなみに中性子星などのように $V_0$ が極端に小さな系では，「天文学的」な大きさの $E_{\mathrm{F}}$ になる．物理の常識は，分野によって異なるのである．

*19) この分数 3/5 は，3 次元の特徴である．ちなみに球の慣性モーメントを計算すると分数 2/5 が出てくる．計算は似ているが，慣性モーメントは軸周りの値であることに注意しよう．

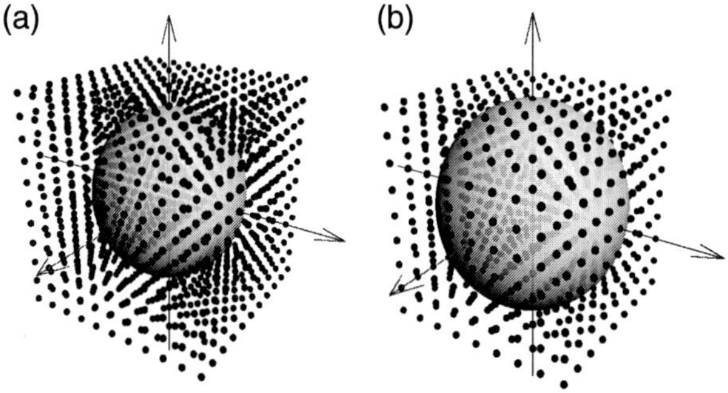


図 **4.8**　自由電子の圧力 (縮退圧)．もし金属を圧縮すると，離散的な $k$ 点の間隔が大きくなる ((a) から (b))．同じ $N$ 個の電子を占有すると，フェルミ球の大きさが大きくなるので，全エネルギーが上がる．これが縮退圧の起源である．金属の硬さにも寄与する．

$p$ は以下のように与えられる[*20]．

$$dU = TdS - pdV + \mu dN, \qquad p = -\left(\frac{\partial U}{\partial V}\right)_{S,N} \tag{4.9}$$

ここで，$U/N = 3E_{\mathrm{F}}/5$ で $E_{\mathrm{F}} \propto k_{\mathrm{F}}^2$ であるから，$k_{\mathrm{F}}$ の $V$ 依存性から，$U$ も $V$ に依存する．すなわち，

$$\frac{N}{V} = \frac{k_{\mathrm{F}}^3}{3\pi^2}, \quad E_{\mathrm{F}} \propto k_{\mathrm{F}}^2 \Rightarrow E_{\mathrm{F}} \propto V^{-2/3} \tag{4.10}$$

である．式 (4.8) と式 (4.10) を式 (4.9) に代入すると，

$$p = \frac{2U_0}{3V} \propto V^{-5/3} \tag{4.11}$$

を得る．金属を圧縮したときに自由電子が「反発する」圧力の大きさは，$E_{\mathrm{F}}$ に比例して大きいことがわかる．

金属は一般に硬いという印象がある．この硬さを表現するものとして体積弾性率 $B$ がある．$B$ は $p$ を用いて

$$B \equiv -V\left(\frac{\partial p}{\partial V}\right) \tag{4.12}$$

で表される．ここで $p \propto V^{-5/3}$ であるから，式 (4.12) に代入すると，

---

[*20] 式 (4.9) で $U$ の $V$ に関する偏微分は，エントロピー $S$ 一定 (断熱)，$N$ 一定の条件で行われる．

$$B = -V\left(-\frac{5p}{3V}\right) = \frac{10U_0}{9V} \tag{4.13}$$

を得る．$B$ も $U_0$ すなわち $E_{\mathrm{F}}$ に比例することがわかる．体積弾性率は，物質の音速と関係している (演習問題 [4-11])．

金属の硬さの起源は 2 つあって，1 つはこの自由電子の縮退圧からくる硬さである．もう 1 つは格子の寄与である．格子の寄与とは，自由電子以外の電子と原子核からなるポテンシャルにおいて，原子の変位によってエネルギーが上がるのを妨げる力である*21)．演習問題で計算し，実験の $B$ の値を文献で調べると，驚くべきことに金属の硬さを決定する要因の半分程度は，原子の重さの 1/1000 にもならない自由電子の寄与によるものであることがわかる*22)．

## 4.7 電子密度を表すパラメータ $r_s$ と原子単位

ここまでの議論では，$N$ と $V$ がいつも $N/V$ の形で出てくる．そこで，電子 1 個が占める体積 $V/N$ を球にしたときの半径を $r_0$ と書く．$r_0$ は，

$$\frac{4\pi}{3}r_0^3 = \frac{V}{N} \tag{4.14}$$

で与えられる．フェルミ波数 $k_{\mathrm{F}}$ は，$r_0$ を用いて

$$k_{\mathrm{F}} = \left(3\pi^2\frac{N}{V}\right)^{1/3} = \left(\frac{9\pi}{4}\right)^{1/3}\frac{1}{r_0} \tag{4.15}$$

で与えられる．$r_0$ の大きさはおおよそ原子間の距離である．そこで $r_0$ を水素原子のボーア半径 $a_{\mathrm{B}}$*23) で割ったものを

$$r_s = \frac{r_0}{a_{\mathrm{B}}},\quad a_{\mathrm{B}} = \frac{\hbar^2}{me^2} \tag{4.16}$$

として定義する．$r_s$ は無次元の量であり，$r_s$ パラメータと呼ばれている*24)．

---

*21) 力学で勉強したように，力はポテンシャルの微分で与えられる．これはエネルギーが保存する系では成り立つ．エネルギーが散逸する系ではこの概念の発展が必要である．

*22) ゾウの上にとまっている小鳥が，ゾウの運動 (硬さ) を支配していると言ったら，常識的ではない．理由は自由電子が量子統計に従うからである．なぜ量子統計に従うかは，電子間のクーロン相互作用が密接に関係している．電子は，その重さに不釣合いなぐらい大きなクーロン力を受けるのである．以下で議論しよう．

*23) 水素原子の 1s 軌道の平均半径である．量子力学で解いたことがある人も多いであろう．$a_{\mathrm{B}}$ =0.529177 Å である．

*24) 全く関係ないが，著者のイニシャル (RS) と同じである．読者のイニシャルも固体物理で使われているにちがいない．

一般の金属では $2 < r_s < 5$ の範囲に入ることが知られている*25)．

$r_s$ を用いると，自由電子の 1 個あたりの運動エネルギー $U_0/N$ は，Ry (リュードベリ*26)) の単位で

$$\frac{U_0}{N} = \frac{3}{5}E_{\mathrm{F}} = \frac{3}{5}\left(\frac{9\pi}{4}\right)^{2/3}\frac{me^4}{2\hbar^2}\frac{1}{r_s^2} = 2.21\frac{1}{r_s^2}[\mathrm{Ry}] \tag{4.17}$$

と表される．このように，いろいろな物性の値を電子密度 (または $r_s$) の関数で表すことができる*27)．

長さの場合にはボーア半径，エネルギーの場合にはリードベルグ定数など，電子の質量 $m$, 素電荷*28) $e$，プランクの定数 $\hbar$ で書かれている．計算機などで物理量を計算するときには，$m = e = \hbar = 1$ で計算しておき，最後に単位に応じた因子 ($a_{\mathrm{B}}$ など) をかけると便利である．$m = e = \hbar = 1$ とおく単位を原子単位と呼ぶ．例えば，原子単位で長さ 1 は $\hbar^2/me^2 = 1$ であるから，ボーア半径 $a_{\mathrm{B}} = 0.529\,\text{Å}$ である．エネルギーの 1 は，$me^4/\hbar^2 = 2\mathrm{Ry} = 1$ Hartree(ハートリー) である．1 Hartree = 27.2 eV である*29)．これらは，$m = [M]$, $e = [M^{1/2}L^{3/2}T^{-1}]$, $\hbar = [ML^2T^{-1}]$ であるから，$m^a e^b \hbar^c$ とおいていろいろな物理量の次元を作ることができる*30)．例えば，時間の 1 原子単位に相当するものは，$\hbar^3/me^4$ である．磁気モーメントや磁束は，電子のスピン磁気モーメント $\mu_{\mathrm{B}} = e\hbar/2m = 5.78 \times 10^{-5}$[eV/T] や磁束量子 (第 2 種超伝導で現れる) $\phi_0 = h/2e = 2.07 \times 10^{-15}$ [Wb] など，実験で実際に観測されるものを単位とする場合が多い．原子単位では，それぞれ 0.5, $\pi$ になる．

---

*25) $r_s$ の小さい方が，ぎっしりつまった金属で，$E_{\mathrm{F}}$ も大きい．$r_s$ が大きくなると原子間が広がるので，エネルギー分散が小さくなり，有効質量が大きくなる「重い電子」になる．

*26) $1\,\mathrm{Ry} = me^4/2\hbar^2 = 13.6\,\mathrm{eV}$．水素原子の 1s 軌道の原子軌道エネルギーに相当する．

*27) この考えを発展させたのが密度汎関数法である．電子密度 $\rho(r)$ は，$r$ の関数である．運動エネルギー $T$，ポテンシャルエネルギー $U$ などを，関数 $\rho(r)$ の関数 $T[\rho(r)]$，$U[\rho(r)]$ で書くことができる．これを密度の汎関数と呼ぶ．汎関数とは関数を変数とする関数である．T や V を密度の汎関数で一意に書くことができることは証明されている．しかし電子電子相互作用など汎関数の具体的な形を求めることは容易でなく，いろいろな近似手法に基づく関数形が提案されている．固体のエネルギーバンド計算は，密度汎関数法を用いている．

*28) これ以上分割できないものを，素であるという．素である粒子を素粒子と呼び，素である電荷を素電荷と呼ぶ．固体物理では素電荷は $e$ であるが，素粒子の構成要素のクオークは $e/3$ の電荷を持つ．

*29) 量子化学のプログラムでは Ry, Hartree の両方が使われる．結果が 2 倍違うので注意が必要である．

*30) ここで，$e$ の次元を考えるときに cgs 単位系でのクーロンの法則 $f = e^2/r^2$ を使っている．MKS 単位系に変換する場合には，$e^2$ を $e^2/4\pi\epsilon_0$ に置き換えれば良い．

2 次元量子伝導の原子単位を求めてみると，$J = \sigma E$ ($J$: 電流密度，$\sigma$: 伝導度，$E$: 電場) より，

$$\sigma = \frac{J}{E} \Rightarrow \frac{e/T/L}{e/L^2} = L/T = \frac{me^4}{\hbar^3}\frac{\hbar^2}{me^2} = \frac{e^2}{\hbar} \tag{4.18}$$

が量子伝導での原子単位 1 に対応する[*31)]．欠陥が全くないような半導体結晶に電子を蓄積し電流を流すと，量子伝導度に比例した電気伝導 (バリスティック伝導) が起こることが知られている．このように，原子単位は，計算の便法以外にも物理量の量子性を調べるときに重要な概念であることがわかる．

## 4.8 電 子 比 熱

すき焼きなど，生肉を焼くときは厚い鉄板を使った方がおいしい．これは，鉄の熱容量が大きいので肉が接しても温度が下がらないからである[*32)]．単位質量あたりの熱容量を比熱と呼び，物質の暖まりにくさなどを示す指標として用いられる．金属の比熱の場合には，自由電子の寄与が大きい．この評価をしよう．熱力学によると，定積比熱 $C_v$ は $C_v = (\partial U_0/\partial T)_{V,N}$ である．自由電子の内部エネルギーの表式 $U_0 = 3NE_{\mathrm{F}}/5$ には，温度がない．これは，$T = 0\mathrm{K}$ で電子をエネルギーの低い方から占有させたからである．有限温度では，状態密度 $D(E)$ とフェルミ分布関数 $f(E)$ を用いて

$$U_0(T) = \int_0^\infty ED(E)f(E)dE,\ \ f(E) \equiv \frac{1}{1 + e^{(E-E_{\mathrm{F}})/k_{\mathrm{B}}T}} \tag{4.19}$$

と表される．有限温度 $T$ の場合には，電子が占有する確率 $f(E)$ が $E_{\mathrm{F}}$ 付近で「ぼけて」空いている状態に熱励起[*33)]する (図 4.9(a))．これによるエネルギー増分 $\Delta U_0$ は，$f(E)$ を図 4.9(b) のように直線で近似すると，

$$\Delta U_0 = \int_0^b dxD(E_{\mathrm{F}})2x\left(\frac{1}{2} - \frac{x}{2b}\right) = \frac{D(E_{\mathrm{F}})}{6}b^2 \tag{4.20}$$

と表される．ここで簡単に $D(E) \sim D(E_{\mathrm{F}})$ と近似した．$b$ は $E_{\mathrm{F}}$ における「ぼけ」を表していて，正確に計算した知識 $b = \pi k_{\mathrm{B}}T$ を用いると，$C_v$ は，

---

*31) 2 次元という点は，$J$ が $L^2$ でなく $L$ に反比例する点である．

*32) 表面が固まるので，うまみが逃げない．

*33) 熱励起とは，電子が格子振動などからエネルギーもらってフェルミエネルギーより上の空いた状態に励起することである．ポップコーンを作るとき，トウモロコシが爆(は)ぜるようなものである．電子の場合は，数が非常に多いのでそのエネルギー分布が $f(E)$ で与えられる．

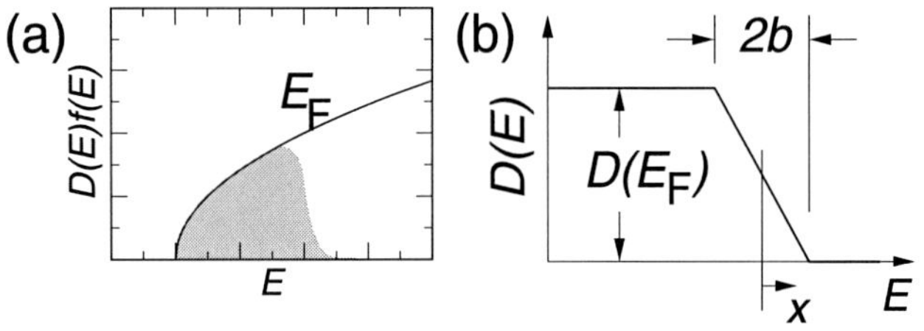


図 4.9　(a) 有限温度では，電子は $E_F$ を越えて熱励起するので内部エネルギーが増加する．これが電子比熱の起源である．(b) $E_F$ 付近の状態密度一定として，$f(E)$ の変化を直線で近似すると，内部エネルギーの増加量は式 (4.20) で表される．$-b < x < b$ で，$1/2 - x/2b$ が縦軸の値，$2x$ が増加量である．

$$C_v = \frac{\partial \Delta U_0}{\partial T} = \frac{D(E_F)}{3}\pi^2 k_B^2 T \equiv \gamma T \tag{4.21}$$

のように $D(E_F)$ に比例し，温度に比例した比熱になる．これを**金属比熱**と呼ぶ．一般の物質の比熱には，この電子比熱の他にも**格子比熱**があり，和で表される．格子比熱は，低温では $T^3$ に比例する*34)ので，$C_v = \gamma T + AT^3$ ($A$ は比例係数) と書くことができる．

実験では，縦軸に $C_v/T$，横軸に $T^2$ をとる比熱測定独特のプロットを用いると，$C_v/T = \gamma + AT^2$ より，傾き $A$，$y$ 切片が $\gamma$ の直線になる．ここから電子比熱，格子比熱の情報を得ることができる*35)．

## 4.9　スピン常磁性 (パウリ常磁性)

最後に，自由電子の磁場に対する性質であるパウリ常磁性について述べる．物質の低温での磁化測定結果をみて,「温度に依存しない常磁性だから，パウリ常磁性であり，この物質は金属である」と言ったら，物理学専攻の大学院の入

*34) 格子比熱は，フォノンの状態密度を $D(\omega) = a\omega^2$ とおいたデバイ近似にボーズ・アインシュタイン分布関数をかけて，内部エネルギーの表式を温度の関数として求める．演習問題 [4-10] 参照．

*35) このように実験のプロットとして縦軸，横軸に何を選ぶかはとても重要である．レポートなどで最悪の図は，縦軸，横軸が何であるかを書いていない図である．ちなみに，初心者の図で良くないのは，軸の目盛りの数字の大きさと数である．発表でみえないような小さい文字は不可である．文字の大きさは図の高さの 1/5 は必要で，目盛りの数字の数も軸に 3~4 つが適当である．縮小して論文に載せる場合にも，プレゼンで拡大して表示する場合にも，十分に数字が読み取れなければならない．

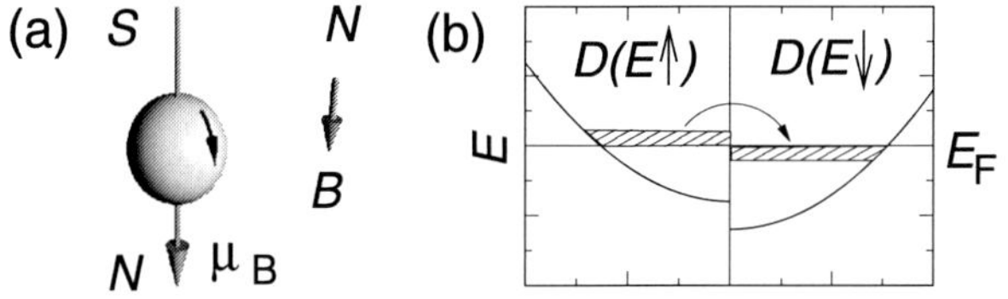


図 **4.10** パウリ常磁性. (a) 電子はボーア磁子という磁気モーメント $\mu_{\mathrm{B}}$ を持っている. 磁場 $B$ に平行になる場合が安定. ボーア磁子の S 極が磁場の N 極の方に向くので常磁性. (b) スピン上向き (左) と下向き (右) のスピンに対する状態密度. 磁場中のスピン上向き (反平行) は, 下向き (平行) よりエネルギーが $2\mu_{\mathrm{B}}B$ だけ大きい. その結果, 上向きのスピンが下向きになり, 電子は $E_{\mathrm{F}}$ まで占有する. これによって常磁性が発生する.

試の面接では合格点である*36).

電子はスピン S=1/2 を持ち, 磁気モーメント $\mu_{\mathrm{B}}$ (ボーア磁子) を持つ. $\mu_{\mathrm{B}}$ に磁場 $B$ をかけると, 双極子相互作用によって, $\pm\mu_{\mathrm{B}}\cdot B$ のエネルギーに分裂する (ゼーマン分裂. 磁気モーメントの向き磁場にそろっている方がエネルギーが下がる (図 4.10(a))). 自由電子の場合には, このエネルギーの分裂によって上向きのスピンと下向きのスピンのエネルギーが異なるので (図 4.10(b)), 両者のエネルギーが等しくなるまで上向きのスピンが下向きのスピンに移る. 上向きのスピンの数 $n_\uparrow$ と下向きのスピンの数 $n_\downarrow$ の差は, $n_\downarrow - n_\uparrow = D(E_{\mathrm{F}})\mu_{\mathrm{B}}B$ であるから*37), 磁化 $M$ は

$$M = \mu_{\mathrm{B}}(n_\downarrow - n_\uparrow) = \mu_{\mathrm{B}}^2 D(E_{\mathrm{F}})B \tag{4.22}$$

であり, 磁化率 $\chi$ は,

$$\chi \equiv \frac{\partial M}{\partial B} = \mu_{\mathrm{B}}^2 D(E_{\mathrm{F}}) > 0 \tag{4.23}$$

であり正である. これは磁石の N 極が近づくと金属の表面が S 極になる常磁性を表している*38). これがパウリ常磁性の起源である*39). 磁性のいろいろな

---

*36) 思わぬボロが出ないように, 十分理解していることが大事である. 胸を張って間違ったことを話されると, 面接する側はどうフォローしようかと, 気を使うのである.

*37) $D(E_{\mathrm{F}})\mu_{\mathrm{B}}/2$ の上向きのスピンが下向きになることに注意.

*38) この力を計算してみるとわかるが, それほど大きくないので通常は感じない. 非常に強力な磁石を持ってくると 10 円玉でも磁石に付くそうである.

*39) 金属に磁石を近づけると, レンツの法則によって反磁性電流が流れ反発する力が働くのではなかったか, と疑問に感じた人は優秀である. レンツの法則は時間とともに変化する磁場に対する応答であり, パウリの常磁性は十分長い時間のあとに定常的に観測した結果であるという違い

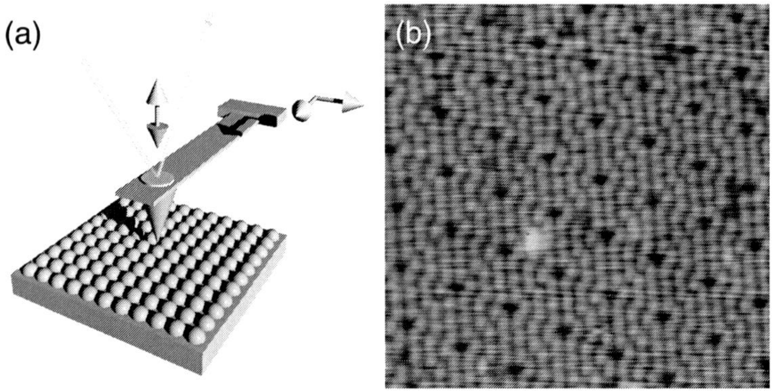


図 **4.11**　走査トンネル顕微鏡の模式図．(a) 原子面を先の尖ったチップでなぞることによってトンネル電流の大小を検出する．チップが付いている弾力のある板がカンチレバーである．カンチレバーは圧電 (ピエゾ) 素子で，$x, y, z$ 方向に動かすことができる．カンチレバーに光を当て反射 (光テコ) させて，$z$ 方向の変化を敏感に測定する．(b) Si (1,1,1) 面の $7 \times 7$ 超構造の STM 画像 (大阪大学中山喜萬教授のご厚意による)．

性質と起源は，次の第 5 章で再度触れることにしよう．

## 4.10　走査トンネル分光

自由電子模型で金属の物性を記述しても観測値に近い値が出るのは，ほとんどの値が $D(E_{\rm F})$ に関係するからである．したがって $E_{\rm F}$ 付近の状態密度を実験的に測定することは重要である*40)．

$E_{\rm F}$ 付近の状態密度を実験的に測定する手法として，走査トンネル分光 (STS*41)) がある．STS は，直径 10 nm 程度の非常に細い針の先端を物質に近

に注意したい．では十分長い時間のあとに，スピンではなく電子の運動によって生じる磁化があるのではないか，と質問してくれる人は，授業を盛り上げてくれる人である．答えは Yes である．これはランダウの反磁性として有名である．本書では触れないが，ランダウの反磁性はパウリの常磁性の 1/3 の大きさで反磁性を与える．結果としてパウリの常磁性が勝つ．軌道運動は常磁性を与える場合もあり，これを軌道常磁性という．固体物性の基礎の先には，より深い知識がある．より専門の書を読むことも重要である．持っている知識から疑問を持つことができる人は，研究者向きの人といえる．

*40)　例えば，低温で電気抵抗が 0 になる超伝導状態では，金属でも $E_{\rm F}$ にエネルギーギャップが観測される (第 8 章)．

*41)　scanning tunneling spectroscopy

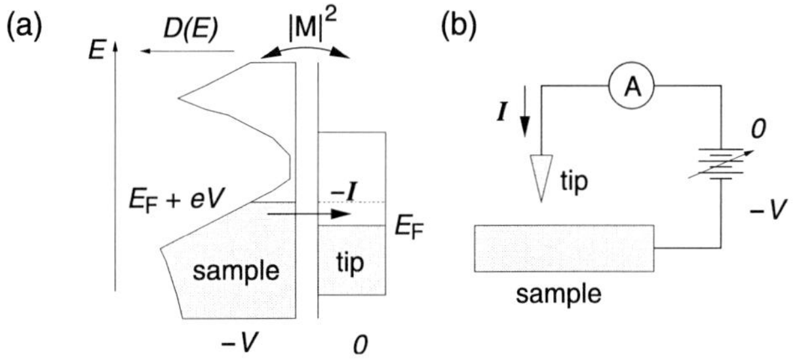


図 **4.12** 走査トンネル分光の原理．(a) 金属試料 (左) とチップ (右) の間で，$E_\mathrm{F}$ と $E_\mathrm{F}+eV$ の間のエネルギー領域で，金属側では電子が占有し，チップ側では電子が占有しないのでトンネル電流 $-I$ が流れる．(b) 実験では，チップを固定し電圧を変化させる．$dI/dV$ が状態密度に比例する．

づけて電流を測る手法である．針を金属表面に平行に動かして，電流値を一定にするように表面までの距離を調節してその距離をプロットする (または，高さを一定にして電流値を測定する) と，原子像をみることができる．これを走査トンネル顕微鏡 (STM*[42]) と呼ぶ (図 4.11)．流れる電流は針と金属表面上の波動関数の重なりによる $I$ であり，

$$I=\int_{E_\mathrm{F}}^{E_\mathrm{F}+eV}|M|^2D(E)dE \tag{4.24}$$

のように表される．ここで $|M|^2$ は針の状態密度も含めたトンネル遷移確率であり，$V$ は金属表面と針の間にかけられた電圧である．図 4.12 のように，$E_\mathrm{F}$ と $E_\mathrm{F}+eV$ の間のエネルギー領域で，金属側では電子が占有し，チップ側では電子が占有しないのでトンネル電流が流れる*[43]．ここで，針の状態密度と $M$ の値が $V$ によって大きく変化しないとすると，微分コンダクタンス $dI/dV$ は

$$\frac{dI}{dV}=|M|^2D(E_\mathrm{F}+eV)\propto D(E_\mathrm{F}+eV) \tag{4.25}$$

となり，$V$ を変えることによって，針の位置での $E_\mathrm{F}$ 付近の $D(E)$ を求めることができる*[44]．これが STS の原理である．実際には，図のように占有と非占有の部分がくっきり分かれるのではなく，フェルミ分布関数 $f(E)$ の「ぼけ」があることに注意したい．したがって，室温では STS の高い分解能は得られない

*42) scanning tunneling microscope

*43) このエネルギー領域を電位の窓という．

*44) $I=0$ を与える $V$ が，針と金属の $E_\mathrm{F}$ が等しい電圧に対応する．

が，絶対 0 度付近まで下げると meV ぐらいの精度を出すことができる（実験はより困難になる）．通常は室温の測定であり，0.1 eV ぐらいの精度で議論される．

STS/STM の実験では電流が流れないといけないので，金属か半導体に限られる．絶縁体の原子像をみるには，同じ針で原子間力を測定すればよい．これを原子間力顕微鏡 (AFM*45)) という．この他，磁性体の力を測定する MFM*46)，電位を測定する KFM*47) など派生する測定技術は多い．それらを総称して走査プローブ顕微鏡 (SPM*48)) と呼ぶ．ナノサイエンスにとっては極めて有力であり，また比較的簡便な実験手法であるため広く用いられている．

## 演習問題

[4-1] 1 次元のエネルギーバンドの有効質量を $k$ の関数として表示せよ．ここで格子長を $a$ として，隣接原子とのトランスファー積分を $t < 0$ とせよ．このエネルギーバンド幅を $W$ とおいたとき，有効質量の最も小さい値を $W$ を用いて表せ．

[4-2] 1 次元のエネルギーバンドに，単位胞あたり電子が 1 個占有すると，フェルミエネルギーでの有効質量が非常に大きいことを示せ．このことは，1 次元の金属には電気が流れにくいことを示している．さらに隣接原子との格子長が $a_1, a_2, a_1, a_2, \ldots$，またトランスファー積分が $t_1, t_2, t_1, t_2, \ldots$ と交互にある場合 (演習問題 [2-5] 参照) には有効質量が発散しないことを示し，フェルミエネルギー付近の有効質量の表式を求めよ．

[4-3] 1 次元の自由電子の，フェルミエネルギーでの状態密度，体積弾性率の表式を求めよ．

[4-4] 2 次元の自由電子の，フェルミエネルギーでの状態密度，体積弾性率の表式を求めよ．

[4-5] アルカリ金属である Li, Na, Rb の密度と原子量を調べ，自由電子模型を用いてフェルミエネルギーを eV の単位で求めよ．原子番号の違いに

*45) atomic force microscope
*46) magnetic force microscope
*47) Kervin force microscope
*48) scanning probe microscope

よってフェルミエネルギーが変化する理由を説明せよ．

[4-6] アルカリ金属である Li, Na, Rb の密度と原子量を調べ，自由電子模型を用いて電子密度を表すパラメータ $r_s$ をそれぞれ求めよ．

[4-7] $m = e = \hbar = 1$ の単位系 (原子単位) で，エネルギー 1，時間 1，長さ 1 の表式を求め，その値を計算せよ．

[4-8] アルカリ金属である Li, Na, Rb の密度と原子量を調べ，自由電子模型を用いて電子比熱の値を計算せよ．また実際の比熱の値を調べて，電子比熱の割合を求めよ．

[4-9] アルカリ金属である Li, Na, Rb の密度と原子量を調べ，自由電子模型を用いてパウリ常磁性の磁化率を計算せよ．実際の磁化率の値を調べて，比較せよ．

[4-10] (デバイ近似)　固体の格子振動の比熱を，デバイ近似で計算せよ．デバイ近似では，格子振動の状態密度が $D(\omega) = 9N\omega^2/\omega_{\mathrm{D}}^3$, $(\omega < \omega_{\mathrm{D}})$ で与えられる．$\omega_{\mathrm{D}}$ より大きな振動数の状態密度を 0 と近似する．このとき内部エネルギーは

$$U = \int_0^\infty \left\{ \frac{\hbar\omega}{2} + \frac{\hbar\omega}{\exp\left(\frac{\hbar\omega}{k_{\mathrm{B}}T}\right) - 1} \right\} D(\omega) d\omega \tag{4.26}$$

で与えられる．比熱の表式を求めよ．デバイ温度 $T_{\mathrm{D}} = \hbar\omega_{\mathrm{D}}/k_{\mathrm{B}}$ を用いて，比熱を温度の関数としてグラフにせよ．特に低温 $T \ll T_{\mathrm{D}}$, 高温 $T \gg T_{\mathrm{D}}$ の場合の振る舞いについて説明せよ．

[4-11] (物質中の音速)　物質中の音速は，密度と体積弾性率で決まることを示せ．Au, Ag, Cu の密度と原子量を調べ，自由電子模型を用いて音速を計算せよ．また実際の数値を調べて比較せよ．

[4-12] (サイクロトロン共鳴)　有効質量を測る方法として，サイクロトロン共鳴がある．この実験の原理を調べ，図や式で説明せよ．

# 5 磁性，SQUID

固体の磁性には，電子の軌道運動による寄与と，スピンによる寄与がある．常磁性と強磁性は統計力学の知識で理解できる．磁化測定としては超伝導量子干渉計 (SQUID) がある．

## 5.1 磁性の分類

磁石は，日常生活の中で比較的よく使うものである．最近はかなり強力なものも増えてきた．磁石に付く鉄は磁性を持っている．磁石に付かない一般の物質でも，非常にわずかであるが，磁場に対して応答がある．磁石の N 極を近づけたとき，物質の表面に小さな S 極ができて引力を生じるものを**常磁性**という．これに対し物質の表面に小さな N 極ができて斥力を生じるものを**反磁性**という．また磁石のような外部磁場がなくても磁化を持っている (自発磁化という) ものを**強磁性**という．これは物質中の微少な磁気モーメントが同じ方向にそろう (秩序を持つという) ことによる．さらに磁気モーメントがそろうが，隣り合う磁気モーメントが互いに逆向きにそろう場合もある．この場合には，磁石にはならないが秩序はある．これを**反強磁性**という*1)．

原子の磁性の起源は，主に電子の軌道運動とスピンによるものである (図 5.1(a) 参照)*2)．電子の軌道が s 軌道でない場合には軌道角運動量 $\boldsymbol{L}$ があり，スピン

*1) この他にも，隣り合う磁気モーメントの大きさが異なる場合，反対向きにそろっても磁化が発生するフェリ磁性がある．磁気モーメントの凍結方向がランダムなスピングラスや，向きがゆっくり回転するアスペロ磁性なども知られている．

*2) この他には，原子核にも核磁気モーメントがあり，核磁気共鳴 (nuclear magnetic resonance, NMR) として物性物理や特に最近では MRI として医療用に広く利用されている．核の磁性は，電子の磁性に比べると 1/1000 程度の大きさである．本書では議論しない．

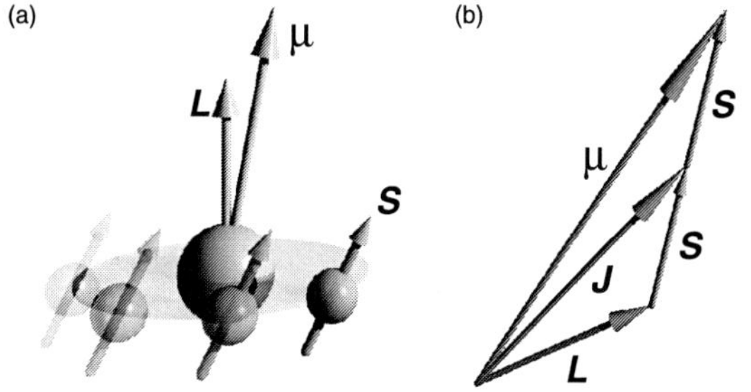


図 5.1 磁気モーメントには，電子のスピンと軌道運動の寄与がある．(a) スピン角運動量 $\boldsymbol{S}$ を持つ電子が軌道面で公転することで電流が流れ，軌道角運動量 $\boldsymbol{L}$ が発生する (古典力学的イメージ)．このとき，磁気モーメント $\mu$ は，$\boldsymbol{S}$ と $\boldsymbol{L}$ の合成で得られる．(b) 全角運動量 $\boldsymbol{J}=\boldsymbol{L}+\boldsymbol{S}$ と磁気モーメント $\mu=-\mu_{\mathrm{B}}(\boldsymbol{L}+2\boldsymbol{S})$ の向きは，$\boldsymbol{S}=\boldsymbol{0}$ でない限り平行にならない．

角運動量 $\boldsymbol{S}$ との合成である全角運動量 $\boldsymbol{J}$ に比例した磁気モーメントが発生する*3)．ここで電子のスピンとは電子が固有に持っている角運動量のことで，その大きさが $\hbar/2$ である．1 個のスピンが持つ磁気モーメントをボーア磁子といい，$\mu_{\mathrm{B}}=e\hbar/2m=9.274\times10^{-24}\mathrm{JT}^{-1}$ で表される*4)．原子の中では，複数のスピンがそろうことで原子の合成スピン角運動量 $\boldsymbol{S}$ が発生する．

表 5.1 に磁性をまとめてみた．それぞれの種類に対して，スピンの寄与によるもの，軌道運動によるものがあり，発見した人の名前が付いている．以下では，そのうちの代表的なものを解説する．表 5.1 で交換相互作用と書かれているものは，特定の軌道にある電子間のクーロン相互作用によって生じる (第 7 章参照)．クーロン相互作用の結果として，強磁性や反強磁性が生じるのである．

## 5.2 常磁性体の磁性

イオンや原子の磁気モーメント $\mu$ は，複数個の電子の全角運動量 $\boldsymbol{J}$ ($\boldsymbol{J}=\boldsymbol{L}+\boldsymbol{S}$) に比例する (図 5.1(b))．

*3) 電磁気学でも，電流 $I$ が面積 $S$ の円盤の周囲に流れると $IS$ の磁気モーメントが発生する．

*4) ここで T (テスラ) は MKS 単位系での磁束密度 B の単位である．cgs 単位系ではガウスが使われる．$1\,\mathrm{T}=10^4$ ガウスである．地磁気の大きさは 0.3 ガウス．市販の磁石は $10^{2\sim3}$ ガウスである．

**表 5.1**　磁性の分類．左端の項目では，磁化の発生に外部磁場が必要か否かを示す．$B$ は外部磁場の大きさである．$M$ は磁化の大きさであり，不等号は磁場の方向と同じものを正にとっている．大小は強さを表す．矢印は原子の磁気モーメント (スピン) を表す．括弧の中には関連する用語を示した．** はスピン間の相互作用を示していて，軌道とスピンの両方が関係している (第 7 章参照)．

| 外部磁場 | 種類 | 磁化 | スピンによる磁性 | 軌道による磁性 |
|---|---|---|---|---|
| 必要 | 常磁性 | $M > 0$ | パウリ (自由電子) | ヴァン・ヴレック |
| $(B \neq 0)$ | $B \propto \mu$ | | キュリー (原子) | (バンド間遷移) |
| 必要 | 反磁性 | $M < 0$ | | ランダウ (自由電子) |
| $(B \neq 0)$ | $B \propto \mu$ | | | ランジェバン (内核電子) |
| 不要 | 強磁性 | $M \gg 0$ | キュリー・ワイス則 | ストナー (金属強磁性)** |
| 自発磁化 | $\uparrow\uparrow\uparrow\uparrow\uparrow\uparrow$ | | (キュリー温度) | (二重) 交換相互作用** |
| 不要 | 反強磁性 | $M \sim 0$ | キュリー・ワイス則 | 動的交換相互作用** |
| 自発磁化 | $\uparrow\downarrow\uparrow\downarrow\uparrow\downarrow$ | | (ネール温度) | 超交換相互作用** |

$$\mu = \gamma\hbar J = -g\mu_B J \tag{5.1}$$

ここで比例係数 $\gamma$ は $\mu$ (磁気) と $J$ (角運動量) の比であり，**磁気回転比**という*5)．$\mu$ が，電子 1 個の磁気モーメントであるボーア磁子 $\mu_B$ の何倍であるかと考えたとき，$J$ の値を除いた部分を $g$ と書き，$g$ **因子**と呼ぶ*6)．$g$ 因子は物質によって固有の値を持つ．自由電子のように独立した電子の場合は，$J = S = 1/2$ であり，$g = 2$ である*7)． 磁場と $\mu$ の相互作用は双極子相互作用であり，エネルギーは

$$E = -\mu \cdot \boldsymbol{B} = g\mu_B m_J B, \quad (m_J = -J, -(J-1), \cdots, J-1, J) \tag{5.2}$$

で与えられる．$m_J$ は全角運動量 $J$ の $z$ 成分であり，$2J+1$ 個の量子状態である (図 5.2)．磁気モーメントは，磁場の方向を向いた方がエネルギーが下がるが，有限温度では別の方向に向いていても良く，熱平衡状態ではカノニカル分布に従う*8)．カノニカル分布では，エネルギー $E$ を持つ確率は $\exp(-E/k_BT)$ に比例するので，量子数 $m_J$ を持つ確率 $P(m_j)$ は，

---

*5)　図 5.1(b) をみるとわかるように，軸性ベクトルでみた $\boldsymbol{J}$ と $\mu$ は平行ではない．磁気回転比は $\mu$ と $J$ の大きさの比であることに注意したい．

*6)　予想されるように，$g$ 因子は $L$, $S$, $J$ の値によって決まる．定数ではない．

*7)　観測では $g = 2.0023$ になることが知られている．観測で 2 からずれるのは，電子を取り巻く真空がスピンの作る電磁場に対し応答していることによる．

*8)　統計力学で勉強したと思うが，分配関数をエネルギー一定で解くのがミクロカノニカル，温度一定で解くのがカノニカル，粒子数を固定せず解くのがグランドカノニカル分布である．

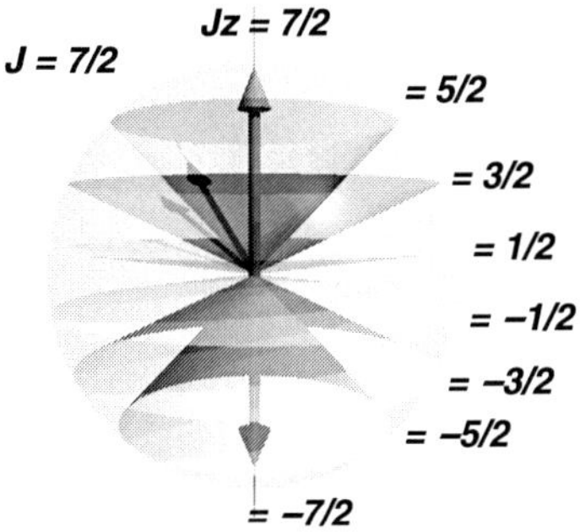


**図 5.2** 角運動量の量子化. 全角運動量 $J = 7/2$ の場合の $z$ 成分は, $7/2, 5/2, \ldots, -7/2$ まで $8(= 2J+1)$ 個の状態が量子化されている.

$$P(m_J) = \frac{e^{am_J}}{\displaystyle\sum_{m_J=-J}^{J} e^{am_J}} \equiv \frac{e^{am_J}}{Z}, \quad \left(a \equiv -\frac{g\mu_B B}{k_B T}\right) \tag{5.3}$$

で与えられる. 式 (5.3) の分母は, 確率の和を 1 にするための規格化因子であり, 統計力学で勉強した分配関数 $Z$ である. $Z$ は解析的に計算できて*9)

$$\begin{aligned} \sum_{m_J=-J}^{J} e^{am_J} &= \frac{e^{-aJ} - e^{a(J+1)}}{1 - e^a} \\ &= \frac{e^{+a/2}\left(e^{-a(J+1/2)} - e^{a(J+1/2)}\right)}{e^{+a/2}\left(e^{-a/2} - e^{a/2}\right)} \\ &= \frac{\sinh(a(J+1/2))}{\sinh(a/2)} \end{aligned} \tag{5.4}$$

と, 双曲線関数 sinh を用いて表される*10). カノニカル分布に従う磁気モーメント 1 個の磁気量子数 $m_J$ の平均値 $< m_J >$ は,

---

*9) 等比級数である. $n$ 個の等比級数の和は, $S = a(1 + r + r^2 + \cdots + r^{n-1})$ から $rS$ を引くことで与えられ, $S = a(1 - r^n)/(1 - r)$ である.

*10) 式 (5.4) の 2 行目で分母分子に $e^{+a/2}$ をかけるのが, この計算の「みそ」である. 角運動量の計算では良く出てくる. 双曲線関数の定義は, $\sinh x = (e^x - e^{-x})/2$, $\cosh x = (e^x + e^{-x})/2$, $\tanh x = \sinh x / \cosh x$, $\coth x = \cosh x / \sinh x$ である. 三角関数との関係は, $i \sinh(ix) = -\sin x$, $\cosh(ix) = \cos x$ である. sinh をハイパボリック–サインと呼ぶ.

$$< m_J > = \sum_{m_J=-J}^{J} m_J P(m_J) = \frac{\displaystyle\sum_{m_J=-J}^{J} m_J e^{am_J}}{Z} = \frac{\dfrac{\partial Z}{\partial a}}{Z} = \frac{\partial}{\partial a}\log Z \tag{5.5}$$

で与えられる．式 (5.5) に式 (5.3) および (5.4) を代入すると $< m_J >$ が求められる．その結果，単位体積あたり $N$ 個の磁気モーメントの作る磁化 $M = Ng\mu_{\rm B} < m_J >$ は，

$$M = NgJ\mu_{\rm B}B_J(x), \quad \left(x = \frac{gJ\mu_{\rm B}B}{k_{\rm B}T}\right) \tag{5.6}$$

である．ここで $B_J$ はブリルアン関数と呼ばれ

$$B_J(x) = \frac{2J+1}{2J}\coth\left(\frac{(2J+1)x}{2J}\right) - \frac{1}{2J}\coth\left(\frac{x}{2J}\right) \tag{5.7}$$

で定義される．磁化 $M$ は磁場 $B$ の関数として，$B=0$, $M=0$ から始まり，$B$ が非常に大きいところで磁気モーメントがすべてそろって一定の値 $NgJ\mu_{\rm B}$ をとる ($x=\infty$ で $\coth x = 1$, $B_J(x)=1$. 図 5.3)．ブリルアン関数 $B_J(x)$ は，$J$ の値に応じて磁化がどのように飽和していくかを示す関数である．図 5.3 では，$J = 1/2, 3/2$ (実線) および $J = 1, 2$(破線) に対する $B_J(x)$ をプロットした．$J$ の値が小さい方が，$x$ の増加に伴って急速に 1 に近づく*11)．

ここで重要なのは，相互作用の大きさを温度に換算した値は，室温より遥かに小さいことである*12)．実際，1 個の電子のスピン $g=2$, $\mu_{\rm B} = e\hbar/2m$ が磁場 $B = 1\,{\rm T}$ で受けるエネルギーを温度で換算する ($k_{\rm B}$ で割る) と，1 K 程度

*11) なぜ? と考えた人は物理のセンスがある．$J$ が大きくなると，$m_J = J, J-1$ など $m_J$ の値が正の値でエネルギーが得をする状態が増える．したがって $J$ が大きいと，$B$ が増加しても $m_J = J$ の状態をとる確率が緩やかに上昇するからである．一方，$m_J = J$ と $m_J = J-1$ のエネルギー間隔は，$J$ の値によらない．したがって $P(J-1)/P(J)$ の値も $J$ の値によらない．仮に図 5.3 の横軸の $x$ に $J$ が入っていなければ，同じような磁場変化になるはずである．

*12) 物性物理では，エネルギー $E$ は非常に頻繁に温度に換算される．$E = k_{\rm B}T$ であるから，$E/k_{\rm B}$ が考えているエネルギー (相互作用) の温度である．この温度より低い温度では相互作用が有効に働くが，高い温度では相互作用を考えなくて良い．自由エネルギー $F = U - TS$ において，相互作用によって得をする内部エネルギー ($U$) より，乱雑さ (エントロピー $S$) で得をするエネルギー $-TS$ の方が高温であるほど重要だからである．覚えてほしい値は，$1\,{\rm eV} = 10^4\,{\rm K}$ である．室温 (300 K) は，30 meV である．通常物質の温度とは，物質の格子 (フォノン) のエネルギーがボルツマン分布すると仮定して求めた温度である．物質の電子を励起した場合には，非平衡な状態として電子だけが高い温度 (電子温度) の状態にあるフェルミ分布が考えられる．この場合，電子温度と格子温度という言葉は分けて使われる．

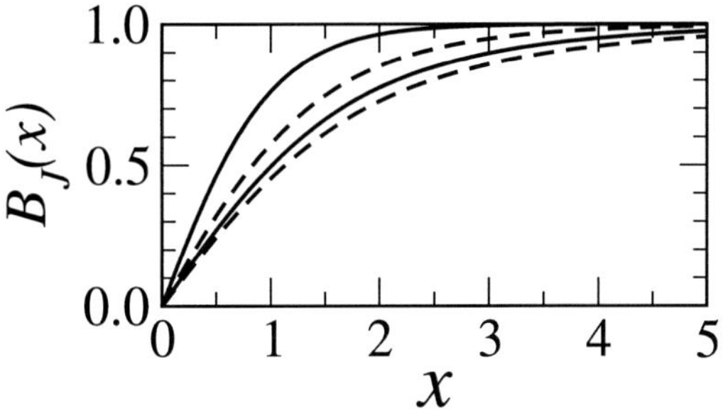


図 **5.3** ブリルアン関数 $B_J(x)$．$J=1/2$ (実線上), 3/2 (実線下) および $J=1$ (破線上), 2 (破線下) である．磁化 $M$ は 磁場 $B$ に比例する量 $x$ の増加とともに $B_J(x)$ に比例し，飽和する．磁場 $B$ を変化させて磁化 $M$ の測定をすることで，常磁性物質の $J$ の値を求めることができる．

にすぎない．したがって室温では，常磁性分子は磁気モーメントがほとんどそろわないことがわかる．一方，1K ぐらいの低温ではスピンがそろうので，$M$ は飽和し大きな値をとる．実験では $M$ の値ではなく，磁化率 $\chi \equiv \partial M/\partial B$ の値を SQUID*13) や磁気天秤，交流帯磁率で測定する (5.7 節)．温度が高い場合には式 (5.7) の $x$ が 1 より小さくなるので，$\coth x$ の展開式*14)，

$$\coth x = \frac{1}{x} + \frac{x}{3} - \frac{x^3}{45} + \ldots, \quad (x \ll 1) \tag{5.8}$$

を用いると $B_J(x)$ は $x \ll 1$ で，

$$B_J(x) = \frac{(2J+1)^2}{4J^2}\frac{x}{3} - \frac{1}{4J^2}\frac{x}{3} = \frac{(J+1)}{3J}x \tag{5.9}$$

であるから，$x \ll 1$ の条件では $M$ は，

$$M = \frac{Ng^2J(J+1)\mu_{\mathrm{B}}^2 B}{3k_{\mathrm{B}}T} \tag{5.10}$$

のように $B$ に比例し，温度 $T$ に反比例する形になる．

---

*13) super-conducting quantum interference device の略．超伝導量子干渉計．

*14) この展開は $1/x$ の項を含むので，テイラー展開ではない．$\coth x$ は $x=0$ 付近で，$1/x$ の発散がある．テイラー展開をする場合には，$x \coth x$ または $\coth x - 1/x$ のように $x=0$ で微分可能な形にしてから行うと良い．

## 5.3 キュリーの法則

磁化 $M$ の大きさは，磁場 $B$ に比例する．その比例係数 $\chi$ ($M = \chi B$) を帯磁率という．特に $\partial M/\partial B$ を微分帯磁率と呼び，式 (5.10) の $M$ を用いると，

$$\chi = \frac{Ng^2J(J+1)\mu_B^2}{3k_BT} \propto \frac{1}{T} \tag{5.11}$$

である．常磁性物質の帯磁率は，式 (5.11) で与えられるように個々の磁気モーメントの大きさの 2 乗に比例し，温度に反比例する．これをキュリーの法則と呼ぶ*15)．実験では，$1/\chi$ を $T$ の関数としてプロットすると直線になる*16)．式 (5.11) で $J(J+1)$ は全角運動量の 2 乗 $J^2$ の期待値であり，$p^2 = g^2J(J+1)$ とおくと

$$\chi = \frac{N(p\mu_B)^2}{3k_BT} \tag{5.12}$$

と書くことができる．式 (5.12) は，ボーア磁子を $p$ 倍した磁気モーメントが $N$ 個ある状況に対応する．この $p$ をボーア磁子の有効数という．

## 5.4 全角運動量 J の求め方，フントの規則

独立した原子やイオンの全角運動量 $J$ は，電子を角運動量の量子状態に占有することで求められる．例えば希土類元素は，4f 軌道に電子が 1～13 個不完全に占有することで $J$ の値を持つ．鉄属 (3d 軌道) やアクチノイド (5f 軌道) も同様である*17)．

実際に希土類イオンの全角運動量を求めてみよう．4f 軌道の角運動量は $L = 3$ である．$L$ の $z$ 成分 $L_z$ は $-3, -2, -1, 0, 1, 2, 3$ の 7 つの状態があるので，7 つの箱を書く (図 5.4)．1 つの箱には上向きのスピン (↑) と下向きのスピン (↓)

*15) Pierre Curie (1859-1906) が 1895 年に兄 (弟？) の Jaque Curie とともに発見した．同年にキュリー夫人 (Maria Sklodowska Curie. 1867–1934) と結婚後，1898 年にはポロニウムとラジウムを発見し，1903 年に夫妻でノーベル物理学賞を受賞することになる．期末試験の解答で，ときどき「キューリの法則」という迷解答がある．

*16) 低温の極限では $x \to \infty$, $\coth(x) \to 1$ より微分帯磁率は 0 になるが，$M/B$ は発散する．

*17) これに対し p 軌道は，隣りの原子と化学結合を作って結合性軌道と反結合性軌道を作り，結合性軌道に電子が 2 個占有するのでスピンの大きさも軌道の成分もない．大きな $J$ を持つ物質は，電子がすべてつまっていない内殻軌道を持つことが必要である．

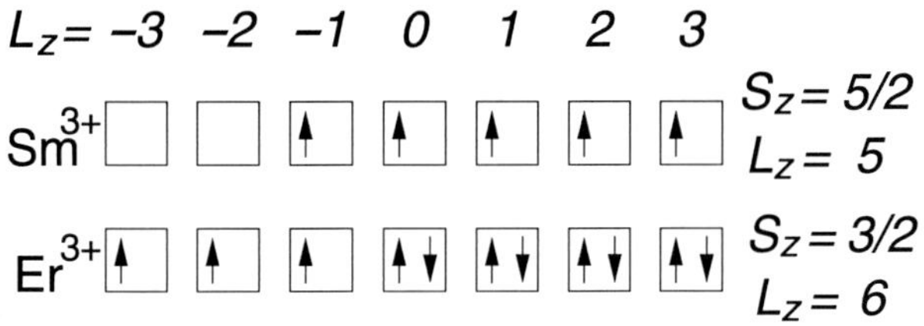


図 5.4 希土類イオンの 4f 軌道の基底状態．フントの規則に従って電子をつめる．上が $4f^5$ ($Sm^{3+}$)，下が $4f^{11}$ ($Er^{3+}$) の場合．$4f^5$ の場合は，$S_z = 5/2$ であるから $S = 5/2$, $L_z = 5$ より $L = 5$, $4f^7$ 以下なので，$J = |L - S| = 5/2$ である．$4f^{11}$ の場合は，$S_z = 3/2$ より $S = 3/2$, $L_z = 6$ より $L = 6$, $4f^8$ 以上なので，$J = L + S = 15/2$ である．

が入る．この 7 つの箱に，以下のフントの規則 (1)〜(3) を使ってスピンを入れていくと，実際に観測される磁気モーメントを再現する．

(1) まずスピンの大きさ $S$ が最大になるように入れる．
全スピンの $z$ 成分 $S_z$ が最大であれば $S$ を最大にできるので，最初の 7 つはすべて ↑，残りの 7 つは ↓ になるように入れる．

(2) ↑ のスピンは，軌道角運動量の値 $L$ が最大になるように入れる．
全軌道角運動量の $z$ 成分 $L_z$ が最大であれば $L$ を最大にできるので，↑ は $L_z = 3$ から順に入れる．↓ も同じ．

(3) 全軌道角運動量の値 $J$ は，$4f^7$ 以下と $4f^8$ 以上の場合で分かれ，

$$J = \begin{cases} |L - S|, & 4f^7 \text{まで} \\ L + S, & 4f^8 \text{以上} \end{cases} \tag{5.13}$$

で与えられる*18)．図 5.4 には $4f^5$ ($Sm^{3+}$) の場合と，$4f^{11}$ ($Er^{3+}$) の場合を示した．$4f^5$ の場合は，$S_z = 5/2$ であるから $S = 5/2$, $L_z = 5$ より $L = 5$, $4f^7$ 以下なので，$J = |L - S| = 5/2$ である．$4f^{11}$ の場合は，$S_z = 3$ より $S = 3/2$, $L_z = 6$ より $L = 6$, $4f^8$ 以上なので，$J = L + S = 15/2$ である．

---

*18) このように電子が入るのは，もちろんエネルギーが一番低くなるからで，電子間の相互作用 (交換相互作用)，軌道とスピンの相互作用の符号による．これ以外の電子のつめ方も多電子状態として存在し，すべて励起状態になる．フントの規則は，原子の 4f, 5f 軌道の多電子基底状態を与える規則である．すぐあとに，このフントの規則に合わない場合 (鉄族，$3d^n$) を示す．

この多電子状態を表す記号としてラッセル・サンダース記号，$^{2S+1}L_J$ が用いられる．ここで $L$ の部分には，$L$ =0, 1, 2, 3, 4, 5, 6 に対応して $S$, $P$, $D$, $F$, $G$, $H$, $I$ と記号が入る*19)．上記の $Sm^{3+}$ の基底状態は $^6H_{5/2}$ であり，$Er^{3+}$ は $^4I_{15/2}$ と表される．残りは演習問題にする (演習問題 [5-4])．ボーア磁子の有効数 $p = \sqrt{g^2J(J+1)}$ を求めるために，$J$ はフントの規則を用いれば良い．$g$ 因子としては，ランデの $g$ 因子

$$g = 1 + \frac{J(J+1) + S(S+1) - L(L+1)}{2J(J+1)} \tag{5.14}$$

で与えられる．この導出も演習問題 [5-3] で考える．

## 5.5 軌道角運動量の消失

鉄属イオン (3d 軌道) の磁気モーメントのボーア磁子の有効数は，希土類の $p^2 = g^2J(J+1)$ ではなく，$p^2 = g^2S(S+1)$ で与えられる．全角運動量 $J$ が全スピン角運動量 $S$ になり，軌道角運動量がないようにみえるので，**軌道角運動量の消失**と呼ぶ．3d 軌道の場合には，フントの規則の (1) のスピンのつめ方だけが成立するので，$L = 0$, $J = S$ とおけば良い．

軌道角運動量が消失する理由は，$L_z$ の期待値が 0 になるからである．d 軌道は f 軌道に比べて原子の外側に広がっている．d 軌道は隣接原子の結晶場の影響を受けて，5 重の縮退が解かれる*20)(図 5.5(a), (b))．これを**結晶場分裂**という．例えば $x, y, z$ 軸上に隣接原子があるとき，原子の d 軌道は 2 重と 3 重に分裂することがわかっている．このとき d 軌道は他の d 軌道 (および隣接原子の軌道) と混ざり，結晶場の波動関数を作る．この波動関数は実関数にとることができる*21)．その場合，$L_z = i\hbar\partial/\partial\varphi$ の期待値 $< L_z > = < \Psi|i\hbar\partial/\partial\varphi|\Psi >$ は純虚数になるので，実数の期待値は 0 である．したがって軌道角運動量が 0

*19) $L = 7$ はこの順番だと $J$ だが，全角運動量と同じ記号になるので避ける．原子の場合は f 軌道までなので，$L$ の最大値は 6 で問題がないが，人工原子 (Si の中に仮想的に作った原子の構造) だともっと高い角運動量が実現する．

*20) 「縮退を解く」の「解く」の英訳は「lift」である．以下のような使い方をする．
The crystal field lifts the 5–fold degeneracy of 3d orbitals in a transition metal atom.

*21) これに対し孤立した原子の場合の波動関数は，中心力場 $V(r)$ の近似を用いると，シュレディンガー方程式が変数分離できて角度成分を球面調和関数 $Y_{lm}$ で与えることができる．球面調和関数は複素関数であり，その量子数 $m$ は $L_z$ の固有値である．

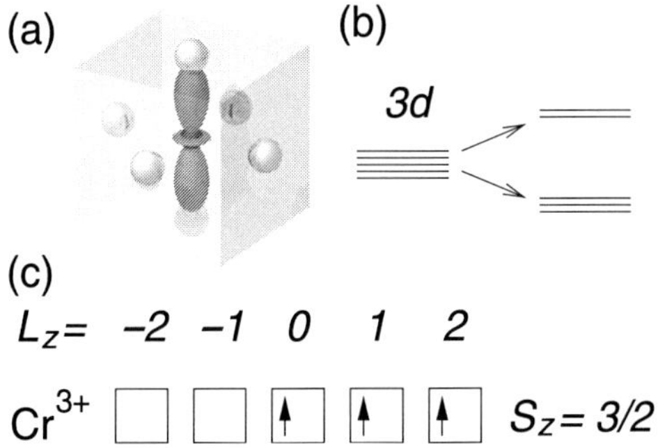


図 5.5 (a) 立方体の中心にある原子は，各面の中心にある 6 個のイオンから結晶場を受ける．中心の $3\mathrm{d}_{3z^2-r^2}$ 軌道は，結晶場の影響を受け，他の 3d 軌道と混じり実波動関数を作り，軌道角運動量 $L$ が消失する．(b) 立方対称場によって 5 重に縮退した 3d 軌道が，2 重と 3 重に分裂する．(c) 3d 軌道の場合のフントの規則．軌道角運動量消失のため，$L = 0$．図は $\mathrm{Cr}^{3+}$ の場合．$J = S = 3/2$ になる．

になる．

例えば $d^3$ $(\mathrm{Cr}^{3+})$ の場合には，$L_z = 0, 1, 2$ に↑が入り，$S_z = 3/2$ から直接 $J = S = 3/2$ が得られる (図 5.5(c))．鉄属の場合のランデの $g$ 因子は $J = S$, $L = 0$ とおいて，すべて 2 になる．この $g = 2$ を用いると，実験で観測される鉄属イオンの磁気モーメントの値をほぼ再現できる．

## 5.6 強磁性 (キュリー・ワイス則)

常磁性では，磁気モーメントが飽和するには非常に強い磁場か極低温という条件が必要である．一方「磁石」と呼ばれる物質では，磁気モーメントがそろい**自発磁化**が生じる (図 5.6)．自発磁化とは $B = 0$ でも $M \neq 0$ であることである．各磁気モーメントから磁場が発生するので，自発磁化 $M$ によって物質中に非常に強い磁場 (1000T) が発生する．これを**分子場** $B_{\mathrm{E}}$ (またはワイス場) と呼ぶ．$B_{\mathrm{E}}$ は $M$ に比例し，$B_{\mathrm{E}} = \lambda M$ と書くことができる (λ:分子場係数)．外部から磁場 $B_{\text{外}}$ がかかっているときには，

$$M = \chi_{\mathrm{c}}(B_{\text{外}} + B_{\mathrm{E}}) = \chi_{\mathrm{c}}(B_{\text{外}} + \lambda M) \tag{5.15}$$

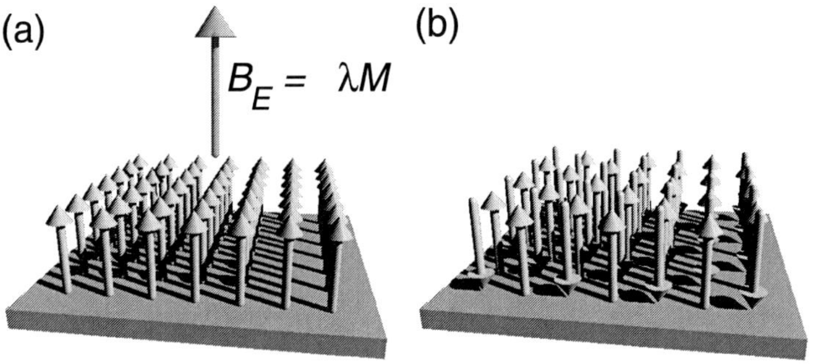


図 5.6 (a) 強磁性 と (b) 反強磁性のイメージ図．(a) 強磁性の場合には原子の磁気モーメント (矢印) がそろうことで大きな分子場 $B_{\mathrm{E}} = \lambda M$ が発生する．その結果，分子場によって磁気モーメントが自発的にそろう．(b) 反強磁性の場合には，隣り合う原子の磁気モーメントが反対方向を向いて秩序を作る．この場合，磁石のように外部に磁力を発生することはない．上向き，下向きの磁気モーメントごとの分子場を考えると，(a) と同様の自発磁化が発生する．

と書くことができる．ここで $\chi_{\mathrm{c}}$ はキュリー則で求めた帯磁率であり $\chi_{\mathrm{c}} = C/T$ である ($C$ は定数)．式 (5.15) を $M$ について解くと，

$$M = \frac{\chi_{\mathrm{c}}}{1-\chi_{\mathrm{c}}\lambda} B_{外} \equiv \chi_{\mathrm{CW}} B_{外} \tag{5.16}$$

を得る．ここで $\chi_{\mathrm{CW}}$ の表式に $\chi_{\mathrm{c}} = C/T$ を代入すると，

$$\chi_{\mathrm{CW}} = \frac{C/T}{1 - C\lambda/T} = \frac{C}{T - C\lambda} \tag{5.17}$$

であり，$T_{\mathrm{c}} \equiv C\lambda$ で $\chi_{\mathrm{CW}}$ が発散することがわかる (図 5.7)．このような $\chi_{\mathrm{CW}}$ の温度依存性をキュリー・ワイス則と呼ぶ．

$T_{\mathrm{c}}$ 以下では，$B = 0$ でも自発磁化が生じる．この $T_{\mathrm{c}}$ をキュリー温度と呼ぶ[*22]．$T_{\mathrm{c}}$ 以下の $M$ は，$T = T_{\mathrm{c}}$ 付近では $M \propto \sqrt{T_{\mathrm{c}} - T}$ のように振る舞い，

[*22] 例えば，Fe, Co, Ni は強磁性体であり，$T_{\mathrm{c}}$ は，1043K(Fe), 1388K(Co), 627K(Ni) である．磁石も高温にすると常磁性に変わる．再び温度を下げていくと強磁性になるのであるが，磁石にはならない．これは，温度を下げていくときに，バラバラであった磁気モーメントのそろうところ (磁区) が小規模にできるため (この方が外に大きな磁場を作らないので電磁場のエネルギーの分だけエネルギーが低い) であり，平均すると磁石にならないからである．磁石にするには強い磁場下でスピンをそろえた状態で温度を下げる．$T_{\mathrm{c}}$ 以下でも強い磁場によってそろえることができる．カセットテープやハードディスクでは，↑ の磁区と ↓ の磁区が並んでデータを保存している．コイルに流れる電流を制御・観測することで，それぞれデータの書き込みと読み込み

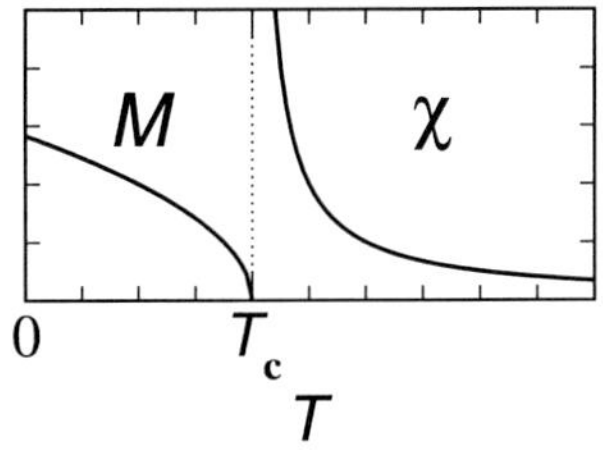


図 5.7 キュリー・ワイス則．帯磁率 $\chi_{\mathrm{CW}}$ は，$1/(T_{\mathrm{c}}-T)$ のように振る舞い，キュリー温度 $T_{\mathrm{c}}$ で発散する．$T_{\mathrm{c}}$ 以下では，$B=0$ で自発磁化 $M$ が発生する．$M$ は，$M \propto \sqrt{T_{\mathrm{c}}-T}$ の依存性がある．

低温で $M$ が大きくなる*23)．反強磁性体の場合には，格子を↑と↓の磁気モーメントの副格子に分けて，それぞれの副格子に分子場が逆向きに働くと考えれば同じキュリー・ワイス則に従う．ただし反強磁性体の場合には，$T_{\mathrm{c}}$ 以下では，$\chi_{\mathrm{CW}}$ は 0 に向かって減少する．

## 5.7 磁化率の測定法，SQUID

磁性の様子を測るには，磁化 $M$ または磁化率 $\chi$ の測定を行う．測定する試料に空間的に一様な磁場 $H$ がかかるように，試料に比べて十分大きい断面積を持つ電磁石を用意し，磁極の間 (またはコイルの中) に試料を入れる．$H$ に対して物質に磁化 $M$ が発生し，磁化率 $\chi=M/H$，または微分磁化率 $\chi=\partial M/\partial H$ が得られる．測定対象となっている磁場は物質の内部を通る磁場であり，磁化によって発生した磁場 (反磁場) を考える必要がある．特に反磁場が試料の形に依存することに注意しなければならない*24)．

---

が行われる．

*23) これは，平均場近似による結果である．$T=0$ 付近では，平均場近似では $M=$ 定数になるが，実際には $M=M_0(1-aT^{3/2})$，($a$ は定数) のように振る舞う．飽和磁化 $M_0$ から比較的早く $M$ が小さくなるのは，波のようにゆっくりと磁気モーメントの向きを変える励起が存在するからである．これをスピン波と呼び，このスピン波を量子化したものをマグノンと呼ぶ．

*24) 試料の形状によって反磁場の大きさが変わるので，反磁場係数 $D$ を用いて $-DM$ と表される．磁場方向に無限に長い円柱形の試料 $D=0$ や球状の試料 $D=1/3$ など，いろいろな反磁場係数がある．反磁場は，無限に長い円柱の場合と球の場合を除いて，試料に不均一な磁場を発生する．例えばグラファイトの試料の磁化を正確に測るには，試料を球状に削り出す必要がある．核磁気共鳴 NMR のシグナルも球状試料の場合，中の磁場が均一になるので，シャープなスペクトルを得る．

磁化 $M$ を直接測る古典的な方法は，**磁気天秤**の方法である．試料を天秤の片方に吊し，磁場中に挿入することによって試料の重量変化を読み取る．そこから働いている力の大きさを評価し，単位質量あたりの磁化率を求めるものである．常温で測定でき，また永久磁石でも測定できる簡便な方法であり，繰り返し利用する場合に向いた測定法である．小型の装置として実用性があり，製品化されている．磁化率のわかっている試料などで装置の較正を的確に行えば，十分な精度で磁化測定できる．

磁化率の温度依存性 (キュリー則) などを測定するには，装置全体を液体ヘリウムに囲まれたデュアー瓶 (ガラス製の魔法瓶) の中に入れる必要がある．この場合には，**交流磁場法**を用いる．磁場としてコイルの電磁場を用いる．またコイルには交流 (1 Hz∼1 kHz) の電流 $I(\omega)$ を流し，交流磁場をかける．交流磁化 $M(\omega)$ が発生するとコイルを貫く磁束が変化するので，コイルのインダクタンス*25) が変わり交流電流の電圧に対する位相が変化する．ロックインアンプ*26) を用いることにより，位相の変化と磁化を測定できる*27)．

物性物理において磁性の興味深い現象は，極低温*28) で起きる．低温での磁化率の測定で威力を発揮するのが，SQUID (超伝導量子干渉計) である．超伝導 (第 8 章参照) は，低温で起きる電子の秩序状態であるが，(1) 電気抵抗が 0

---

*25) 自己インダクタンスや，測定用のコイルとの相互インダクタンスを指す．

*26) 交流信号を増幅 (アンプ) する装置であるが,「特定の振動数と位相を持つ参照交流電圧」と信号の内積をとって，直流の信号強度を取り出すことができる．参照交流電圧の位相を $\pi/2$ だけずらせば，磁化率の虚数成分も測ることができる．ロックインアンプを自在に使いこなせれば，実験屋として一人前といえる．

*27) 著者が大学 4 年生のとき，実験の研究室でスピングラスの磁化率をこの方法で測定した．半年間の実験で，デュアー瓶を 3 つ壊したのですっかり有名人となり，当時の先生に会う度にその話が出る．魔法瓶としてのデュアー瓶は，瓶の中に真空を作ったときのなごりで瓶の先端が尖っている．この先端が外側の (液体窒素を入れる別の) デュアー瓶に接触しないように，発砲スチロールが付いているのだが，何回も使っているうちに，発泡スチロールが縮んで発砲スチロールからガラスの先端が出て外側のデュアー瓶を毎回壊していたのである．それ以来，失敗したときには原因を調べることの重要性を認識している．著者が理論に進んだのは，実験が下手だからではない．

*28) 一般に液体ヘリウムの温度 (4 K) 以下の温度を極低温と呼ぶ．ただしこの呼び方は様々で，単に低温と言っている研究室の方が，極低温と言っている研究室より低い温度を扱っている場合もあるようである．英語でも超という意味で，super と hyper がある．この使い分けでは，super が「通常を越える，優れた」という意味があるのに対し，hyper は「通常の概念では奇怪と思われるぐらい卓越した」という意味合いがある．彼は super man だと言われても悪い気はしないが，彼は hyper man だと言われれば「俺ってそんなに変?」という気がする．

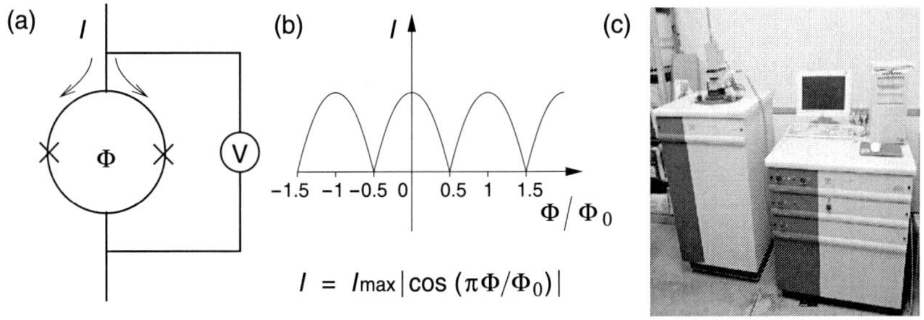


図 **5.8**　(a) dc ジョセフソン効果を利用した SQUID の原理．中央のリングが超伝導体．2ヶ所の X が超伝導体を薄い絶縁体で分割するところ．リングの中央に磁束 $\Phi$ を通すと，磁束量子 $\Phi_0$ の周期関数として電流が流れる．(b) 電流値は超伝導体の位相によって決まるが，電流の最大値をとるように設定すると，電流は $\Phi$ の周期関数となる．(c) 稼働中の SQUID 装置．左の装置が SQUID 本体で，縦に伸びる棒は試料導入棒，ゴム管はヘリウム回収用．右側は磁場 (超伝導磁石の電流) や温度を制御し，磁化を観測する装置．(東北大学 竹延大志准教授のご厚意による)．

になる，(2) 磁束を通さない (マイスナー効果) など著しい性質がある．SQUID では，(2) の性質を用いる．超伝導体でできたリングの中に，磁化率を測りたい試料を入れる．試料の磁化による磁束が超伝導体のリングを横切ろうとすると，超伝導体には遮蔽電流が流れて超伝導体の中に磁束が入るのを拒む．このときの超伝導体中の電流の増加分を測定することで磁化を評価するのが，SQUID の原理である．

この電流を精度良く測定するための手段として，ジョセフソン効果というもう 1 つの超伝導の効果を利用している*29)．遮蔽電流を流す超伝導体のリングを 2 つに分割する．2 つの超伝導体はトンネル電流で電流が流れるような状況に設定する．このときトンネル電流は，リングの中を貫く磁束によって周期的に変化する．この周期に相当する磁束が**磁束量子**である．磁束量子 $\phi_0$ の値は，

$$\phi_0 = \frac{h}{2e} = 2.07 \times 10^{-15}[\mathrm{Wb}] \tag{5.18}$$

で与えられる．磁束密度 $B$[T] は，これをリングの面積 $S$ で割れば求められる．ただし，仮に $S = 1.0 \times 10^{-6}\mathrm{m}^2$ であっても $B = 2 \times 10^{-9}$ T であり，測定可

*29)　SQUID にはいろいろな方法が使われているが，ここで説明する方法はその 1 つである．

能な $B$ の変化が非常に小さいことがわかる[*30)]．リングを通過する磁束量子の数から磁場を求めることができるので，原理的に最も精度の高い方法であると言うことができる．

## 演習問題

[5-1] (双曲線関数) 双曲線関数 $\sinh x$, $\cosh x$, $\tanh x$, $\coth x$ の $x$ が 1 より小さい場合の展開と，$x \to \infty$ での振る舞いを説明せよ．

[5-2] (ブリルアン関数) $J = 1/2,\ 1,\ 3/2$ のブリルアン関数 $B_J(x)$ をグラフに表示せよ．それぞれについて，$T = 1\,\mathrm{K},\ 10\,\mathrm{K}$ の場合に常磁性飽和磁化の 90% になる磁場を求めよ．

[5-3] (ランデの $g$ 因子) イオンや原子の磁気モーメント $\mu$ は，$\mu = -g\mu_{\mathrm{B}}J$ で表される．ここで，$\mu_{\mathrm{B}}$ はボーア磁子，$g$ は $g$ 因子，$J$ は全角運動量である．一方，相対論的量子力学の結論から $\mu = -\mu_{\mathrm{B}}(\boldsymbol{L}+2\boldsymbol{S})$ と与えられる．ここから，$g\boldsymbol{J} = \boldsymbol{L}+2\boldsymbol{S}$ の関係が得られる．両辺に $\boldsymbol{J}$ をかけて，演算子を $J, L, S$ の固有関数にかけ固有値に変換する操作 $\boldsymbol{J}^2 \to J(J+1)$, $\boldsymbol{L}^2 \to L(L+1)$, $\boldsymbol{S}^2 \to S(S+1)$ を行い，ランデの $g$ 因子

$$g = 1 + \frac{J(J+1)+S(S+1)-L(L+1)}{2J(J+1)}$$

の表式を求めよ．

[5-4] (ボーア磁子の有効数) 希土類元素 (3+ イオン) の磁気モーメントがフントの規則に従うとして，$S, L, J$, 多重項の記号 ${}^{2S+1}L_J$, ランデの $g$ 因子, ボーア磁子の有効数 $p \equiv \sqrt{g^2J(J+1)}$ を求め表にまとめよ．また，$p$ を 4f 電子数の関数としてプロットせよ．$x$ 軸には元素名を表記せよ．

[5-5] (鉄属元素) 鉄属元素 (3+ イオン) の磁気モーメントの軌道角運動量成分が消失する場合にフントの規則に従うとして，$S$, ランデの $g$ 因子, ボーア磁子の有効数 $p \equiv \sqrt{g^2S(S+1)}$ を求め表にまとめよ．また，$p$ を 3d 電子数の関数としてプロットせよ．$x$ 軸には元素名を表記せよ．

[5-6] (帯磁率) ボーア磁子の有効数 $p$ は，磁気モーメントがボーア磁子の何倍の大きさになるかを示すものである．有限の温度の場合には，実際の

---

[*30)] SQUID は，有効数字 6 桁ぐらいは測定できる．磁化率が $10^{-6}$ ぐらいで $B$=$10^{-3}$T ぐらいで，かつ試料の断面が $1\,\mathrm{mm}^2 = 10^{-6}\mathrm{m}^2$ であっても測定できることを意味している．

帯磁率はフントの規則に従う基底状態の $J$ の値だけでなく，他の $J$ の値をとる．$J$ の値をとる場合のエネルギーを $E_J$ とおくと，帯磁率 $\chi$ は

$$\chi = \frac{\displaystyle\sum_J \exp(-E_J/k_\mathrm{B}T)(2J+1)\frac{g_J^2\mu_\mathrm{B}^2 J(J+1)}{3k_\mathrm{B}T}}{\displaystyle\sum_J \exp(-E_J/k_\mathrm{B}T)(2J+1)}$$

で表されることを示せ．ただし $g_J$ は $J$ に対するランデの $g$ 因子である．希土類原子の 300 K でのボーア磁子の有効数 $p_{300}$ の最も大きな変化が期待できるものは希土類の中で，どの元素か? 力のある者は，$p_{300}$ を 4f 電子数の関数としてプロットせよ．$x$ 軸には元素名を表記せよ．

[5-7] (有限温度の磁化) 前問 [5-6] の議論を使うと，磁化の計算は 1 つのブリルアン関数 $B_J(x)$ では正しくない．$\mathrm{T} = 100\,\mathrm{K}$ の場合の磁化はどのように計算したら良いか，方針を示し，その効果を説明するグラフを作ってみよ．

[5-8] (分子場の大きさ) 強磁性体 Fe, Co, Ni の絶対 0 度での分子場の大きさを，キュリー温度から評価せよ．この磁場とボーア磁子との双極子相互作用の大きさは何 eV か?

[5-9] (ストナーモデル) 金属の強磁性を説明するモデルとして，ストナーモデルがある．ストナーモデルを調べ，金属強磁性の性質を論ぜよ．

[5-10] (ランダウ反磁性) 電子の軌道運動は反磁性を与える．ここでは自由電子が一様磁場中でランダウ準位を作り，これがランダウ反磁性をもたらすことを示せ．

[5-11] (ランジェバンの反磁性) 前問 [5-10] で，内殻の電子もランジェバンの反磁性をもたらす．この磁性を調べ，説明せよ．

[5-12] (結晶場分裂) 遷移金属の 3d 軌道は結晶場によって分裂する．適当な結晶場の形を考えて縮退のある摂動論を解き，分裂の様子を図示せよ．

[5-13] (磁化の温度依存) 強磁性体で，$T < T_\mathrm{c}$ のときの磁化 $M$ の温度依存性を平均場近似で求めよ．特に $T \sim T_\mathrm{c}$，$T \sim 0$ の場合の関数形を求めグラフにせよ．

[5-14] (ベーテ近似) 強磁性体で，$T < T_\mathrm{c}$ のときの磁化 $M$ を，近接の磁気モーメントの相関まで考えたベーテ近似の手法で調べ，ベーテ近似での $M$ の

温度依存性を求めよ．平均場近似との相違点についても述べよ．

[5-15] (マグノン) $T \sim 0$ 付近では，磁気モーメントは同じ向きにそろっているが，長波長で磁気モーメントの向きをゆっくり変えると，励起エネルギーを小さくすることができる．これをマグノンという．実際に $T \sim 0$ では，マグノンの励起が観測される．マグノンが励起する場合の $M$ の温度依存性を求めよ．平均場近似との相違点についても述べよ．

***tea time***

畑の肥料といえば，窒素，燐酸，カリである．葉，実，根を作る肥料と習ったことがあると思う．この他にも，キャベツなどはカルシウムが必要だとか，サツマイモに窒素肥料を与えると葉ばかり茂り実がならないなど，園芸の本に詳しく書いてある．

商売柄，本を読むのは好きで，仙台市の図書館から借りて園芸の本，昆虫の本，微生物の本を読んでいくと驚くべき事実が平然と書いてある．例えば，マメ科植物の根には根粒細菌が存在していて，窒素合成の共生に欠かせないことは，読者の中にも知っている人が少なくないと思う．この根粒細菌の中の酵素の中心には V（バナジウム）原子があり，マメ科植物が育つには，この V が微量必要である．微量元素としての V は市販されている．また，植物の葉や茎には光合成に欠かせない葉緑素があるが，葉緑素の中心には Fe（鉄）原子がある．植物が Fe を十分に吸収できない環境では葉が黄色くなる．Fe は，自然界では植物が吸収できない形で存在するので，ある種の植物（麦など）の根は Fe を吸収するために地中に酸を出す．植物の根は，水やイオンをたくみに吸収する術だけでなく，土を改良する能力も持っている．

収穫する野菜や雑草は，抜かずに地表で切るのが正しい．一方，前回悪者にしてしまった地中の粘土にも，イオンを貯蔵・放出する仕組みがあり，肥料の維持に必要である．土中細菌やカビ，また土の中にいるダニからクモ，カマキリなどの小動物も，生態系でそれぞれの役割を担っている．野菜のそばに生える雑草や害虫でさえも，ときとして野菜の健康的な成長に貢献する．雑草は抜けばよい，虫は退治すればよい，というわけではない．健康的に育つ野菜の組合せがあり，害虫を寄せ付けない野菜の配置がある．日照や養分を分け合う野菜の仕組みもある．いろいろ知ってしまうと畑仕事は，ナノメートルからメートルまでの 9 桁もの大きさの世界を統一的に理解する物性物理のような世界になる．実際に遷移金属の結晶場が畑の栽培に関係することを知るのは驚きである．そこまで難しく考えなくても，畑の中には小さな宇宙があり，日々の観察と発見は楽しい．そのうえで収穫があるのだからやめられない．畑仕事は科学者の生活にそっくりである．

# 6 光と物質の相互作用，レーザー

光が物質に当たると，光は透過するか，吸収 (発光) するか，散乱する．光と物質の相互作用を考えてみよう．光の実験には，レーザーが広く用いられる．

## 6.1 電磁波と物質

電磁波と物質の相互作用はテレビ，携帯電話，太陽電池，電子レンジ，蛍光灯，発光ダイオードなど，実世界で役立っている発明品の基本原理である．生命体も驚くべき進化によって人間の発明品より優れた「光を利用する器官」を作り出してきた．例えば目という受光器官，光合成を行うエネルギー変換器官や蛍の発光器官*1)などである．我々の目にとって光とは，可視光 (波長 0.38〜0.75 $\mu$m，エネルギーに換算して 1.65〜3.26 eV) という電磁波を指す*2)が，一般の電磁波の波長は, 1 Å ∼ 数百 m と幅広い．物質は共通の形式で様々な電磁波と相互作用する．以下，簡単のため電磁波を光と呼ぼう．

物質に光が当たると，透明な物質であれば透過する (図 6.1)．光の透過は，光エネルギーによる物質中の「励起」がない場合に起きる*3)．もし物質中の励起が可能であれば，電磁波のエネルギーは物質のエネルギーに変わる．これを光

*1) 下村 修は 1961 年にオワンクラゲから緑色蛍光タンパク質 (GFP) を発見し，2008 年にノーベル化学賞を受賞した．

*2) モンシロチョウにとっては紫外線も可視光であり，人間の眼では違いが判らないオスとメスを区別できる．

*3) ここで励起とは，エネルギーを得た物質が高いエネルギーの状態に遷移することである．例えば物質中の 1 個の電子が低いエネルギーから高いエネルギー状態に遷移する 1 電子励起がある．また磁気モーメントの向きが変わる，格子が振動する，電子の集団励起が起こるなど様々な励起が物質中に存在する．原子核の中のスピンが変化することを指す場合もある．励起エネルギーも量子化されていて，1 個，2 個と数えられる．分解できない励起の最小単位を素励起という．

図 6.1　物質に光が当たると，透過する (左) か，反射する (中央) か，散乱する (右). さらに物質は光を吸収する. 物質の色は，光の吸収と散乱で決まる. 透過の場合には，屈折によって光の進む方向が変わる.

の吸収という. 逆に物質のエネルギーが電磁波のエネルギーに変わることを発光という. 物質によって光の向きがいろいろな方向に変わることを**光の散乱**という*4). 散乱と透過，どこが違うかというと，物質の励起が起きているかいないかの違いである. 透過の場合には，光は屈折を除き直進する. 散乱の場合には，光は物質から運動量をもらって，いろいろな方向に向きを変える. 散乱の場合には，散乱の前後でエネルギーが失われない**弾性散乱**と，エネルギーを失う**非弾性散乱**の 2 種類がある*5). 空が青いのも，トマトが赤いのも，その色に対する波長の光が強く散乱されることによる*6).

一方，金属の場合には，可視光は一定の方向に**反射**する. 金属の反射は，自由電子が光の電場を遮蔽することによって起きる. 金属光沢は反射波によるも

---

*4)　光の吸収と発光が連続的に起きると考えても良い.

*5)　光の弾性散乱では，光はエネルギーを失わないが向きが変わる. 波長より小さい物質による光の弾性散乱を**レイリー散乱**という. 物質が波長程度の大きさの散乱は**ミー散乱**という. 図 6.1 のグラフィックで使われている Povray というフリーソフトは，この 2 つの散乱を表現できる. 一方，光の非弾性散乱を**ラマン散乱**という. エネルギーを失う原因として，フォノンを放出することが考えられる. ラマン散乱ではエネルギーを得る場合もある (第 8 章参照).

*6)　空やトマトが発光しているわけではない. トマトに青い光を当てても赤くみえない. 白色光の中に赤い光の成分があって，その赤い光だけがトマトの色素で散乱するのである. トマトの場合，赤以外の色の光が吸収されるからと言っても良い.

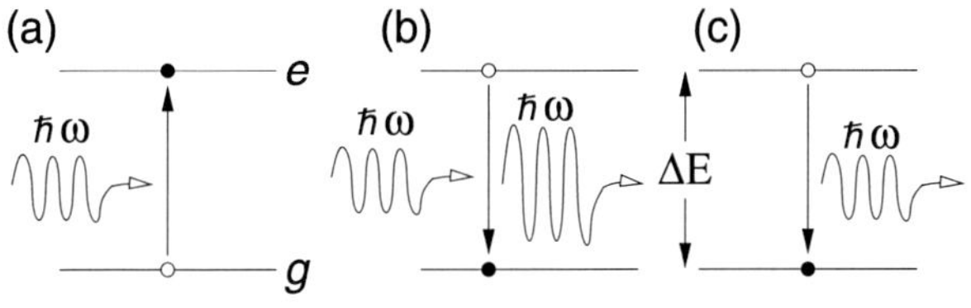


図 6.2 光の吸収と放出. (a) 基底状態 ($g$) にいる電子が, $\hbar\omega = \Delta E$ のフォトンを吸収すると, 励起状態 ($e$) に励起する. (b) 逆に励起状態に電子がいて, $\hbar\omega$ のフォトンが当たると, 電子は基底状態に遷移する. このとき入射したフォトンと同じエネルギーのフォトンが同じ位相で放出される (誘導放出). したがって振幅が増幅される. これがレーザーの原理である (6.4 節参照). (c) フォトンがない状態でも, 励起状態にいる電子は一定の時間が経過するとフォトンを放出して, 基底状態に遷移する (自然放出).

のであり, 物質の色ではない*7). また, 電場によって金属表面に電流が流れる (アンテナの原理). これによって金属も光の一部を吸収する*8). 光の波長が短い紫外線や X 線になると, 金属はプラズマ振動を起こし光を吸収する. さらに波長が短い $\gamma$ 線になると*9), 電磁波は金属を透過する*10). 光と物質の相互作用は, 固体物性の中でいろいろと出てくる. 以下では 1 個の電子の吸収の原理を導出してみよう.

## 6.2 電磁場による摂動ハミルトニアンの導出

角振動数 $\omega$ の光は, $\hbar\omega$ の最小単位のエネルギーを持つ. これをフォトン (光子) という. 実際の空間では, いろいろな $\omega$ のフォトンが波として飛んでいる. エネルギーの大きい光とは, $\omega$ の大きいフォトンである. 光の強度が大きい光とは, フォトンの数が多い光を指す.

---

*7) 物質に白色光を当てたときに, 光の吸収や散乱によって物質から出る光が「物質の色」である. 金属にも金・銀・銅と色がある. 吸収係数や反射係数の振動数依存性によって色に差が出る. 金属に光沢が出るためには, 金属表面が波長以上の長さにわたって平らであることが必要である.

*8) アンテナの部品だけでは電磁波は吸収されない. アンテナを流れる電流 (または電位) が定在波になる振動数に共鳴し, さらに同じインピーダンスを持つ電気回路 (同軸ケーブル) にエネルギーが伝わる. 高周波の電流が同軸ケーブルの方に伝わることで, 電磁波エネルギーの吸収が起きる.

*9) 波長の短い X 線 (Hard X 線という) でも可能である.

*10) すべて光の波長と物質の大きさ, 原子の大きさ, 原子核の大きさの比較で相互作用の種類が決まる. 波長と同程度の大きさの物体である粒子と共鳴して, エネルギーのやりとりが行われる.

基底状態にいる電子は，フォトンを 1 個吸収して $\hbar\omega$ だけ高い状態 (励起状態) に遷移する (図 6.2)*11)．また励起状態から基底状態に戻るときはフォトンを 1 個放出する．この状態間の遷移は，電磁場を摂動と考えて，時間に依存する摂動論で理解することができる．量子力学によると，電磁場中の電子のハミルトニアンは，電子の質量を $m$, 電荷を $-e$, 結晶のポテンシャルを $V(\boldsymbol{r})$ とすると，

$$\begin{aligned}\mathcal{H} &= \frac{1}{2m}\{-i\hbar\nabla - e\boldsymbol{A}(t)\}^2 + V(\boldsymbol{r}) \\ &= \frac{1}{2m}\left\{-\hbar^2\Delta + ie\hbar\boldsymbol{A}(t)\cdot\nabla + ie\hbar\nabla\cdot\boldsymbol{A}(t) + e^2\boldsymbol{A}(t)^2\right\} + V(\boldsymbol{r})\end{aligned} \tag{6.1}$$

で与えられる．ここで $\boldsymbol{A}(t)$ は電磁場を記述するベクトルポテンシャルである．真空中を波として進行する電磁場は，電場 $\boldsymbol{E}$ も磁場 $\boldsymbol{B}$ も $\boldsymbol{A}(t)$ で表すことができる*12)．式 (6.1) の 2 行目の第 3 項 $ie\hbar\nabla\cdot\boldsymbol{A}(t)$ の $\nabla$ は，単に $\boldsymbol{A}$ にかかるだけでなく，波動関数にもかかる演算子であることに注意したい．実際，$\nabla\cdot\boldsymbol{A} = \mathrm{div}\boldsymbol{A} + \boldsymbol{A}\cdot\nabla = \boldsymbol{A}\cdot\nabla$ となる．ここで $\mathrm{div}\boldsymbol{A} = 0$ のクーロンゲージ*13)を用いた．式 (6.1) の 2 行目の第 4 項 $e^2\boldsymbol{A}(t)^2/2m$ は，通常の電磁場の

---

*11) $\hbar\omega$ が励起状態までのエネルギー差と一致しないときには，電子はエネルギーを吸収しない (透過) か，散乱する．散乱の場合には，振動する電場 (摂動) によって，電子の摂動波動関数が基底状態以外の固有状態を含む．これをバーチャル (仮想的) な遷移という．体育で鉄棒につかまるとき，ジャンプの頂点が鉄棒の高さであれば鉄棒をとらえることができる．届かない場合でもジャンプすることはできる．

*12) $\boldsymbol{B}$ は，磁束密度 (単位 Wb) である．電磁場の問題のときは，$\boldsymbol{E}$ と $\boldsymbol{B}$ を使うのが便利である．以下 $\boldsymbol{B}$ を単に磁場と呼ぶことにする．電磁場の解は，$\boldsymbol{E} = \boldsymbol{E}_0\exp\{i(\boldsymbol{k}\cdot\boldsymbol{r} - \omega t)\}$, $\boldsymbol{B} = \boldsymbol{B}_0\exp\{i(\boldsymbol{k}\cdot\boldsymbol{r} - \omega t)\}$ である．$\boldsymbol{B} = \nabla\times\boldsymbol{A} = i\boldsymbol{k}\times\boldsymbol{A}$ である．$\boldsymbol{E}$ は，マクスウェル (Maxwell) の方程式の 1 つ $\mathrm{rot}\boldsymbol{H} = \partial\boldsymbol{D}/\partial t$ より，$\nabla\times\boldsymbol{B} = \epsilon_0\mu_0\partial\boldsymbol{E}/\partial t = (\partial\boldsymbol{E}/\partial t)/c^2$ ($c$ は光速) の関係式を用いる．左辺は $\nabla\times\boldsymbol{B} = \nabla\times(\nabla\times\boldsymbol{A}) = \mathrm{grad}(\mathrm{div}\boldsymbol{A}) - \Delta\boldsymbol{A} = -\Delta\boldsymbol{A} = k^2\boldsymbol{A}$ ($\mathrm{div}\boldsymbol{A} = 0$ のゲージを採用), 右辺は $-i\omega\boldsymbol{E}/c^2$, さらに $\omega = kc$ の関係を使えば，$\boldsymbol{E} = i\omega\boldsymbol{A}$ と書くことができる．

*13) 線形連立微分方程式で書かれるマクスウェル方程式には積分定数分の不定性が残る．不定性は，単に定数分だけでなく，任意のスカラー関数 $f$ に対し，$\boldsymbol{A}\to\boldsymbol{A}+\mathrm{grad}f$ という変換 (ゲージ変換) をしても $\boldsymbol{B} = \mathrm{rot}\boldsymbol{A}$ は不変である (ベクトル解析の公式 $\mathrm{rot\,grad}f = 0$). 同じ $f$ に対して静電ポテンシャル $\phi\to\phi - \partial f/\partial t$ の変換をすると，$\boldsymbol{E} = -\mathrm{grad}\phi - \partial\boldsymbol{A}/\partial t$ を不変にできる．このように，$\boldsymbol{A}, \phi$ に対する任意の関数 $f$ の変換の組をゲージ変換と呼び，$\boldsymbol{E}, \boldsymbol{B}$ のゲージ変換に対する不変性を単にゲージ不変と呼ぶ．$\boldsymbol{A}, \phi$ をどう決めるかは，任意の関数 $f$ の取り方による．$f$ をゲージと呼ぶ．クーロンゲージ ($\mathrm{div}\boldsymbol{A} = 0$), ローレンツゲージ ($\mathrm{div}\boldsymbol{A} + (\partial\phi/\partial t)/c^2 = 0$) などが使われる．静電気のポアソン方程式 ($\Delta\phi = -\rho$) を与えるのはクーロンゲージである．電磁場の一般的な場合には，電荷密度が時間的に変化するのでローレンツ変換に不変なローレンツゲージを使うが，今回の問題では時間的に変動する電荷 $\rho(t)$ がないので，クーロンゲージと

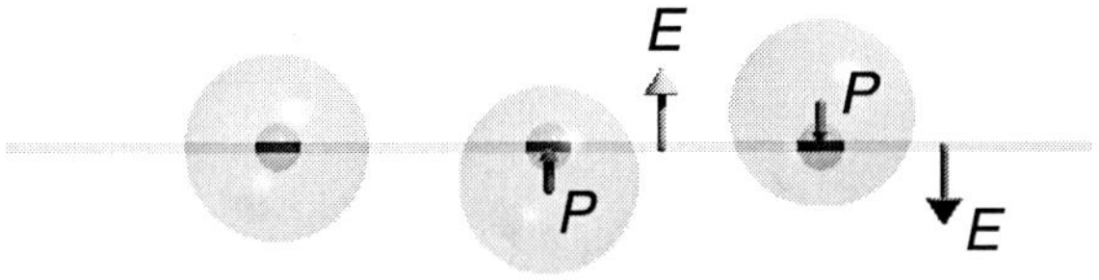


図 **6.3** 双極子相互作用．(左) 中性な原子は，電子雲とイオン (原子核と内殻電子) からなる．(中) ここに電場 $\boldsymbol{E}$ が加わると，主に電子雲の中心がずれて，電子雲の中心からイオンの中心に双極子モーメント $\boldsymbol{P}$ が発生し，双極子相互作用 $-\boldsymbol{P}\cdot E$ が生じる．(右) 電場ベクトルが逆の場合にも，逆向きの $\boldsymbol{P}$ が発生するので，相互作用の符号は同じ．振動する電場の 1 周期で積分すると 0 でない値になる．

出力では $\boldsymbol{A}(t)$ の 1 次の項に比べて無視できる[*14)]．したがって電磁場の摂動ハミルトニアンは，

$$\mathcal{H}' = \frac{ie\hbar}{m}\boldsymbol{A}(t)\cdot\nabla \tag{6.2}$$

で与えられる．この摂動ハミルトニアンは，電場と，電場によって誘起した双極子モーメントとの相互作用である (図 6.3).

$\boldsymbol{A}(t)$ を電磁場のエネルギー強度 $I$ で表そう．これは光の強度に対してどれぐらい吸収が起きるのかという計算を評価するときに必要である．単位時間に単位面積を通過する電磁場のエネルギーは，ポインティングベクトル[*15)]$(\boldsymbol{E}\times\boldsymbol{H})\mathrm{Wm}^{-2}$ で表される．電磁場の場合には，$\boldsymbol{E}$ と $\boldsymbol{H}$ は互いに直交するので，強度 $I$ は $I=\boldsymbol{EB}/\mu_0=\boldsymbol{E}^2/\mu_0 c$ になる[*16)]．したがって，$|\boldsymbol{E}|=\sqrt{I\mu_0 c}$ である．よって $\boldsymbol{A}(t)$ は，

$$\boldsymbol{A}(t) = -\frac{i}{\omega}\boldsymbol{E}(t) = -\frac{i\boldsymbol{e_p}}{\omega}\sqrt{\frac{I}{c\epsilon_0}}\exp\{i(\boldsymbol{k}\cdot\boldsymbol{r}-\omega t)\} \tag{6.3}$$

と表される．ここで $\boldsymbol{e_p}$ は，偏光ベクトルである[*17)]．

---

ローレンツゲージは同じ形になる．したがって簡単な表式を採用した．

*14) 次に出てくる出力と $\boldsymbol{A}$ の関係から評価してみよ．高出力レーザーのような場合には，$e^2\boldsymbol{A}(t)^2/2m$ の項が非線形効果として重要になりうる．ただし，いわゆる非線形光学では電場に対する分極 $\boldsymbol{P}$ を $\boldsymbol{P}=\chi\boldsymbol{E}+\chi^{(2)}\boldsymbol{E}^2+\chi^{(3)}\boldsymbol{E}^3$ のように電場に関して展開して，非線形性を議論する．この場合の非線形項の起源は，$e^2\boldsymbol{A}(t)^2/2m$ の項だけではない．例えばローレンツ力 $\boldsymbol{v}\times\boldsymbol{B}$ なども重要な起源となる．

*15) 英語のスペルに注意．Poynting (人名) vector.

*16) ここで $\boldsymbol{B}$ の大きさは，$\boldsymbol{E}$ の $1/c$ ($c$ は光速) であることを用いた (演習問題 [6-13] 参照).

*17) 電磁波の進行方向を $z$ にとると，$\boldsymbol{E}$ は $x$ と $y$ の 2 つの自由度のベクトルをとることができる．この方向を定める単位ベクトルを偏光ベクトル $\boldsymbol{e_p}$ と呼ぶ．$\boldsymbol{e_p}$ が $\boldsymbol{e}_x$ または $\boldsymbol{e}_y$ の場合を，$x$, $y$ の直線偏光と呼び，$x\pm iy$ の形の場合には，$\boldsymbol{E}$ の実部をとるとわかるが，偏光面が進行方向

## 6.3 光の吸収の確率：時間に依存する摂動論

電磁場の相互作用 (式 (6.2)) を時間に依存する摂動として考えて，$t=0$ で 0 番目の基底状態 $\varphi_0$, (エネルギー $E_0=\hbar\omega_0$) から時刻 $t$ で $i$ 番目の状態 $\varphi_i$, ($E_i=\hbar\omega_i$, $i=1,\ldots$) に励起する確率を求めよう．時間に依存するシュレディンガー方程式は，時間に依存しない部分を $\mathcal{H}_0$, 角振動数 $\omega$ の電磁場の相互作用を $V_0e^{-i\omega t}$ と書くと，

$$i\hbar\frac{\partial\Psi}{\partial t}=\mathcal{H}\Psi,\qquad \mathcal{H}=\mathcal{H}_0+V_0e^{-i\omega t} \tag{6.4}$$

である．$\Psi$ は時間に依存する波動関数で，

$$\Psi(t)=e^{-i\omega_0 t}\varphi_0+\sum_{i=1}^{\infty}b_i(t)e^{-i\omega_i t}\varphi_i \tag{6.5}$$

で与えられる．$b_i(t)$ は，時刻 $t$ での $\varphi_i$ の振幅であり，$V_0/H_0$ と「同程度の小さい値」*18)である．式 (6.5) を式 (6.4) に代入すると，摂動の 0 次の項 ($V_0$ を含まない項) は，

$$\hbar\omega_0e^{-i\omega_0 t}\varphi_0=\mathcal{H}_0e^{-i\omega_0 t}\varphi_0\ \ \Rightarrow\ \ \mathcal{H}_0\varphi_0=E_0\varphi_0 \tag{6.6}$$

を与える．摂動の 1 次の項 ($V_0$, $b_i$ を 1 つ含む項) は，

$$\begin{aligned} i\hbar\sum_{i=1}^{\infty}&\left\{-i\omega_ib_i(t)+\frac{d}{dt}b_i(t)\right\}e^{-i\omega_i t}\varphi_i\\ &=\mathcal{H}_0\sum_{i=1}^{\infty}b_i(t)e^{-i\omega_i t}\varphi_i+V_0e^{-i(\omega+\omega_0)t}\varphi_0 \end{aligned} \tag{6.7}$$

である．両辺に $\int\varphi_i^*d\boldsymbol{r}$ をかけて，直交関係 $\int\varphi_i^*\varphi_jd\boldsymbol{r}=\delta_{ij}$*19)を用いると，

$$i\hbar\left\{-i\omega_ib_i(t)+\frac{d}{dt}b_i(t)\right\}e^{-i\omega_i t}=\hbar\omega_ib_i(t)e^{-i\omega_i t}+V_{i0}e^{-i(\omega+\omega_0)t} \tag{6.8}$$

---

に回転しているので円偏光と呼ぶ．直線偏光と円偏光の中間の偏光が楕円偏光である．水面で反射する光は水平方向に偏光しているので，水中の魚を捕まえる鳥の眼には反射光をカットするために縦方向の偏光だけを通すフィルターが備わっている．水中に棲むイカも偏光フィルターを持っている．青空からの光 (レイリー散乱光) も太陽の方向に対する角度に関係して偏光している．ハチはこれを利用して飛んでいる．偏光フィルターを左右のめがねに直角に付けると立体テレビができる．

*18) 1/10 と思って良い．1/100 なら摂動はかなり良い近似になる．

*19) $\delta_{ij}=1(i=j)$, または $=0(i\neq j)$. クロネッカーのデルタという．

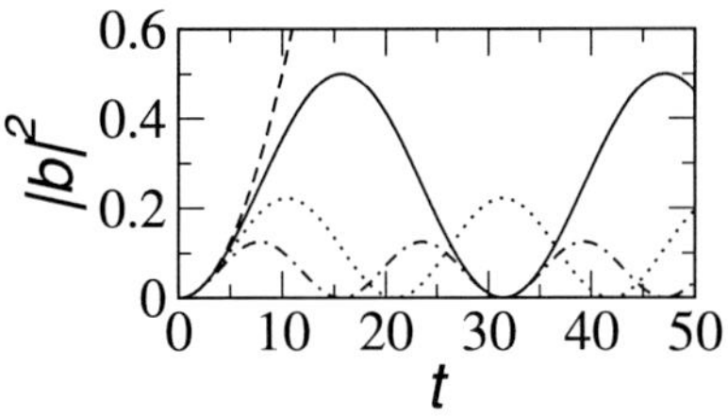


図 6.4 誘導吸収，誘導放出．遷移確率 $|b_i(t)|^2$ ($4V_{i0}^2/\hbar^2 = 0.02$ とした) を，いくつかの $\Omega = \omega - (\omega_i - \omega_0)$ で表示．実線 ($\Omega = 0.2$)，点線 ($\Omega = 0.3$)，一点鎖線 ($\Omega = 0.4$)．光のエネルギーがエネルギー差に近づくと ($\Omega$ が小さい) 強い吸収が起き，極大値は $\Omega^{-2}$ で増加する．$|b_i(t)|^2$ が増加 (減少) するところが誘導吸収 (放出) に相当する．破線は $\Omega = 0$ の極限であり，$t^2$ で吸収が起きる (共鳴吸収)．$\Omega = 1$ の単位として $\hbar\Omega = 1\text{meV}$ なら，$t = 1$ は 0.66ps になる．

となり，両辺の $\hbar\omega_i b_i(t) e^{-i\omega_i t}$ の項が消える．ここで，$V_{i0} \equiv <\varphi_i|V_0|\varphi_0>$ である．したがって $b_i(t)$ は，$\Omega = (\omega_i - \omega_0) - \omega$ とすると，

$$
\begin{aligned}
b_i(t) &= -\frac{i}{\hbar}\int_0^t e^{i\Omega t} V_{i0} dt \\
&= -\frac{1}{\hbar}\frac{e^{i\Omega t} - 1}{\Omega} V_{i0} \\
&= -\frac{1}{\hbar}\frac{e^{i\Omega t/2} - e^{-i\Omega t/2}}{\Omega} e^{i\Omega t/2} V_{i0} \\
&= -\frac{2i}{\hbar}\frac{\sin(\Omega t/2)}{\Omega} e^{i\Omega t/2} V_{i0}
\end{aligned} \tag{6.9}
$$

で表される[*20)]．$t \sim 0$ では，$\sin(\Omega t/2) \sim \Omega t/2$ であるので，$t \sim 0$ での $|b_i(t)|$ は，$t$ と $V_{i0}$ に比例し，$|b_i(t)| = V_{i0}t/\hbar$ で与えられる．遷移確率は $|b_i(t)|^2$ であるから[*21)]，非常に短い時間 $\Omega t \ll \pi$ では，吸収確率は光の強度 ($\boldsymbol{E}^2$) に比例し，$t^2$ に比例する (図 6.4 の破線)．$\Omega$ が 0 の場合は，$i$ 番目までの励起エネルギーと電磁場のフォトン 1 個のエネルギーが等しいので，強い吸収が起きる．これを共鳴吸収という (図 6.4)．

一般には $\Omega \neq 0$ であり，$|b_i(t)|^2$ の項では $\sin^2(\Omega t/2) = (1 - \cos(\Omega t))/2$ に

*20) 式 (6.9) での変形で $i\Omega t/2$ をかけて割る方法は，磁性のところでも出てきた．$b_i(t)$ の絶対値 $|b_i(t)|$ をとると $|e^{i\Omega t/2}| = 1$ であり，時間変化を考えるときに便利である．

*21) $|b_i(t)|^2$ は存在確率であるから，1 を越えることはない．$|b_i(t)|$ が 1 に近いときは，$|b_i(t)|$ が 1 より小さいという摂動の近似が破れている．

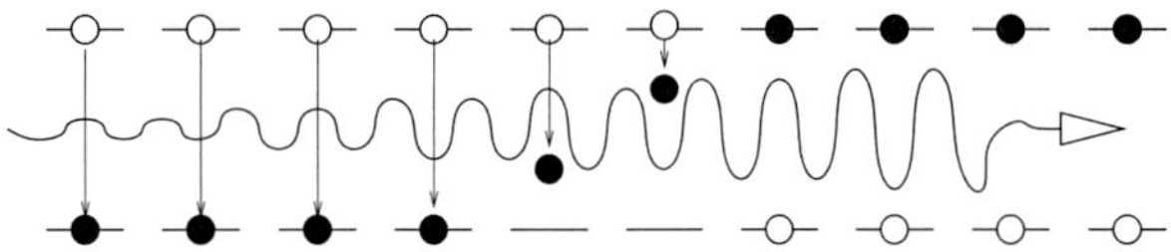

図 **6.5** 誘導放出による増幅 (レーザー) の原理．まず別の光源で電子 (黒丸) を励起状態に集める (反転分布，右側の部分)．次に図の左側から，励起状態と基底状態のエネルギー差に相当する光を入れると順番に誘導放出が起き，位相をそろえて入射光の振幅が増加する．

よって 0 と $(2V_{i0}/\hbar\Omega)^2$ の間を振動する．すなわち，$0 \le \Omega t \le \pi$ までは電磁場による吸収が起こり，$\pi \le \Omega t \le 2\pi$ までは電磁場によって光の放出が起こる*22)．これをそれぞれ，**誘導吸収**，**誘導放出** という*23)．

## 6.4 レーザーの仕組み

非常に強い光であるレーザー*24)は，誘導放出の原理を用いている (図 6.5)．$E_i$ の励起状態の寿命が長いとき，別の光源でたくさんの電子を励起状態に上げておき，そこに $\omega_i - \omega_0$ の光を入れると誘導放出が起きる*25)．誘導放出したフォトンも $\omega_i - \omega_0$ の光であるから，次の誘導放出を引き起こす．ここで重要なのは，(1) 誘導放出を引き起こした結果，電場の大きさが増幅されること，(2) 誘導放出されるフォトンの位相と誘導放出を引き起こすフォトンの位相が同じであることである．

$N$ 個のフォトンが別々の位相で重ね合わさったときには振幅は打ち消し合い，

---

*22) エネルギーの下向き ($E_i$ から $E_0$) に吸収が起こると考えても良い．

*23) このような振動 (ラビ振動) が実際の物質で起きるには，光励起した電子が励起状態にとどまっていることが必要である．多くの場合には，電子はフォノンを放出してエネルギーの低い励起状態に緩和する (6.6 節参照)．

*24) laser は，“light amplification by stimulated emission of radiation (誘導放出を用いた光の増幅)” の頭文字をとっている．レーザーを理解するには，さらに発振の原理を理解する必要がある．詳しくは，朝倉書店から刊行される現代物理学［展開シリーズ］の『7. 量子光学と光物性 (石原照也・岩井伸一郎)』を参照．

*25) 同じ種類の「牌」をそろえる 4 人ゲームであるマージャンでは，例えば 4 人が「白」という牌を 1 個ずつ持っていたとき，1 人が「白」を捨てると，残りの人もそろえるのをあきらめて「白」を捨てる傾向にある．これを物理仲間では誘導放出と呼ぶ．日常社会でも「あくび」の誘導放出など，集団心理に関連した行動に誘導現象が多い．

重ね合わせた振幅の絶対値は $\sqrt{N}$ に比例する*26)．エネルギーは振幅の 2 乗に比例するので，フォトンの数 $N$ に比例する．しかし,「すべての位相がそろったフォトンは振幅が $N$ に比例する」ので，電磁場の強度は $N^2$ に比例し，桁違いに大きくなる．これがレーザーの特徴である．さらに，$N$ 個のフォトンが作る波動としての電場*27)は位相が定義でき，波動に共通の現象である干渉効果をみることができる．これに対し位相のそろっていないフォトンの作る波の間には干渉効果をみることはできない．レーザー光の場合には，すべてのフォトンが同じ位相を持っているので，波長よりも長い距離，$1/\omega$ より長い時間でも干渉性 (コヒーレンス，またはコヒーレントな光) がある．このため干渉効果を利用した DVD 再生には，レーザー光が必須である*28)．

## 6.5 フェルミのゴールデンルール，レーザー冷却の原理

$1/\Omega$ より長い時間では $|b_i(t)|^2$ は吸収と放出を繰り返すので，平均すると吸収しないようにみえる．また $\Omega = 0$ では共鳴的に吸収が起きる (図 6.4)．$\Omega = 0$ か $\Omega \neq 0$ かによって結果が異なる状況は，$\delta$ 関数に関する次の公式を用いて表すことができる．

$$\lim_{t\to\infty} \frac{\sin^2(\alpha t)}{\pi\alpha^2 t} = \delta(\alpha) \tag{6.10}$$

式 (6.10) で $\alpha \neq 0$ の場合には，左辺は $t \to \infty$ で $1/t$ 程度に小さくなるので 0 になる．$\alpha = 0$ の場合には，左辺は $t$ で大きくなり $\infty$ となるので，右辺の

*26) ランダムな位相の平均値は 0 であるが，分散は 0 でない．例えば，$p_i = 1$ と $-1$ の 2 つの値を持つコインを $N$ 回投げたときの平均値 $\bar{p} = \sum p_i$ は 0 であるが，分散 $\sum(p_i - \bar{p})^2$ は $N$ である．したがって，$N$ 回行う試行を何セットも繰り返せばその平均は 0 になるが，各回の試行の結果の絶対値は $\sqrt{N}$ 程度の値 (標準偏差) をとることが期待できる．損得の平均が 0 に近いゲームをギャンブルと呼ぶ．長い時間の損得は 0 であるが，瞬間瞬間では，大もうけをすることもあれば大損をすることもある．

*27) 波束 (はそく) として空間に局在し，粒子性を持っている．本書ではフォトンの量子性を議論していないが，フォトンの粒子数の不確定性 $\Delta N$ とフォトンの位相の不確定性 $\Delta\phi$ には不確定性関係 $\Delta N \Delta\phi \sim \hbar$ がある．

*28) DVD の信号は，光の波長程度の幅の溝によって記録されている．この溝を光で検出する場合には，隣りの溝との干渉効果を利用する．波長が短いほど DVD の密度を上げることができるので，赤い光よりも波長が短い青や紫の光のレーザーダイオードが使われるようになってきた．半導体レーザーの場合には，pn 接合に電子とホールを注入することで反転分布を持続的に作ることができるので，非常に効率が良い．レーザーポインターなどにも利用されている．レーザーでないハロゲンランプの光でも，波長よりは大きい干渉長を持つ．

$\delta(\alpha)$ の性質（$\alpha = 0$ のときだけ無限大の値を持つ）を満たす．さらに $\alpha = 0$ を含む区間で積分をすると，

$$\frac{1}{\pi}\int_{-\infty}^{\infty}\frac{\sin^2(\alpha t)}{\alpha^2 t}d\alpha = \frac{1}{\pi}\int_{-\infty}^{\infty}\frac{\sin^2 x}{x^2}dx = 1 \tag{6.11}$$

より 1 を与えるので，式 (6.10) の公式を示すことができる*29)．この公式を用いると，$t \to \infty$ で $|b_i(t)|^2$ は $t$ に比例し，

$$\frac{|b_i(t)|^2}{t} = \frac{\pi}{\hbar^2}|V_{i0}|^2\delta\left(\frac{\omega_i - \omega_0 - \omega}{2}\right) = \frac{2\pi}{\hbar}|V_{i0}|^2\delta(E_i - E_0 - \hbar\omega) \tag{6.12}$$

と表せる．最後の部分は，デルタ関数の公式 $\delta(ax) = \delta(x)/|a|$ を用いた．式 (6.12) は，十分長い時間であればエネルギー保存を満たす遷移に対してのみ吸収が起き，その値は $|V_{i0}|^2$ に比例することを示している．この結果は $V$ の形によらないので，時間に依存する摂動論で一般的に用いることができ，フェルミのゴールデンルールという*30)．

最近は，パルスレーザーといって非常に短い時間 (10 fs ぐらいまで短くすることが可能) だけ光を出すことができる装置がある．このように短い時間の場合には，エネルギーを保存しなくても $|b_i(t)|^2$ の振動によっては吸収が起きるようにみえる．これは，電場による強制振動であると考えることができる．この場合の強制振動では，$\Omega = 0$ 付近で不確定性関係によるエネルギー幅 $\Delta E = \hbar/\Delta t$ ($\Delta t$ はパルス幅) 程度であれば吸収が起こる．

この場合，パルスが終了したあとの電子ほど居心地の悪いものはないであろう．$\Omega \neq 0$ であるから，終状態は固有状態ではない．その状態は仮想的な状態 (virtual state) と呼ばれる*31)．何も相互作用がなければ，再び光を出して基底状態に戻るが，手を伸ばせば少し先のところに電子の固有状態がある状況である．この場合の電子は原子の運動エネルギーを奪って定常状態に遷移することができる．その後一定の寿命ののち，自然放出によって電子は基底状態に落ち

*29) 式 (6.11) は留数積分である．著者は大学 1 年生の数学の期末試験にこの問題が出たとき，2 位の留数の計算を間違えて B の成績をくらった．当時の優秀な同級生は，パラメータ微分の方法を用いて 1 位の留数に変える技を知っていた．試験直後に「『解析概論』に書いてあるよ」と言われたのを，執念深くおぼえている．それ以降，数学の教科書を良く読むようになった.「芸 (数学) は身を助ける」である．

*30) ゴールデンルールの日本語訳は「フェルミの黄金律」である (培風館の『物理学辞典』).『広辞苑』によれば，黄金律は一般に,「人からして欲しいと思うことのすべてを人々にせよ (マタイ福音書 7 章 12 節)」ということを指すようであるから,「フェルミの」が必要である．

*31) virtual state は，定常状態ではないが定常状態の線形結合で書くことができる．

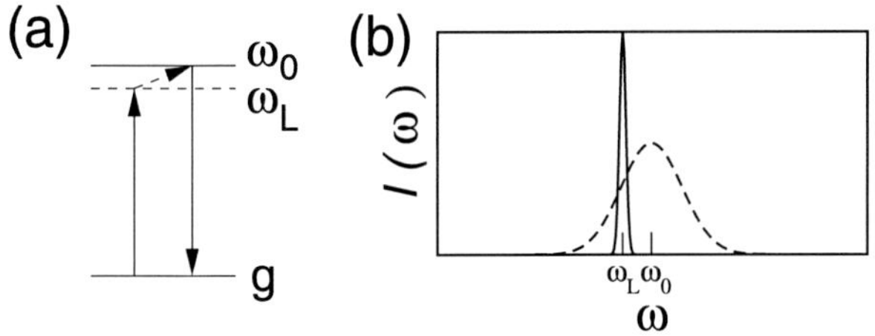


図 6.6 レーザー冷却の概念. (a) 原子の 2 準位間の振動数 $\omega_0$ よりもわずかに低いレーザーの光 (波線のエネルギー，振動数 $\omega_{\mathrm{L}}$) を入射すると誘導吸収が起き，そのあと原子からエネルギーを奪って，$\omega_0$ を中心に自然放出する. 吸収と放出の 1 サイクルで，2 つのエネルギー差分だけ原子の運動エネルギーが小さくなる. (b) このとき $\omega_{\mathrm{L}}$ が $\omega_0$ の寿命で決まるエネルギー幅 (波線) の中にあることが必要. また冷却する原子の速度によるドップラー効果によって，$\omega_0$ が原子速度の関数になり幅を持つことを考慮しないと，連続した冷却は実現できない.

る (図 6.6)[*32)]. このように，電子状態への遷移よりわずかに少ないエネルギーで原子に光を当てると，電子は原子からエネルギーを取り去ったあとに発光する. 入れた光と出てきた光のエネルギーは，原子から取り出したエネルギーの分だけ大きくなる. つまり原子にこのような条件で光を当て続けると誘導吸収と自然放出が繰り返し起こり，温度が下がる. これをレーザー冷却という[*33)].

アルカリ金属原子の固まり (クラスターという) をレーザー冷却して運動エネルギーを吸い取り，金属原子の運動エネルギーを 0 にすると，原子のボーズ・アインシュタイン凝縮 (BEC) が起こる[*34)]. ボーズ・アインシュタイン凝縮が

---

*32) 自然放出の寿命幅の中に仮想状態があれば，実現する. 光が発光するまでの時間 (ns) は，発光する前にフォノンを吸ったり吐いたりする時間 (ps) より一般に長い. したがって運動エネルギーやフォノンを吸収するチャンスは多いと考えられる.

*33) 通常の物質にレーザーの光を当てても温度は下がらず，むしろ温度が上がる. これは励起した電子がフォノンを放出しながらエネルギーの低い状態に緩和するからである. フォノンが多くある状態は「格子の温度が高い」ことを意味する. 炭が熾きるというのは，酸化反応と，発生する赤外線の放出と吸収が同時に加速度的に起きる現象である.

*34) ボーズ・アインシュタイン統計に従うボーズ粒子は，低温で $E > 0$ の状態に収容する粒子数に限りがある. 収容しきれない粒子はすべて $E = 0$ の状態に凝縮する. これをボーズ・アインシュタイン凝縮 (Bose Einstein condensation, BEC) という. 自由原子の運動を考える場合，自然放出に相当する光の波長がドップラー効果によって変化することを考慮する必要がある. 動いている原子からエネルギーを吸い続けるためには，原子の運動エネルギーの減少による「自然放出の光の波長の変化」に追尾してレーザーの振動数を調整する技術が必要である. 実際の BEC の観測では，さらに磁場によって原子を閉じ込め (磁気トラップ)，エネルギーの高い原子を磁気トラップから逃がすことによって (蒸発冷却)，低温を実現し BEC の観測に成功した. 気体

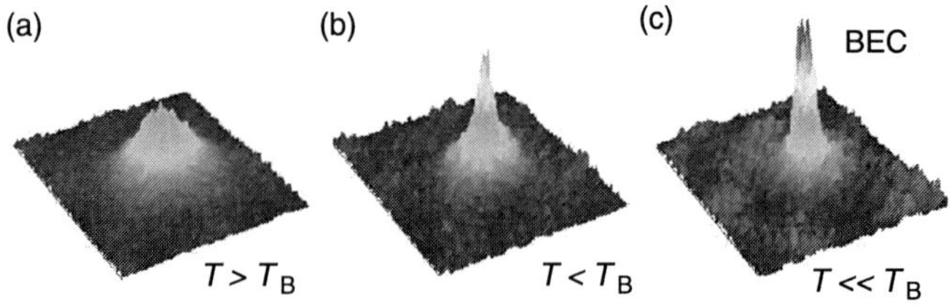


図 6.7 ボーズ・アインシュタイン凝縮 (BEC). 3 つの図は磁場トラップをはずしたあと一定時間後の原子の位置を 3 次元表示したもの. 原子の持つ運動量分布を観測している. (a) BEC が起きる温度 $T > T_{\rm B}$ の場合. 原子の速度は, ボーズ・アインシュタイン統計に従う. (b) $T < T_{\rm B}$ になると, $E = 0$ の状態に電子が凝縮を始める. (c) $T \ll T_{\rm B}$ だとほとんどの原子が $E = 0$ の状態になる (東京大学 久我隆弘教授のご厚意による).

起きたかどうかは，原子の運動量分布が 0 に集中していることを観測することで確認できる．図 6.7 は，原子を空間に固定している磁気トラップ (脚注*34)参照) をはずし，一定時間後の原子数を位置の関数として 3 次元表示したものである．速度を持っていれば，中心からずれる．BEC が実現すると，中心 $E = 0$ に鋭いピークが現れる．

## 6.6 誘導放出と自然放出，フォノンの放出と吸収

励起した電子の状態に励起エネルギーと同じエネルギーの光が入ると，入射光に誘導されて誘導放出が起きる (図 6.2)．誘導放出が起きるためには，励起状態にいる電子の確率が，基底状態にいる電子の確率よりも大きい必要がある．この状態を反転分布という (図 6.5)．半導体中では，光励起した電子はフォノンを放出して緩和する (図 6.8)．その結果，光励起した電子は格子と相互作用し，フォノンを放出して伝導帯の「底」の状態に電子が移動する．また，ホールは価電子帯の「トップ」に移動する*35)．

一般にフォノンのエネルギー (0~0.2 eV) はエネルギーギャップ (1~5 eV) の大きさより小さい．したがって伝導帯の底にいる電子は，フォノンを放出して

原子のレーザー冷却法は 1997 年のノーベル物理学賞，原子気体の BEC は 2001 年のノーベル物理学賞に輝いている．

*35) 底とトップの位置が同じ半導体を直接ギャップ半導体という．底とトップの位置が違う半導体は間接ギャップ半導体という．直接ギャップ半導体は光学材料として有望である．

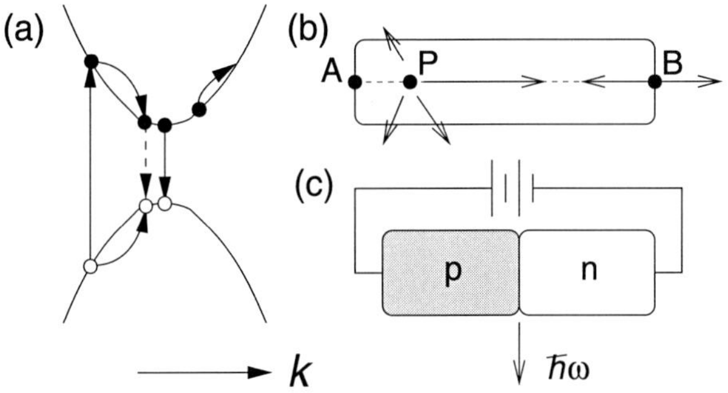


図 **6.8** (a) 光励起した電子 (ホール) は，フォノンを放出してエネルギーの低い (高い) 方にエネルギー緩和する (ps の時間単位)．電子 (ホール) が伝導帯の底 (価電子帯のトップ) に来るとこれ以上緩和できない．ここで自然放出が起こる (ns の時間単位)．電子 (ホール) はフォノンを吸収して，エネルギーの高い (低い) 方に行くこともできる．この結果，光励起した電子も自然放出するまでは，熱分布する．(b) 反転分布した物質中で，P 点で自然放出した光が B 方向に進行すると誘導放出が起きる．B と A の間で何回も往復するとレーザー発振が起きる．半透明な界面 B からレーザーの光を取り出す．(c) 半導体の場合には，pn 接合で界面に平行な方向にレーザーの光が放出される．

価電子帯に緩和することができない[*36)]．では，誘導放出をする光がない場合には，伝導帯の底にいる励起電子は永遠に励起されたままなのであろうか? 答えは No である．半導体の場合，おおよそ ns ($10^{-9}$ 秒) の時間スケールで，自然にフォトン (光子) を出して緩和する[*37)]．これを自然放出という (図6.2)．発光ダイオードは，半導体の pn 接合界面[*38)]での自然放出によって発光する．

自然放出の仕組みは，真空の電磁場 (輻射場) と物質の間に相互作用があって，輻射場の量子力学的効果によるものである．ここでは詳細には触れないが，自然放出と誘導放出の速度の比は輻射場の状態密度に比例し $\omega^2$ に比例する．し

---

*36) 一般にフォノンのエネルギー (0∼0.2 eV) はエネルギーギャップ (1∼5 eV) の大きさより小さいので，エネルギーギャップを越えて緩和することはできない．フォノンを放出したあと，電子はエネルギーと運動量を保存する状態に遷移しないといけないが，エネルギーギャップ中には電子状態がないので緩和できないのである．幅の広い川を跳び越える状況に似ている．川の途中に石があると石を伝わって跳び越えることができる．

*37) 1/10 億秒というと非常に早いように感じるであろうが，決してそんなことはない．例えば電子格子作用によってフォノンを放出する時間は ps ($10^{-12}$ 秒) の時間スケールで，1000 倍速い．

*38) 電子が多い n 型半導体と，ホールの多い p 型半導体が接する界面を **pn** 接合界面という．pn 接合界面に垂直に電界をかけると，電子とホールは接合界面に集まり反転分布ができる．

たがって，$\omega$ の小さい赤外線や電波では自然放出は無視できるが，可視光や紫外線の場合は無視できない．自然放出はレーザー光の雑音*39)の原因になる．半導体の pn 接合界面で自然放出のフォトンがあると，それを「種に」誘導放出も起きる (図 6.8(b))．半導体の pn 接合界面に垂直に電場を加えると反転分布状態ができるので，pn 接合界面に平行に進行する光はレーザー発振を起こすことができる (図 6.8(c))．これは半導体レーザー (レーザーポインターなど) の仕組みである*40)．

## 6.7 金属の光吸収，ドルーデ吸収

次に，金属の光吸収を考える．金属には自由電子があり，電場を遮蔽することで光を良く反射する．「金属光沢」である．一方，TV のアンテナのように，金属は電磁波を吸収する．一般に金属の光吸収強度は $1/\omega^2$ に比例する．これをドルーデ (Drude) 吸収という*41)．なぜ，$1/\omega^2$ に比例するか考えよう． 金属中の自由電子は，$\boldsymbol{E} = \boldsymbol{E}(\omega)e^{-i\omega t}$ に対して以下の運動方程式に従う．

$$m\ddot{\boldsymbol{r}} = -\frac{m\dot{\boldsymbol{r}}}{\tau} - e\boldsymbol{E} \tag{6.13}$$

ここで右辺第 1 項は，時間とともに運動が減衰する項で，$\tau$ を緩和時間と呼ぶ．$\tau$ だけ時間がたつと，電場によって加速された電子は，格子や結晶中の欠陥によって散乱されて電場方向の速度を失う (図 6.9(a))．運動方程式では，もう少し長い時間のスケールを考え，電子の運動に対する「摩擦」として理解することができる．ここで電流を考えるため運動量 $\boldsymbol{p} = m\dot{\boldsymbol{r}}$ を定義し，さらにその $\omega$ 成分である $\boldsymbol{p} = \boldsymbol{p}(\omega)e^{-i\omega t}$ を考えると，式 (6.13) は，

$$-i\omega\boldsymbol{p}(\omega) = -\frac{\boldsymbol{p}(\omega)}{\tau} - e\boldsymbol{E}(\omega) \quad \Rightarrow \quad \boldsymbol{p}(\omega) = \frac{-e}{1/\tau - i\omega}\boldsymbol{E}(\omega) \tag{6.14}$$

と表される．電流密度 $\boldsymbol{J}$ は $\boldsymbol{E}$ に比例し，$\boldsymbol{J} = \sigma\boldsymbol{E}$ である．ここで $\sigma$ は電気伝

*39) レーザー光の光は単一の波長と位相を持つが，自然放出の光はレーザー本来の波長と位相が異なる．これを「雑音 (ノイズ)」と呼ぶ．

*40) 光が pn 接合界面に平行な方向に何回も往復して増幅するように，界面の端で光が反射するようになっている．光の取り出しは，鏡面が部分的に透過することで可能である．レーザー連続発振するためには，取り出す光 (反射率) と増幅する光のエネルギー (増幅率) が釣り合えば良い．

*41) Paul Karl Ludwig Drude (ドイツの物理学者) の名前による．Drude の D と r の間には母音がない．したがって「ド」と発音してはいけない．海草の「もずく」を吸って食べるように「Dru」と発音すべきである．

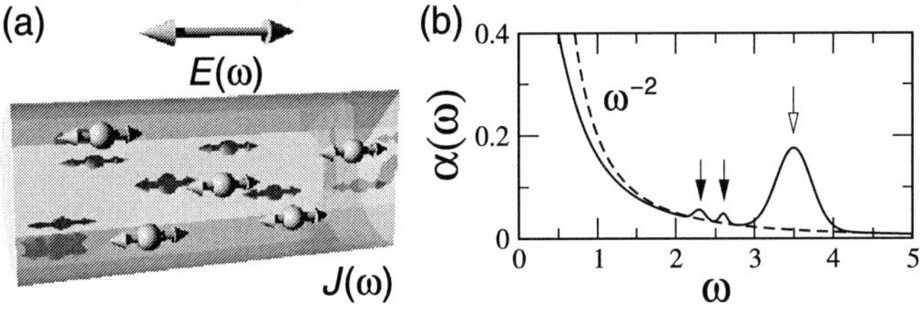


図 6.9 ドルーデ吸収．(a) 金属に振動電場 $\boldsymbol{E}(\omega)$ がかかると，自由電子の摩擦を伴った運動によって，位相の遅れた電流 $\boldsymbol{J}(\omega)$ が流れる．電流と電場の相互作用 $\overline{\boldsymbol{J}\cdot\boldsymbol{E}}$ が電磁波の吸収になる．(b) 光の吸収係数 $\alpha(\omega)$ のスペクトル (実線) のイメージ．$\omega\tau \gg 1$ の条件のもと，$\omega$ の小さい領域で，$\alpha(\omega) \sim 1/\omega^2$ の発散 (破線) が観測されたら，「ドルーデ吸収が起き，その物質は金属である」と評価できる．赤外領域 ($< 0.2\,\mathrm{eV}$) で吸収が観測 (黒矢印) されたら，フォノンの赤外吸収である．可視光領域付近で吸収が観測 (白矢印) されたら，電子のエネルギーバンド間の吸収である．半導体の場合には，矢印のスペクトルだけが観測される．

導度*42)である．$n$ を単位体積中の電子数とすると，$\boldsymbol{J}$ と $\sigma$ は式 (6.14) より，

$$\boldsymbol{J}(\omega) = \frac{-ne\boldsymbol{p}(\omega)}{m} = \frac{ne^2\tau}{m}\frac{1}{1-i\omega\tau}\boldsymbol{E}(\omega) \;\Rightarrow\; \sigma = \frac{ne^2\tau}{m}\frac{1}{1-i\omega\tau} \equiv \sigma_0\frac{1}{1-i\omega\tau} \tag{6.15}$$

と表すことができる．$\sigma_0$ は $\omega = 0$ の場合の (直流) 電気伝導度である*43)．光吸収エネルギーは，電磁波が電子にした仕事に等しい．振動電場 $\boldsymbol{E}(t)$ によって流れる電流 $\boldsymbol{J}(\mathrm{t})$ の単位時間，単位体積あたりの仕事は，$\mathrm{Re}(\boldsymbol{J}\cdot\boldsymbol{E}^*)$ である*44)．入射した電磁場のエネルギーは $\epsilon_0|\boldsymbol{E}|^2$ である ($\epsilon_0$ は真空の誘電率) ので，単位時間あたりのエネルギーの入射量に対する吸収量の比を $\alpha(\omega)$*45)とすると，

*42) または光学伝導度という．光学で測定される伝導度だからである．

*43) 静電場の場合，電場によって電子は等加速度運動をする．$\dot{\boldsymbol{p}} = e\boldsymbol{E}$ より $\boldsymbol{p} = e\boldsymbol{E}t$．ここで $\tau$ の時間での速度が 0 になるので，平均の速度として $t = \tau$ とすると (実際は平均の速度は半分になるが，ここでは気にしない)，$\boldsymbol{J} = ne^2\tau\boldsymbol{E}/m$ で $\sigma_0$ の表式になる．

*44) $\boldsymbol{J}(t)$ に面積 $S$ をかければ電流 $I$ になる．また $\boldsymbol{E}(t)$ に長さ $L$ をかければ電圧 $V$ になる．単位時間あたりの電気のする仕事，電力は $IV$ であり，$SL$ が体積になるので，$\boldsymbol{J}\cdot\boldsymbol{E}$ は単位時間，単位体積あたりの仕事になる．ここで実部 Re をとったのは，$\boldsymbol{J}$ と $\boldsymbol{E}$ が複素数だからである．電気回路で勉強したように，コンデンサーやコイルを流れる電流は位相が $\pi/2$ だけずれると (複素インピーダンス) 電力を消費しない．電圧と同じ位相の抵抗を流れる電流だけが，いわゆる実効電力を与える．

*45) 光の吸収強度 $I$ を測定するときは，強度は光の進行する距離 $z$ の関数として $I(z) = I_0\exp(-\beta z)$ と表され，$\beta$ を吸収係数と呼ぶ．$\alpha(\omega)$ と $\beta$ の単位はそれぞれ，1/s, 1/m であるので違う変数である．他の教科書では吸収係数を $\alpha$ と書く場合があるので要注意である．$\beta$ は，複素屈折率

$$\alpha(\omega) = \frac{\mathrm{Re}(\boldsymbol{J}\cdot\boldsymbol{E}^*)}{\epsilon_0|\boldsymbol{E}|^2} = \frac{\mathrm{Re}\sigma}{\epsilon_0} = \frac{\sigma_0}{\epsilon_0}\frac{1}{1+(\omega\tau)^2} \propto \frac{1}{\omega^2}, \quad (\omega\tau \gg 1) \tag{6.16}$$

である．$\omega\tau \gg 1$ の条件を満たせば，$\alpha(\omega)$ は $\omega^2$ に反比例する．これが，ドルーデ吸収である．物質に対し，いろいろな $\omega$ の光を入れていったとき，$\omega$ の小さいところで吸収係数 $\alpha(\omega)$ が $\omega^2$ に反比例するときにドルーデ吸収が起きているので，その物質が金属であると判定することができる*46)．

エネルギーギャップ $E_{\mathrm{g}}$ が存在する半導体の場合には，$\hbar\omega = E_{\mathrm{g}}$ 以下の $\omega$ では光の吸収がなく，それ以上の $\omega$ で吸収が起きる．この立ち上がりの $\omega$ の値から，エネルギーギャップの値を予想することができる．ただし光吸収の場合には，価電子帯の $k$ の状態から，伝導帯の同じ $k$ の状態に遷移 (垂直遷移) するので，そのエネルギー差がわかるだけである．例えば Si は，エネルギーギャップが間接ギャップ*47)であるので，光吸収では実際のエネルギーギャップより大きなところから吸収が起きる．間接ギャップの場合には，電子とホールが異なる $k$ のところに緩和して集まるので発光が起きない．Si 結晶を nm ぐらいに小さくすると直接ギャップにすることができ，可視光 (赤–青) の発光素子を作ることができる．

## 6.8　複素誘電率：電子のプラズマ振動

金属中の自由電子でも，$\omega$ の値が非常に高くなると追従ができず，吸収が起きなくなる．そのような非常に高い振動数の光は金属を透過する*48)．金属中の電磁波の伝搬を理解するには，まず複素誘電率を理解する必要がある．ここで複素誘電率とは誘電率を複素数に拡張したもので，実部は通常の誘電率，虚

---

の虚部に比例する．

*46) もし，赤外線付近で $1/\omega^2$ の吸収係数 $\alpha(\omega)$ のスペクトルの上に小さな吸収スペクトルが観測されたら，フォノンの赤外吸収である．フォノンの赤外吸収は電磁波を吸収してフォノンの励起が起きることである．これは，特定の対称性を持った振動は物質の電気双極子モーメントを変調することができ，それによって電磁波と相互作用を持つことができる．

*47) 価電子帯の最上端と伝導帯の最下端が同じ $k$ でない場合，間接ギャップと呼ぶ．

*48) 例えば金属でできた仏像の中がどうなっているかを調べる際，ガンマ線という非常に高い振動数の電磁波を使えば，仏像に傷を付けることなく内部の写真を撮ることができる．これをガンマ線ラジオグラフィという．

部は電気伝導度 (金属中を流れる電流) と関係がある[*49]．

マクスウェルの方程式の1つ，$\mathrm{rot}\boldsymbol{H} = \boldsymbol{J} + \frac{\partial \boldsymbol{D}}{\partial t}$ は，物質中の振動数 $\omega$ の電磁波に対しては，$\mathrm{rot}\boldsymbol{H} = \sigma\boldsymbol{E} - i\omega\epsilon_r(\omega)\epsilon_0\boldsymbol{E}$ と表される．ここで $\epsilon_r(\omega)$ は物質中の相対誘電率で，$\boldsymbol{D} = \epsilon_r(\omega)\epsilon_0\boldsymbol{E}$ である[*50]．一方，$-\mathrm{rot}\boldsymbol{E} = \frac{\partial \boldsymbol{B}}{\partial t} = -i\omega\mu_0\boldsymbol{H}$ より，ベクトル解析の公式 $\mathrm{rotrot}\boldsymbol{E} = \mathrm{grad}\,\mathrm{div}\boldsymbol{E} - \Delta\boldsymbol{E}$ で $\mathrm{div}\boldsymbol{E} = 0$ の電磁波が横波である条件[*51]を使うと，$\mathrm{rotrot}\boldsymbol{E} = -\Delta\boldsymbol{E}$ より，2 つの式を組み合わせると，

$$-\Delta\boldsymbol{E} = \omega^2\mu_0\epsilon_0\left(\epsilon_r(\omega) + \frac{i\sigma}{\epsilon_0\omega}\right)\boldsymbol{E} \equiv \frac{\omega^2}{c^2}\epsilon(\omega)\boldsymbol{E} \tag{6.17}$$

と表すことができる．ここで $c^2$ は光速の 2 乗であり，$c^2 = 1/\epsilon_0\mu_0$ である．$\epsilon(\omega) \equiv (\epsilon_r(\omega) + i\sigma/\epsilon_0\omega)$ が複素誘電率である．式 (6.15) より $\sigma = \sigma_0/(1 - i\omega\tau)$，$(\sigma_0 = ne^2\tau/m)$ であるから，金属中を電磁波が伝搬するような大きな $\omega$ では $\sigma \sim i\sigma_0/\omega\tau$ と近似できる．したがって複素誘電率 $\epsilon(\omega)$ の実部は，

$$\mathrm{Re}(\epsilon(\omega)) = \epsilon_r(\omega) - \frac{\sigma_0}{\epsilon_0\tau\omega^2} \equiv \epsilon_r(\omega) - \frac{\omega_p^2}{\omega^2} \tag{6.18}$$

と近似的に表すことができる $(\omega\tau \gg 1)$．ここで $\omega_p = \sqrt{\sigma_0/\epsilon_0\tau} = \sqrt{ne^2/m\epsilon_0}$ をプラズマ振動数という[*52]．以下の議論では $\epsilon_r(\omega) = 1$ としよう．$\omega < \omega_p$ (電磁場の振動数がプラズマ振動数に比べ小さい) の場合には $\mathrm{Re}(\epsilon(\omega)) < 0$ である (図 6.11(a))．式 (6.17) は $-\Delta\boldsymbol{E} = -\kappa^2\boldsymbol{E}$ の形であり，$e^{-\kappa x}$ $(\kappa > 0)$ が解になる (図 6.10(a))[*53]．この解は電磁場によって電流が誘起され，電磁場が遮蔽，

*49) 複素誘電率から定義される角振動数 $\omega$ の関数である電気伝導度を光学伝導度と呼ぶ．光学で扱うような高い $\omega$ での電気伝導度であり，光吸収と関係する．

*50) $\epsilon_r$ では，誘電的な応答だけを考えている．$\omega$ の関数であるが，以下の議論では簡単のため定数 $(\sim 1)$ のように扱う．

*51) $\boldsymbol{E} \propto \exp(i\boldsymbol{k}\cdot\boldsymbol{r})$ より $\mathrm{div}\boldsymbol{E} = i\boldsymbol{k}\cdot\boldsymbol{E} = 0$ であり，電場の進行方向成分はないので，横波 $(\boldsymbol{k}\perp\boldsymbol{E})$ だけを考えている．縦波 $(\boldsymbol{k}/\!/\boldsymbol{E})$ の条件は，$\boldsymbol{k}\times\boldsymbol{E} = 0$ より $\mathrm{rot}\boldsymbol{E}=0$ で，複素誘電率が 0 という解になる．以下に述べるプラズマ振動数は，複素誘電率が 0 の解なので縦波である．ここでは横波の電磁場の伝搬を考えているので，この条件を用いることができる．

*52) 固体，液体，気体は物質の 3 つの相であるが，最も温度の高いところにプラズマ状態がある．プラズマは，分子の外側の電子が分子同士の衝突によって電離し，正イオンと電子が混在する状態である．金属も自由電子とイオンの集まりで，プラズマと考えることができる．一般のプラズマと異なる点は，イオンが結晶をなしている点である．全体で電荷が中性の状態で，イオンはイオン間のクーロン力を最小にするためにウィグナー (Wigner) 結晶 (体心立方格子) を作る．これが，アルカリ金属原子が体心立方格子を持つ理由になっている．2 次元中の希薄電子系に磁場を加えると運動エネルギーよりクーロン力が重要になり，多電子状態の基底状態としてウィグナー結晶状態が現れる．

*53) $e^{\kappa x}$ も一般解であるが，$x = \infty$ で発散するので除く．

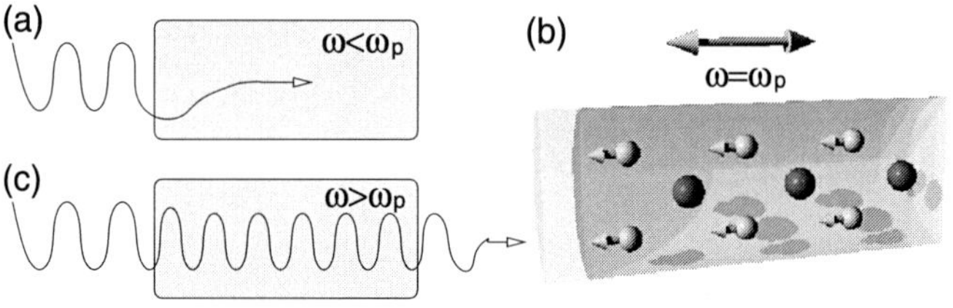


図 6.10 金属のプラズマ振動．(a) $\omega < \omega_p$ ($\omega_p$ はプラズマ振動数) の場合は，電磁波は金属中で減衰する．(b) $\omega = \omega_p$ では，金属全体にわたって自由電子 (矢印の付いた玉，電子の密度を薄い影で表現) が振動数 $\omega_p$ でイオン (黒い球，濃い影) に対して相対的に集団で運動する．電子密度の変位に対して復元力が働く．(c) $\omega > \omega_p$ の場合には，電磁波は金属中を伝搬する．この場合，電子の運動は電磁波に追従できず電場を遮蔽することができない．

反射されることを示す．また虚部の部分は，表面で電磁場がドルーデ吸収していることを示す (6.7 節参照)*54)．一方，$\omega > \omega_p$ の場合には $\mathrm{Re}(\epsilon(\omega)) > 0$ になるので，電磁場は波動 $e^{-ikx}$ として金属中を伝わることができる (図 6.10(c))．

$\omega = \omega_p$ の場合には，この波数 $k$ が 0 になり，電場は結晶全体で一様に振動する (図 6.10(b))．金属の自由電子が集団で振動する運動に対応していて，プラズマ振動という．この運動は $\hbar\omega_p$ で量子化されていて，プラズモンという．プラズモンの励起のために光は強い共鳴吸収を示す（プラズマ吸収）． 物質にエネルギーの高い光 (強い光ではない) を当てると，電子 1 つが価電子帯から伝導帯に上がる **1 電子励起**の他に，多電子の集団励起であるプラズマ吸収が存在する*55)．例えば炭素原子からなるカーボンナノチューブでは 4.5 (5.25)eV の光付近で強い吸収があり，これはナノチューブの軸に垂直 (平行) な $\pi$ 電子のプラズマ吸収であると理解されている (図 6.11(b))．

---

*54) 通常の電磁場は金属によって遮蔽できることを示している．有限な電気伝導度 ($\tau$) がある場合には電磁波の吸収がある．$\tau$ を無限にすると，$\sigma$ は純虚数になり，複素誘電率の虚部はない．

*55) 多電子状態の励起という言葉は別の意味を持つ．電子電子相互作用がある場合には，電子のエネルギー状態は 1 つの電子の座標では決まらず，複数の電子の座標を持つ波動関数で表される．これを多電子状態という (第 7 章)．多電子状態間の間でも光の吸収がある．これは多電子状態の励起と呼ばれるべきものである．例えば Er イオンの多重項間 ($4I_{15/2}$ と $4I_{13/2}$ の間) の遷移は多電子状態の励起であり，光ファイバーの中を最小損失で透過する 1.54$\mu$m の光として利用されている． 集団励起とは，電子がラジオ体操をするように一斉に同じ運動をすることである．一斉に同じ運動をするときには，電子電子相互作用を決める電子の相対的な位置が変わらないから，比較的エネルギーの低い励起状態が実現できる．

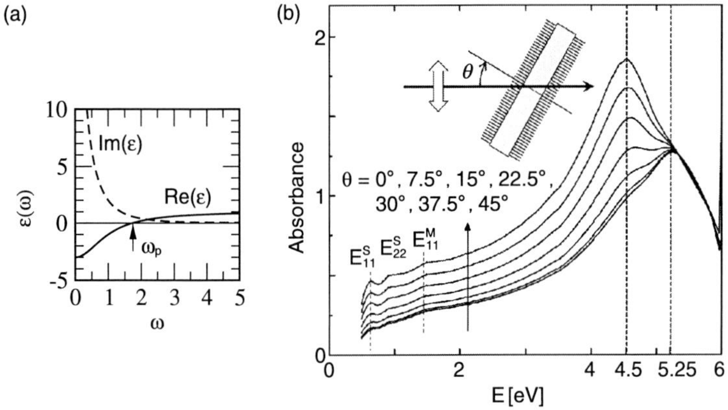


図 **6.11**　(a) ドルーデモデルによる金属の複素誘電率の実部 (実線) と虚部 (破線). 虚部の 2 乗が光吸収強度に比例. $\omega$ の小さいところの $\mathrm{Im}(\epsilon) \propto 1/\omega$ が ドルーデ吸収に対応. $\mathrm{Re}(\omega) = 0$ になる $\omega$ がプラズマ振動数 $\omega_p$. $\omega > \omega_p$ なら $\mathrm{Re}(\omega) > 0$ なので電磁波が金属中を伝搬する. $\omega < \omega_p$ なら $\mathrm{Re}(\omega) < 0$ なので電磁波は減衰する. (b) カーボンナノチューブの光吸収の実験. $\theta$ は光の進行方向に対するナノチューブ軸の角度. 2 eV 以下の光吸収は，1 電子励起. 5.25 eV の吸収がナノチューブの軸方向のプラズマ振動数に対応. 4.5 eV は軸に垂直な方向のプラズマ振動数である. 光のエネルギーを 0.5 eV 以下にすると，フォノンの赤外吸収や金属ナノチューブのドルーデ吸収が観測される (東京大学 丸山茂夫教授のご厚意による).

## 6.9 復元力を感じる電子の複素誘電率，ドルーデ・ローレンツモデル

図 6.11(a) に $\mathrm{Im}(\epsilon(\omega))$ も示す. $|\mathrm{Im}(\epsilon(\omega))|^2$ は光吸収強度に比例する. ここで図 6.11(a) の結果は図 6.11(b) を説明するのに十分でないことに気づいたであろうか. プラズマ振動数 $\omega_p$ では実験の吸収係数が最大になっている (図 6.11(b)). 一方，図 6.11(a) では，吸収に関係する $\mathrm{Im}(\epsilon(\omega))$ が $\omega_p$ で極大になっていない*56). $\omega_p$ では電磁波は減衰しないので，金属中のすべての自由電子は電磁場

*56)　ドルーデモデルでは，電気伝導度 $\sigma$ の実部，すなわち複素誘電率 $\epsilon(\omega)$ の虚部が光吸収係数に関係した. $\omega$ の小さい値の振る舞いは復元力のない自由電子の電場による運動であるので，式 (6.13) は正しい. $\omega_p$ では，物質の境界に現れる電荷が作る電場による復元力が電子の運動を支配する. 複素誘電率は，実験では光吸収スペクトルから誘電率の虚部が $\omega$ の関数として求まり，クラマース・クロニッヒ変換によって誘電率の実部が求まる. 最近の THz 分光では位相の情報も取り出すことができるので，時間分解とフーリエ分解から直接光学伝導度が求められる.

によって振動している．したがって有限の $\sigma$ を持つ電子は，電磁波から仕事を受けるので強い吸収が期待できる．

自由電子のモデルであるドルーデモデルでは，プラズモンの運動を説明できない．その理由は，プラズマ振動が電子の集団運動 (縦波) であって，電子の運動に対して外部電場からの力の他に復元力が働くためである (図 6.10(b))*57)．この効果が，式 (6.13) には含まれていない．また，図 6.3 で考えた原子 (分子) における電子とイオン間の双極子相互作用の場合でも，イオンと電子との間に，外部電場からの力の他に復元力が発生する．

以下では，プラズマ振動と原子の分極の共通点である，復元力がある分極の複素誘電率を求める．式 (6.13) に復元力 $m\omega_0^2\boldsymbol{r}$ の項を加えた式をドルーデ・ローレンツモデルと呼ぶ．

$$m\ddot{\boldsymbol{r}} + m\omega_0^2\boldsymbol{r} = -\frac{m\dot{\boldsymbol{r}}}{\tau} - e\boldsymbol{E} \tag{6.19}$$

$\boldsymbol{E} = \boldsymbol{E}(\omega)e^{-i\omega t}$ に対して，$\boldsymbol{r} = \boldsymbol{r}(\omega)e^{-i\omega t}$ を考えると，$\boldsymbol{r}(\omega)$ は

$$\boldsymbol{r}(\omega) = \frac{e}{m}\frac{1}{(\omega^2 - \omega_0^2) + i\omega/\tau}\boldsymbol{E}(\omega) \tag{6.20}$$

で与えられる．単位体積あたり $n$ 個の電子がこの $\omega_0$ の復元力を持つとすると，単位体積あたりの分極 $\boldsymbol{P}$ は双極子モーメント $-e\boldsymbol{r}$ の和であり，

$$\boldsymbol{P}(\omega) = -ne\boldsymbol{r}(\omega) = -\frac{ne^2}{m}\frac{1}{(\omega^2 - \omega_0^2) + i\omega/\tau}\boldsymbol{E}(\omega) \equiv \chi\epsilon_0\boldsymbol{E}(\omega) \tag{6.21}$$

である．ここで $\chi$ は分極率である．$ne^2/\epsilon_0 m$ はプラズマ振動数 $\omega_p^2$ と同じ表式である ($\epsilon_0$ は真空の誘電率)*58) ので，ここでは $\omega_0$ の復元力を持った電子の $\omega_p^2$ と考えることにする．複素誘電率 $\epsilon(\omega)$ は $\epsilon(\omega) = \epsilon_0(1+\chi)$ であるので，複素誘電率を $\epsilon(\omega) = \epsilon_1(\omega) + i\epsilon_2(\omega)$ のように実部 $\epsilon_1$ と虚部 $\epsilon_2$ に分けると，

---

*57) 物質は，マッチ箱の外側と内側の箱のように電子とイオンの箱が重なってできていると考えられる．電子の集団運動によって箱が $x$ だけスライドすると，物質の片方の表面に電子のマイナスの電荷 $-nxS$ が現れ ($n$ は電子密度，S は面積)，反対側の表面にイオンのプラスの電荷 $nxS$ ができる．これによって巨視的な分極ができるので，2 つの電荷の間の引力で $x$ を 0 にする力が働く．ここから $\omega_p$ を導出することもできる (演習問題 [6-14])．

*58) ここでは，電子は復元力で束縛されているので，自由電子のプラズマ振動数ではない．例えば炭素からなる物質は，$\pi$ 結合の $\pi$ 電子，$\sigma$ 結合の $\sigma$ 電子があるが，それぞれ異なる $\omega_0$ を持つので $n$ は別々にとり，$\pi$ プラズモン (5 eV)，$\sigma$ プラズモン (~10 eV) として存在する．

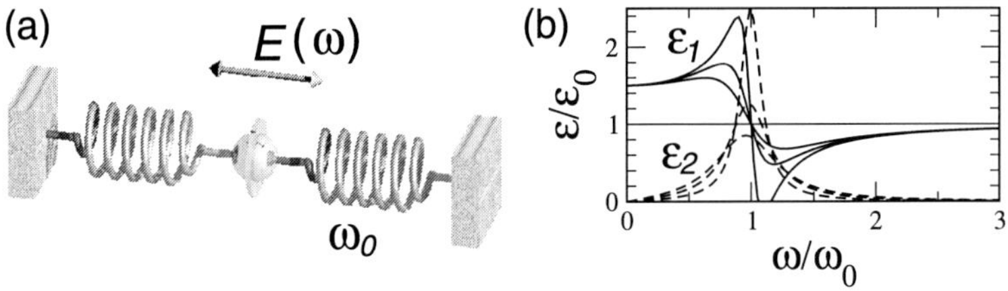


図 6.12　ドルーデ・ローレンツモデル．(a) 力学的なイメージ．電荷を持った粒子がバネによって復元力を受け，固有振動数 $\omega_0$ を持つ．また振動電場 $\boldsymbol{E}(\omega)$ によって強制振動を受ける．粒子には空気抵抗が付いている．このとき粒子の振幅が分極 $\boldsymbol{P}$ になり，分極率 $\chi$ ($\boldsymbol{P} = \epsilon_0 \boldsymbol{E}$) から複素誘電率 $\epsilon(\omega)$ が求められる．(b) 複素誘電率 $\epsilon(\omega)$ の実部 $\epsilon_1(\omega)$ (実線) と虚部 $\epsilon_2(\omega)$(破線)．$\omega = \omega_0$ で $\epsilon_2(\omega)$ が極大値を持つので，強い電磁波の吸収がある．3 つの曲線は，$1/\tau$ の値を変えて表示．$1/\tau$ を大きくしていくと $\omega = \omega_0$ 付近のピークがなだらかになり，共鳴の幅が広がっていくことが理解できる．$\epsilon_2(\omega)/\epsilon_0$ が吸収係数 $\alpha$ である．

$$
\begin{aligned}
\epsilon_1(\omega) &= \epsilon_0 - \frac{\epsilon_0 \omega_p^2 (\omega^2 - \omega_0^2)}{(\omega^2 - \omega_0^2)^2 + (\omega/\tau)^2} \\
\epsilon_2(\omega) &= \frac{\epsilon_0 \omega_p^2 (\omega/\tau)}{(\omega^2 - \omega_0^2)^2 + (\omega/\tau)^2}
\end{aligned}
\tag{6.22}
$$

と書くことができる．図 6.12(b) に $\epsilon_1(\omega)$，$\epsilon_2(\omega)$ を $\omega/\omega_0$ の関数として示す．復元力によって決まる固有振動数 $\omega_0$ で $\epsilon_1$ の符号が変わり，$\epsilon_2$ の大きさが極大になる．つまり電磁場が双極子モーメントの固有振動 (またはプラズマ振動) に共鳴して，電磁場が物質中で強く吸収されていることがわかる．また，エネルギーの低い側で $\epsilon_1(\omega) > \epsilon_0$ であり，高い側で $\epsilon_1(\omega) < \epsilon_0$ である．これは，電子状態の励起状態付近で一般的にみられる複素誘電率の変化である．ドルーデ・ローレンツモデルでは $\boldsymbol{P}(\omega) = ne\boldsymbol{r}(\omega)$ が強制振動している．このとき，$\boldsymbol{P}(\omega)$ と $\boldsymbol{E}(\omega)$ の間には双極子相互作用 $E = -\boldsymbol{P} \cdot \boldsymbol{E}$ がある (図 6.3)．双極子モーメントの時間微分は電流になるので，あとはドルーデモデルと同様の議論で吸収係数を求めることができる．

図 6.12(b) の特殊な状況*59) では，誘電率の実部が負になる．これは金属ナノ粒子などで誘電率を測定すると実現することがわかっている．さらに，特定の $\omega$ に対して誘電率と透磁率が同時に負になる物質が，人工的に作られている．

*59)　$\omega_0/\tau$ が $\omega_p^2$ に比べて小さい場合に起きる．式で確認してみよ．この特殊な場合をどうやって作るかは，物理屋の腕のみせどころである．

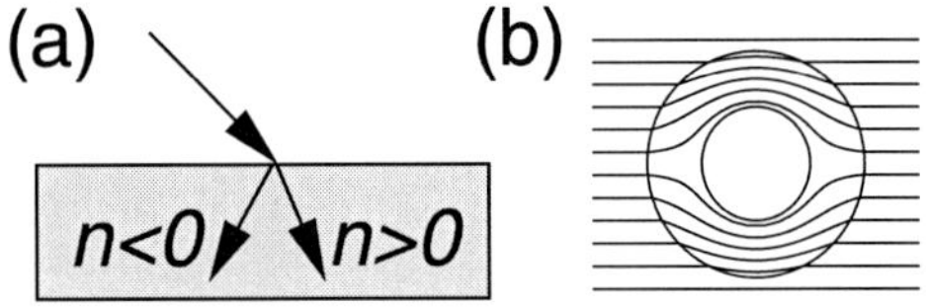


図 6.13 メタマテリアルの概念図．(a) 屈折率 $n$ が負だと，光はレンズのように屈折する．(b) 2 つの同心球で挟まれた部分に，屈折率が負のメタマテリアルがあると，電磁波 (光) は中心の球を避けるように通る．反対側からみると中心の物質 ($n > 0$) はないようにみえる (隠れ蓑または透明人間).

これをメタマテリアル*60)という．メタマテリアルでは屈折率も負になり，光はメタマテリアルを避けるように屈折する．メタマテリアルの洋服ができたら，「隠れ蓑」のように透明人間を作ることができる (図 6.13)．電波の波長ではメタマテリアルが実現できている．ナノの世界でも基本は同じだが，普通の世界と異なる条件なので常識と異なる物性が観測され，従来の光学の限界を打ち破ると考えられている．

## 演習問題

[6-1] (強制振動) 光の吸収を理解するために，力学的な強制振動の問題を考える．質量 $m$ の物質に，バネ定数 $K$ のバネを水平に付けた．バネのもう一方の端は，壁に固定した．物質に $f(t) = f_0 e^{i\omega t}$ の力を加えたときの，定常状態の物質の振幅 $x$ を求めよ．ただし，$\omega$ はバネの系の固有振動数ではないとする．また，$f(t)$ がバネに対して行う仕事を説明せよ．

[6-2] (共鳴条件) 前問 [6-1] で，$\omega$ がバネの系の固有振動数と等しい場合を考える．$t = 0$ から力を加えたとき，物質の振幅 $x(t)$ を求めよ．力がバネに対して行う仕事を説明せよ．物質に $\gamma\dot{x}$ のような摩擦力がある場合についても考察せよ．

[6-3] (プランクの輻射式) 温度 $T$ で 角振動数 $\omega$ の電磁場のエネルギーが，

*60) メタマテリアルは，誘電率だけでなく，透磁率も負でなければならない．屈折率 $n$ は 物質中での電磁場の速度に関係して，$n = \sqrt{\epsilon\mu}$ によって表される． 片方が負だと $n$ は虚数になり，これは電磁波が透過しないことを意味する．透磁率も負だと $n$ は実数になり，しかも負であると定義できる．東北大学では石原 (照) 研究室で研究が行われている．

$$u(\omega, T) = \frac{\hbar\omega^3}{\pi^2 c^3} \frac{1}{e^{\hbar\omega/k_B T} - 1}$$

で与えられることを示せ．ただし，$k_B$ はボルツマン定数，$c$ は光速である．また金の融点 (1064℃)，マンガンの融点 (1244 ℃)，鉄の融点 (1535 ℃) での $u(\omega,\mathrm{T})$ をそれぞれ $\omega$ の関数でプロットせよ．$u(\omega,T)$ の極大値は $T$ とどんな関係にあるか?

[6-4] (レイリー・ジーンズ，ウィーンの輻射式) 前問 [6-3] で，$\hbar\omega$ が $k_B T$ に比べて非常に小さいときおよび大きいときの $u(\omega, T)$ の関数形を，それぞれレイリー・ジーンズの輻射式とウィーンの輻射式と呼ぶ．この関数形を，$\omega$ および電磁波の波長 $\lambda$ の関数として求めよ．$T = 1000\,\mathrm{K}$ のときのプランク，レイリー・ジーンズ，ウィーンの輻射式 をプロットせよ．

[6-5] (電磁場のゲージ) 真空中の電磁場 $\boldsymbol{E}$ と $\boldsymbol{B}$ を ベクトルポテンシャル $\boldsymbol{A}$ で表せ．ベクトルポテンシャル $\boldsymbol{A}$ と静電ポテンシャル $\phi$ に対してどのようなゲージが可能か，いくつかのゲージの場合で調べてみよ．またそれぞれの利点をまとめよ．

[6-6] (時間に依存する摂動論) あるハミルトニアン $H_0$ とその固有状態 (エネルギー $\hbar\omega_i$, 波動関数 $\varphi_i$) に，周期的に変動する摂動 $V = V_0 e^{i\omega t}$ が $t = 0$ から加わった．$t = 0$ で基底状態 $i = 0$ ($\omega_0 = 0$) に存在していた電子が，$t = t$ で $i$ 番目の励起状態にいる確率振幅 $b_i(t)$(確率は $|b_i(t)|^2$) を求めよ．この場合の電子のエネルギーは，どのように表されるか．

[6-7] (量子井戸での吸収) 前問 [6-6] の状況を，1 次元の量子井戸 ($-a/2 < x < a/2$) で具体的に考えてみよう．無限に高いポテンシャルに閉じ込められた電子の固有状態に対して，$b_i(t)$(確率 $|b_i(t)|^2$) を求め，$i = 2, 3, 4$ で $t$ の関数としてプロットせよ．ただし，$\hbar\omega = 3\hbar\omega_1/4$ とする．また $V_0 = bx$ とする ($b$ は定数)．

[6-8] (自由電子の光の吸収ドルーデ・ゼナー則) 自由電子の光の吸収係数はプラズマ振動数以下ではおおよそ波長の 2 乗に比例することを示せ．

[6-9] (複素誘電率) 金属の直流の電気伝導度 (Cu, Ag, Na, K) を調べ，そこから緩和時間 $\tau$ を見積もれ．またプラズマ振動数 $\omega_p$ を評価せよ．この $\tau$, $\omega_p$ を用いて，複素誘電率 $\epsilon(\omega)$ の実部と虚部を求め，Cu の例に関して $\epsilon(\omega)$ をプロットしてみよ．ここから Cu が赤っぽい色をしていると言

うことができるか?

[6-10] (結合状態密度) エネルギーバンド間の光の吸収では，波数 $k$ の値がほぼ保存されることを説明せよ．また結合状態密度の定義を調べ，光吸収強度が結合状態密度に比例することを式，図などを用いて説明せよ．

[6-11] (物質中の電磁場の伝搬) 物質中のマクスウェル方程式を解いて，物質中の電磁場の波動方程式を立てよ．このとき，電磁波が伝搬する条件を説明せよ．金属がプラズマ振動数以上の電磁場を透過することを示せ．

[6-12] (量子井戸) 1 次元量子井戸の波動関数を用いて，光の吸収が起きる遷移について説明せよ．初期状態は，量子井戸の基底状態にあるとする．

[6-13] (磁場の効果) 電磁場でいままで電場に対する応答だけを考えていたが，実際には，電磁波は電場に垂直に磁場が振動している．この効果を調べ電場の効果に比べて十分小さいことを，適当な数値を用いて示せ．

[6-14] (プラズマ振動) プラズマ振動数の名前の由来は，自由電子の自由振動の周波数による．自由電子の運動方程式を解いて，その振動数がプラズマ振動になることを示せ．

[6-15] (ワニエ励起子) 電子が光によって励起すると，半導体の価電子帯にホールができる．電子とホールの間には，水素原子のようなクーロン引力が働く．電子とホールの間の束縛エネルギーを求めよ．

[6-16] (ボーズ・アインシュタイン凝縮) 3 次元の体積 $V$ の箱に閉じ込められた質量 $m$，$N$ 個のボーズ粒子からなる理想気体を考える．このとき，温度 $T_{\mathrm{B}}$ 以下では，$E > 0$ の状態に $N$ 個の粒子をすべて占有することはできず，$N_0$ 個の粒子が $E = 0$ の状態に凝縮する．これをボーズ・アインシュタイン凝縮という．$T_{\mathrm{B}}$ の表式を求め，$T_{\mathrm{B}}$ を用いて $N_0(T)$ を表せ．$^{87}\mathrm{Rb}$ 原子 $N = 1000$ 個を $V = 1\,\mathrm{cm}^3$ に閉じ込めたときの $T_{\mathrm{B}}$ を評価せよ．

[6-17] (4 準位系レーザー) 電子状態の 4 つの準位がある系を考える．エネルギーの近い準位には，電子やホールはフォノンを出して緩和する．このような系は，誘導放出に必要な反転分布が作りやすいことを説明せよ．3 準位系の場合は，4 準位系の場合に比べてどういう点が良くないか．具体的な例を調べてみよ．

[6-18] (pn 接合) 半導体の pn 接合を調べ，発光ダイオード (LED) がどのようにして光るかをエネルギーバンド図を描いて説明せよ．pn 接合が工業的

にどのようにして作られているかも調べ説明せよ．

[6-19] (誘電体の配向分極) 水のように双極子モーメント $\mu$ を持つ物質 (誘電体) が $N$ 個ある．電場 $E$ に対し，双極子はボルツマン分布に従って配向する．このとき分極 $P$ の値は，$P = N\mu(\coth x - x^{-1})$, $(x = \mu E/k_{\rm B}T)$ になることを示せ．また水の双極子モーメントの値を調べ，常温，電子レンジの 2.5 Ghz 500 W ぐらいの電磁波に対しても $x$ が十分小さく，

$$P = N\left(\frac{\mu^2}{3k_{\rm B}T} + \alpha\right)E$$

で与えられることを示せ ($\alpha$ は，分子 1 個の分極率)．

[6-20] (誘電体の誘電率) 前問 [6-19] において，ある時刻 $t = 0$ で $E = E_0$ から $E = 0$ にしても，分極 $P$ は $P = P_0 \exp(-t/\tau)$ で減衰する．これを誘電分極という．このフーリエ変換 $P(\omega) = P_0/(1 + i\omega\tau)$ を用いて誘電体の複素誘電率 $\epsilon(\omega)$ を求め，その実部と虚部を $\epsilon(0)$，$\epsilon(\infty)$ を用いて表し，グラフにせよ．グラフでは，水の値をパラメータとして用いよ．

***tea time***

著者は，高校でも大学でも，1 年生の頃はあまり成績が良くなかった．中学から高校，高校から大学となると，勉強の量も質も一桁上がるので躓きやすい．今思えば，勉強法を理解していなかったわけである．それが一変したのは，優秀な友人との接触後である．

有名私立・国立の高校では，大学前期の内容まで踏み込んだ教育をするらしい．彼らにとっては，1 年生の前期の授業は復習なのである．県立高校出身の著者にとって，難問に対して彼らが示す明快な解法は驚きだった．しかし，それが名著と呼ばれる教科書に書いてあることを知るのには，あまり時間がかからなかった．実際に教科書を買って読んでみると，「なーんだ」というばかりに全く同じことが書いてある．その頃から，本を深く読むようになった．また演習書についても，答えを見ながらでも演習書をまるごと自分で解いて期末試験に臨めば，確実な成績を出せるようになった．

教科書で得た知識はまた，良い友人を集めるのにも有効であった．2 年生の波動の授業中にレーザーの話が話題になり，「レーザーの特徴は？」と先生が質問した．著者が「波の干渉性，コヒーレンスです．」と生半可な知識を答えたら，その先生は大変感心した様子であった．同級生にとっては，全く知らない言葉が私のような凡人から出たことは驚きだったようである．その頃から，だんだん物理の好きな人間が私の周りに集まるようになっていった．

# 7 電子電子相互作用，共鳴 X 線散乱

電子と電子の間の相互作用はクーロン反発相互作用である．クーロン反発と電子の運動によって，磁性の起源が現れることを示す．電子電子相互作用は，低温で様々な電子の秩序状態を作る．そのうちの軌道秩序は共鳴 X 線散乱で測定することができる．

## 7.1　多電子波動関数，反対称の起源，スレーター行列式

分子や固体には電子がたくさん存在する．電子は，異なるスピンを持ち互いに直交する状態に占有するが，どの電子も他の電子からクーロン反発相互作用を受ける．クーロン相互作用は 2 個の電子間の距離の関数であるので，クーロン相互作用を考えると，$\boldsymbol{r}_1$ にいる電子の波動関数を単に $\Psi(\boldsymbol{r}_1)$ と表すことはできない．例えば 2 個の電子の関数であれば，$\boldsymbol{r}_1$ に存在する電子の波動関数は，2 番目の電子の位置 $\boldsymbol{r}_2$ の関数でもなければならない．つまり $\Psi(\boldsymbol{r}_1, \boldsymbol{r}_2)$ の形である．$|\Psi(\boldsymbol{r}_1, \boldsymbol{r}_2)|^2$ は，1 番目の電子が $\boldsymbol{r}_1$ に，2 番目の電子が $\boldsymbol{r}_2$ にいる確率を表す．電子が $N$ 個ある場合には，$N$ 個の $\boldsymbol{r}_i$ の「足」を持った波動関数 $\Psi(\boldsymbol{r}_1, \ldots, \boldsymbol{r}_N)$ になる．これを**多体の波動関数**という[*1)]．

$\Psi(\boldsymbol{r}_1, \ldots, \boldsymbol{r}_N)$ が満たすべき条件の 1 つは，どの 2 つの電子も同じ場所に来ないことである[*2)]．同じ場所に 2 つの電子が同時に存在すると，クーロン相互

---

*1)　これに対し，量子力学で勉強したシュレディンガー方程式で扱う波動関数は，一体の波動関数と呼ぶ．タイトバインディング法では，すべての電子が独立に振る舞うとして一体の波動関数の振る舞いを考えた．これはかなり大きな近似である．大きな近似ではあるが，クーロン相互作用を実効的にタイトバインディング法のパラメータに含める手続きを行うと，実験結果に近い結果を出すことができる．

*2)　地下街に多くの人が歩いている場合，どんな瞬間でも 2 人の人が同じ場所に立つことはない．ぶつかることはあると思う．喧嘩のもとになりかねない．

作用が発散する ($\boldsymbol{r}_i = \boldsymbol{r}_j$) ので，$\Psi(\boldsymbol{r}_1, \ldots, \boldsymbol{r}_N) = 0$ でなければならない*3)．クーロン反発を避けるために，電子は互いに避け合って動いている*4)．$\Psi$ を $\boldsymbol{r}_i = \boldsymbol{r}_j$ で 0 にするためには，$\Psi$ で $\boldsymbol{r}_i$ と $\boldsymbol{r}_j$ を交換して $\Psi$ の符号が変われば良い ($\Psi \to -\Psi$)．これを「$\Psi$ は $\boldsymbol{r}_i$ と $\boldsymbol{r}_j$ の交換に対して反対称である」という*5)．では，$N$ 個の電子の中から無作為に 2 個 ($\boldsymbol{r}_i$ と $\boldsymbol{r}_j$) を取り出しても*6)反対称になるような $\Psi$ は存在するのであろうか?

答えは Yes*7)である．その答えの一例としてスレーター行列式がある．スレーター行列式の第 $i$ 行には $N$ 個の異なる一体の波動関数 $\varphi_i$, $(i = 1, \ldots, N)$ が入る．その第 $j$ 列には $j$ 番目の電子の座標 $\boldsymbol{r}_j$ が変数として入る．したがって第 $i$ 行第 $j$ 列の要素は，$\varphi_i(\boldsymbol{r}_j)$ である．具体的には，以下のように行列式の形で書くことができる．

$$\Psi(\boldsymbol{r}_1, \ldots, \boldsymbol{r}_N) = \frac{1}{\sqrt{N!}} \begin{vmatrix} \varphi_1(\boldsymbol{r}_1) & \varphi_1(\boldsymbol{r}_2) & \ldots & \varphi_1(\boldsymbol{r}_N) \\ \varphi_2(\boldsymbol{r}_1) & \varphi_2(\boldsymbol{r}_2) & \ldots & \varphi_2(\boldsymbol{r}_N) \\ \ldots & \ldots & \ldots & \ldots \\ \varphi_N(\boldsymbol{r}_1) & \varphi_N(\boldsymbol{r}_2) & \ldots & \varphi_N(\boldsymbol{r}_N) \end{vmatrix} \tag{7.1}$$

スレーター行列式を展開すると $N!$ 個もの項が出てくる．その各項は $\varphi_i$ の積であり，その独立変数は $\boldsymbol{r}_i$ を順列で入れ替えたものである*8)．

---

*3) 空間 1 点でのクーロン積分は，3 次元の極座標のヤコビアン $r^2 \sin\theta$ があるために 0 になる．したがって 2 つの波動関数が重なるからといってクーロン相互作用が発散するわけではない．

*4) 心理学によると，人間はプライベート空間という概念を持ち，この中に入ってくる他人には反発を感じる．混んだ電車やエレベータの中などでは比較的短い距離でのみ反発を感じる．大草原では数 km 先に現れた人間に対しても警戒するそうである．

*5) 反対称な関数 $f(x) = -f(-x)$ は，$x = 0$ で $f(0) = -f(0)$ より，$f(0) = 0$ である．

*6) ${}_N\mathrm{C}_2$ 通りの組合せがある．

*7) もちろん唯一ではない．変分関数として存在するという意味である．

*8) 展開した項は，

$$\Psi(\boldsymbol{r}_1, \ldots, \boldsymbol{r}_N) = \frac{1}{\sqrt{N!}} \sum_{\sigma}^{N!} (-1)^{\sigma} \varphi_1(\boldsymbol{r}_{\sigma 1}) \varphi_2(\boldsymbol{r}_{\sigma 2}) \cdots \varphi_N(\boldsymbol{r}_{\sigma N}) \tag{7.2}$$

となる．ここで $\sigma$ は $1, 2, \ldots, N$ の整数を $\sigma 1, \sigma 2, \ldots, \sigma N$ の整数に並び替える置換であり，

$$\sigma = \begin{pmatrix} 1 & 2 & 3 & \cdots & N \\ \sigma 1 & \sigma 2 & \sigma 3 & \cdots & \sigma N \end{pmatrix} \tag{7.3}$$

と表される．$\sigma$ の「場合の数」は $N!$ である (詳細は，群論の本の対称群の項を参照)．ある 1 つの置換は，$N$ までの整数から 2 個を選び交換する互換 (ごかん) という操作を繰り返すことで実現できる．この互換を繰り返す方法は 1 通りではないが，必要な互換の数が偶数か奇数かは一意に決まる．それぞれに対応する置換を，偶置換，奇置換と呼ぶ．スレーター行列式を展開するときには $(-1)^{i+j}$ の符号が付くが，$+1$ $(-1)$ の符号が，偶置換，奇置換に対応している．

その数は $N=10$ でも $10!=3628800$ であり，途方もない数である．波動関数の行列 $<\Psi|\mathcal{H}|\Psi>$ や $<\Psi|\Psi>$ を計算するには，$(10!)^2$ 個もの項を計算しなければならないが，ほとんどの項は直交性から 0 である．実際，$\varphi_i$ に対して正規直交関係，

$$\int d\boldsymbol{r}\varphi_i^*(\boldsymbol{r})\varphi_j(\boldsymbol{r})=\delta_{ij} \tag{7.4}$$

があることを何回も使う．ここで $\delta_{ij}$ はクロネッカーのデルタと呼ばれ $\delta_{ij}=1, (i=j)$ か $\delta_{ij}=0, (i\neq j)$ の値をとる．したがって $<\Psi|\Psi>$ を展開したときに，$<\Psi|$ の展開した項の 1 つ $\varphi_1^*(\boldsymbol{r}_{s1})\varphi_2^*(\boldsymbol{r}_{s2})\cdots\varphi_N^*(\boldsymbol{r}_{sN})$[*9] と，$|\Psi>$ の展開した項の 1 つ $\varphi_1(\boldsymbol{r}_{r1})\varphi_2(\mathbf{r}_{r2})\cdots\varphi_N(\boldsymbol{r}_{rN})$ の積分が 0 にならないためには，ある独立変数 $\boldsymbol{r}_j$ を持つ波動関数が $\varphi_i$ で同じ (つまり $si=ri$) でなければならない[*10]．すべての $(N!)^2$ の組に関しての積分で，$si=ri, (i=1,\ldots,N)$ を満たす組は $N!$ 個あるので，式 (7.1) の前の規格化因子 $(\frac{1}{\sqrt{N!}})^2$ と打ち消し合って，$<\Psi|\Psi>=1$ となる．スレーター行列式は規格化された多電子波動関数である．

したがってエネルギー $E$ は，$|\Psi>$ を変分関数として $E=<\Psi|\mathcal{H}|\Psi>$ で与えられる[*11]．ハミルトニアン $\mathcal{H}$ は，1 つの電子の座標 $\boldsymbol{r}_i$ で表される 1 電子ハミルトニアン $h(\boldsymbol{r}_i)\equiv\boldsymbol{p}_i^2/2m+v(\boldsymbol{r}_i)$ と，2 つの電子の座標 $\boldsymbol{r}_i, \boldsymbol{r}_j$ で表される 2 電子ハミルトニアン $V(\boldsymbol{r}_i,\boldsymbol{r}_j)\equiv e^2/4\pi\epsilon_0|\boldsymbol{r}_i-\boldsymbol{r}_j|$ の和で書くことができる．

$$\mathcal{H}=\sum_i^N h(\boldsymbol{r}_i)+\sum_{i<j}V(\boldsymbol{r}_i,\boldsymbol{r}_j) \tag{7.5}$$

1 電子ハミルトニアンの中身は，電子の運動エネルギーとポテンシャルエネルギーである．2 電子ハミルトニアンの中身は，電子間のクーロン反発エネルギー

これを $(-1)^\sigma$ と書く．この置換の操作は数学の群をなし，対称群と呼ばれる．群は対称操作の集まりである．対称操作される対象物 (物理では波動関数や格子振動) を表現という．対称群の対称操作はヤング図形によって表される．$N$ 個のスピンの波動関数は対称群の表現であり，波動関数もヤング図形から作ることができる (R. Saito and K. Kusakabe: A complete set of spin 1/2 functions by Young's diagrams. J. Phys. Soc. Japan, **60**, 2388 (1991))．固体物理がおもしろくなってきたら，群論の本を読むことをおすすめしたい．

*9) ここで $s1, s2\ldots$ は，$1, 2\ldots$ を置換 $s$ で並び替えた $1\sim N$ の整数である．

*10) この説明は実際に式を書いて良く考えてみる必要がある．演習問題 [7-2] を参照．スレーター行列式の展開は量子化学の専門的なことなので，結論だけを示す場合が多い．

*11) 注意したいのは $|\Psi>$ が固有関数ではないことである．あくまでスレーター行列は $N$ 個の電子の状態を近似したものにすぎない．近似した関数でエネルギーを求める手法が変分法であった．

である[*12)]．$<\Psi|\mathcal{H}|\Psi>$ は，直交関係式 (7.4) を用いて以下のように表される[*13)]．

$$<\Psi|\mathcal{H}|\Psi>=\sum_{i}^{N}<i|h|i>+\frac{1}{2}\sum_{p,q}^{N}\{<pq|V|pq>-<pq|V|qp>\} \quad (7.6)$$

ここで $<i|h|i>$, $<pq|V|pq>$, $<pq|V|qp>$ は，それぞれ 1 電子積分 $h_i$，クーロン積分 $J$，交換積分 $K$ と呼ばれ[*14)]，以下のように表される．

$$h_i=<i|h|i>=\int d\boldsymbol{r}\varphi_i^*(\boldsymbol{r})h(\boldsymbol{r})\varphi_i(\boldsymbol{r}) \quad (7.7)$$

$$J\equiv<pq|V|pq>=\int d\boldsymbol{r}_1 d\boldsymbol{r}_2\varphi_p^*(\boldsymbol{r}_1)\varphi_q^*(\boldsymbol{r}_2)V(\boldsymbol{r}_1,\boldsymbol{r}_2)\varphi_p(\boldsymbol{r}_1)\varphi_q(\boldsymbol{r}_2) \quad (7.8)$$

$$K\equiv<pq|V|qp>=\int d\boldsymbol{r}_1 d\boldsymbol{r}_2\varphi_p^*(\boldsymbol{r}_1)\varphi_q^*(\boldsymbol{r}_2)V(\boldsymbol{r}_1,\boldsymbol{r}_2)\varphi_q(\boldsymbol{r}_1)\varphi_p(\boldsymbol{r}_2) \quad (7.9)$$

クーロン積分 $<pq|V|pq>$ の波動関数をみると，$|\varphi_p(\boldsymbol{r}_1)|^2$, $|\varphi_q(\boldsymbol{r}_2)|^2$ など電子密度に関連した変数が出てくるので，これは電磁気学で電子密度に関して重ね合わせたクーロン相互作用の評価である．一方，交換積分 $<pq|V|qp>$ は，$p,q$ が入れ替わったため，電子密度には直接関係ない表式である．しかも交換積分は $p$ と $q$ の状態のスピンの向きが等しくないと 0 であることに注意したい[*15)]．交換積分は，スレーター行列式によって $\Psi$ の反対称性を考えたことに

*12) 2 電子ハミルトニアンの和 $i<j$ は，等しくない $i$ と $j$ の組をすべてとることを意味している．

*13) この計算は，著者がよくレポートの問題に出すものである．黒板で書くと字が小さくて文句が出るし，計算に少し時間がかかる．自分で考えてやってもらえば理解力も上がる．まずは $N=2$ の場合を行ってみて，$N=3$ を行ってみれば直交関係の現れ方がわかると思う．そのうえで一般の $N$ の場合の表式をレポートに書いてみると良い．

*14) クーロン積分，交換積分は，それぞれハートリー項，フォック項とも呼ばれる．多体波動関数を一体の波動関数の積で書くことを一体近似と呼ぶ．ハートリー項のみである一体近似をハートリー近似といい，ハートリー項，フォック項がともに出る，本節で扱う近似をハートリー・フォック近似という．ハートリー・フォック近似は，分子軌道法では良く使われる近似方法である．

*15) わかりやすくするために，ここまで 1 電子状態 $p$ や $q$ のスピンについては考えてこなかった．電子の状態は軌道とスピンの状態がある．同じ軌道でもアップのスピン $\uparrow$ とダウンのスピン $\downarrow$ なら同時に占有することができる．したがってクーロン積分では，$p$ と $q$ が同じ軌道の状態で，スピンの向きが違う場合 ($p\uparrow$ と $q=p\downarrow$) も値を持つ．しかし交換積分では，$\boldsymbol{r}_1$ にいる 1 番目の電子のスピンの向きを仮にアップと定めると，$p$ と $q$ の波動関数の中にスピンの波動関数が含まれているので，同じ向き ($p\uparrow$ と $q\uparrow$，または $p\downarrow$ と $q\downarrow$) でないとスピン波動関数の直交性から 0 になる．以下ハートリー・フォックの式でスピンが必要な場合には，$p$ と $q$ にスピンの向きの情報も含み，積分にはスピン波動関数の積分も含むと考える．($p\uparrow$ と $q=p\uparrow$) の場合はパウリの原理に反するが，これはクーロン積分と交換積分の値が同じになるので差引き $J-K=0$ で除かれる．心配しないでもこの場合には $\Psi=0$ でもある．

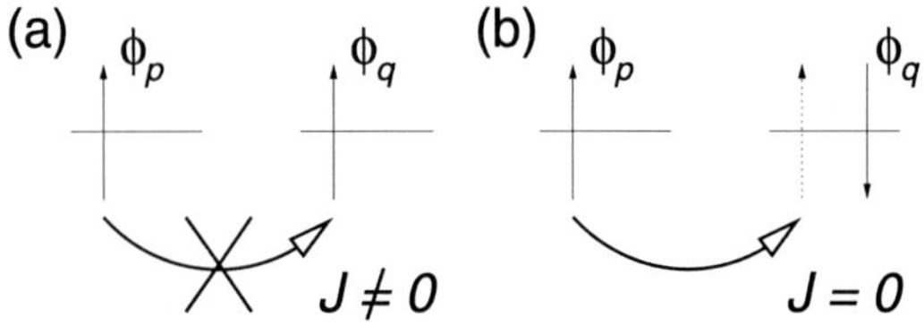


図 7.1 交換相互作用の説明．$p$ と $q$ のスピンが (a) 平行な場合と，(b) 反平行な場合．(a) の場合にはパウリの原理によって $p$ の電子が $q$ の軌道に行けない．行けないからクーロン反発が小さい．(b) の場合には $p$ の電子が $q$ の軌道に行ける．行けるからクーロン反発が大きい．(a) と (b) の差が交換積分である．

よって現れた項であり，− 符号からわかるように 2 つの電子間に引力が働いている．次の 7.2 節で交換積分の物理的な意味を考える．

## 7.2 交換相互作用 — 行き来があれば反発も増える —

昨今は，ご近所付き合いが少なくなった．お互いに助け合う必要のないほど生活が豊かであるし，なによりも行き来があるとかえって陰口などをされて不愉快な思いをすることがある．

電子も似た状況である．2 つの軌道 $p$，$q$ が等しいエネルギーで，図 7.1 のようにスピンが平行な場合 (a) と反平行な場合 (b) では，**(a)** の方がエネルギー的に得である．なぜなら (a) の場合，$p$ の電子は，同じ軌道で同じスピン状態である $q$ のところに行くことはできない (パウリの原理)．行くことができないから，クーロン反発は小さいのである．一方，(b) の場合にはスピンの向きが逆なので，一瞬 2 つの電子が同じ状態 ($p$ または $q$) にいることが可能であり，この場合のエネルギーは 2 つの電子が $p$ と $q$ に分かれているときより高い．したがってこの分クーロン反発は大きくなる．(a) と (b) の差が実は交換積分であり，交換相互作用と呼ばれているものである．すなわち交換相互作用とは，パウリの原理に従い電子の運動が制限されていることにより，2 つの平行スピン間でのクーロン反発が小さくなる (エネルギー的に得をする) ことである．行き来がなければ反発は少ないのである[*16]．

[*16] 交換相互作用の項が現れたのは，波動関数を反対称化したことによる．反対称化したのは，パウリの原理を満たすためであった (7.1 節)．

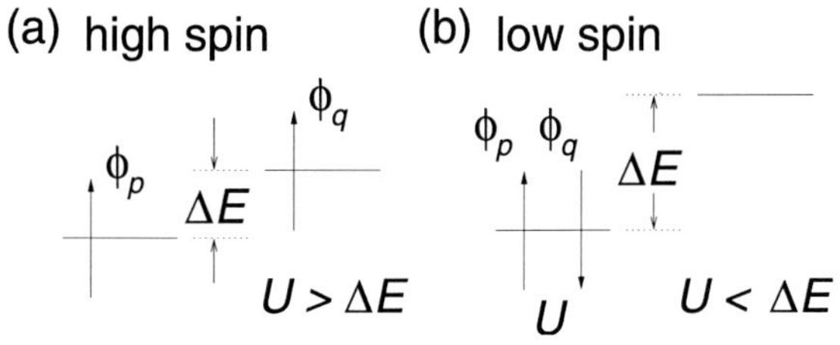


図 7.2　2 つの軌道エネルギー差 $\Delta E$ と，1 つの軌道に 2 つの電子が入るオンサイト反発 $U$ との大小関係によって，(a) high spin 状態 $S=1$ と，(b) low spin 状態 $S=0$ が現れる．

したがって図 7.1 のような場合には，(a) の $S=1$ の状態の方が，(b)$S=0$ よりもエネルギーが低い[*17]．これが，縮重した直交軌道の場合 (例えば原子の f 軌道) にはスピンの大きさ $S$ が最大になるという，フントの規則 (1)(p.73 参照) の理由となっている．

もし軌道が 1 つで電子が 2 つなら，スピンは反平行 ($S=0$) に入る．それ以外に方法がないからである．この場合の 2 つの電子の反発をオンサイト反発と呼び，$U$ で表すことにする[*18]．では軌道のエネルギーが異なる場合 (図 7.2) はどうであろうか．$U$ が 2 つの軌道エネルギーの差 $\Delta E$ より大きかったら，別々の軌道に同じスピンの向き[*19]で入る (図 7.2(a)，high spin の状態という)．また $U$ が $\Delta E$ より小さかったら，エネルギーの低い状態にスピン逆向きで入る (図 7.2(b)，low spin)．軌道のエネルギー差の値によって，電子の持つスピンの大きさ (磁性) が大きく変わるのである[*20]．

---

[*17] 賢明な読者の中には，(b) は $S_z=0$ であって，$S=0$ であるとは限らない，$S=1$ もあると考える人もいると思う．これは演習問題 [7-1] とする．

[*18] $U$ はクーロン積分である．

[*19] これは交換積分によって同じスピンの向きの方がエネルギーが得だからである．

[*20] 国際学会などで宿泊する際に，シングルルーム 2 部屋を借りないで，ツインルーム 1 部屋に相部屋して宿代を浮かせることを，low spin 状態という．気心が知れている ($U$ が小さい) 場合または部屋代が高い ($\Delta E$ が大きい) 場合には，相部屋 (low spin) になる．$\Delta E$ の値は，原子の周りに存在する原子 (配位子) の位置と種類によって決まる．また圧力によっても配位子との距離が変わるので，圧力をかけることによって high spin から low spin に変わることがある．high spin と low spin 状態は異なる多電子状態なので，該当する 1 電子軌道も 2 つの状態では若干の違いがある．どちらが実現するかを計算で定量的に出すには，分子軌道計算など第一原理計算が必要である．分子軌道計算で有名な Gaussian 03 は有償のソフトであるが，大学によってはライセンスを持っているので使うことができる．無償のソフトも多い．

## 7.3 相関相互作用，ハートリー・フォック近似を越えて

電子電子相互作用を取り扱う方法として，ハートリー・フォック近似を示した．ハートリー・フォック近似の利点は，(1) パウリの原理を自動的に満たしていること (スレーター行列式という変分関数のため)，(2) 同じ向きのスピンの電子間の相互作用の過剰分が交換相互作用として考慮されていることである．スピンの向きが反対の電子に対しては，交換相互作用は働かない．しかし反対向きのスピンでもクーロン反発によって互いに避け合って運動するという効果があるはずである[*21)]．反対向きのスピンであっても，互いに避け合って運動すれば 2 つの電子は偶然に接近する瞬間はないから，その分クーロン反発エネルギーは小さくなる．この補正分を**相関相互作用**という[*22)]．相関相互作用を考えると，反対向きのスピンで同じ軌道波動関数を持つ 2 つの電子も，同じ点に存在することはできなくなり現実に近いと考えられる[*23)]．

相関相互作用を考慮する方法として，物理では乱雑位相近似 (random phase approximation, RPA)，化学では**配置間相互作用**の方法などが知られている．いずれも，ハートリー・フォック近似の変分関数に有効な励起状態を加え，より低い変分 (基底) エネルギーを得る方法である．ここで有効な励起状態とは，より多くの成分を含む波動関数のことであり，それをいかに少ない数の励起状態で実現するかでいろいろな方法が提案されている．さらに勉強したい人は，上記のキーワード (太字部分) を頼りに専門書を読んでみるとよい．

---

*21) スピンの向きが異なると別の 1 電子状態に 2 つの電子が占有するので，パウリの原理に反するわけではない．したがってスレーター行列式の変分関数には，異なる向き (同じ向きも!) の電子が互いに避け合って運動するという効果が (パウリの原理以外の効果としては) 含まれていない．

*22) 相関相互作用は，多電子の全エネルギーから，ハートリー・フォック近似で得られる 1 電子，クーロン積分，交換相互作用を引いた残りと定義される．したがってこれ以外の相互作用は理論上は存在しないことになる．

*23) 軌道関数が同じ場合には，スレーター行列式を展開すると $\varphi_1(r_1)\varphi_1(r_2)\{\alpha(1)\beta(2)-\alpha(2)\beta(1)\}$ のようにスピン関数が反対称 $S=0$ になり，軌道部分は対称であることに注意する．スピン関数が対称なら $(\varphi_1(r_1)\varphi_2(r_2)-\varphi_1(r_2)\varphi_2(r_1))\{\alpha(1)\beta(2)+\alpha(2)\beta(1)\}$ のように軌道部分が反対称でなければならない．

## 7.4 電子電子相互作用と磁性

電子電子相互作用は電子の配置に重要な影響を与え，磁性の起源となる．例えば 7.2 節の交換相互作用は，縮重した軌道にいる電子に対し強磁性的な (スピンがそろう) 相互作用になる (図 7.2(a))．ここで結晶に対する 2 つのスピンの方向はエネルギーの値に関係ないので，相互作用は

$$\mathcal{H} = -J_{\mathrm{eff}}\boldsymbol{s}_1 \cdot \boldsymbol{s}_2 \tag{7.10}$$

のようにスピン変数 $\boldsymbol{s}_1$, $\boldsymbol{s}_2$ の内積で書くことができる*24)．ここで $J_{\mathrm{eff}}$ は相互作用の大きさである．$J_{\mathrm{eff}} > 0$ の場合には，2 つのスピンが平行になるときにエネルギーが低く強磁性的である．$J_{\mathrm{eff}} < 0$ なら 2 つのスピンは反平行であり，反強磁性的である．以下，いくつかの場合について磁性を考えよう．

### 7.4.1 運動交換相互作用

ハートリー・フォック近似では，スピンが反平行の 2 つの電子の場合，交換エネルギー $J$ の得がない．ここでは，ハートリー・フォック近似を越えて電子が運動*25)することによる励起状態を考え，スピンが反平行の 2 つの電子のエネルギーを摂動論で評価しよう．この結果，反強磁性的な相互作用 (運動交換相互作用) が出ることを示す．2 次の摂動の中間状態 $(i)$ として，1 つの状態に 2 つの電子がスピンの向きを変えて入る状態を考える (図 7.3(b))．図 7.3(a) のような基底状態 $(g)$ から中間状態に飛び移るエネルギーを $t \equiv <i|\mathcal{H}|g>$ とし，飛び移ったことによって，エネルギーが $U \equiv E_i - E_g > 0$ だけ上がるとする*26)．

*24) スピンの内積で書かれるハミルトニアンを，ハイゼンベルグ模型という．また $s_1^z s_2^z$ のような $z$ 方向の成分の積のハミルトニアンをイジング模型という．これらの模型の解は精力的に研究されている．有限系では厳密に解を求めることができるが，結晶での厳密な解は低次元に限られている．問題の複雑さは，考える基底の空間があまりにも大きいことによる．基底状態の成分を含む基底だけを抽出する方法として，密度行列繰り込み群 (density matrix renomalization group, DMRG) がある．ここでは密度行列の固有値が「考えている基底がどれくらい含まれているか」の情報を含むことを利用する．不要な基底を除き新しい基底を導入することで，非常に大きな基底の系も定量的に精度良く求めることができる．東北大学では柴田尚和准教授が DMRG の権威である．この他にも量子モンテカルロ法などいろいろな解法が研究されている．

*25) 電子が別の原子に移動することを考える．エネルギーバンドを計算したときの $t = <i|h|j>$ の項である．

*26) この $U$ をオンサイトエネルギーと呼ぶ．この配置も 1 つの多電子状態であるが，$U$ の分だけエネルギーが高いのでハートリー・ホック近似の基底状態の変分関数として考えなかった．

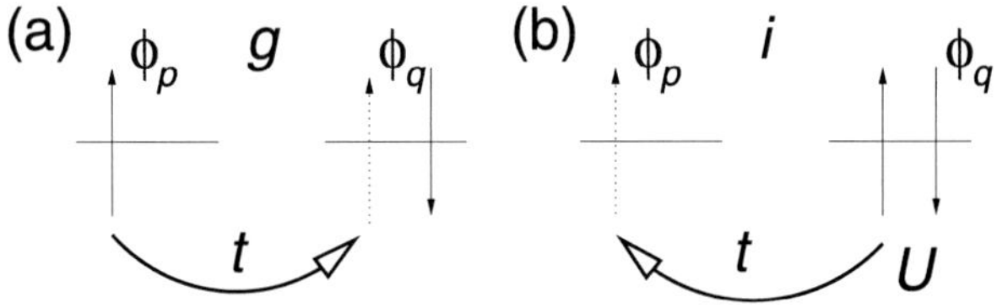


図 7.3　運動交換相互作用．(a) 基底状態 $g$ の状態から，(b) 中間状態 $i$ に電子がホッピング $t$ で移動する．このとき 2 つの反平行のスピンが 1 つの軌道に入ると $U$ だけエネルギーが上がる．この中間状態を経る 2 次の摂動 $g \to i \to g$ は，反強磁性相互作用を与える．

中間状態を考えた 2 次の摂動によって，エネルギーの得が

$$\Delta E = \sum_i \frac{|<i|\mathcal{H}|g>|^2}{E_g - E_i} = -\frac{2t^2}{U} \equiv J < 0 \tag{7.11}$$

のように与えられる．最後の式で分子の 2 は，右のスピンが左に飛ぶ中間状態と，左のスピンが右に飛ぶ中間状態の 2 つがあることに対応する．

平行スピンと反平行スピンのどちらが実現するかは，図 7.2 の交換エネルギーと $J$，運動交換エネルギー $\Delta E$ の大小関係で決まる*27)．式 (7.11) からわかるように，電子が運動しやすい状況 ($t$ 大，$U$ 小) では反強磁性的になり，逆に電子が動きにくい状況 ($t$ 小，$U$ 大) では強磁性的になる．

例えば，遷移金属原子の互いに直交する d (または f) 軌道の場合には強磁性的な相互作用が現れ (フント則)，軽い元素の p 軌道の場合には 1 つの分子軌道に逆向きのスピンが入る*28)．分子軌道の計算では，縮重した軌道は $t$ によって $E = \pm t$ に分裂し，エネルギーの低い結合性の分子軌道に上向きのスピンと下向きのスピンが占有する．これは，$t$ によってエネルギーが得する結合 (共有結合) である．しかしこの場合，$U$ の損もあることを忘れてはならない．もし $U$ が $t$ よりも遥かに大きければ結合性軌道に電子が 2 つ入るメリットはなく，2 つの軌道に 1 つずつスピンが入る*29)．さらに，1 つずつ入ったスピンが反平行

---

*27)　この比較をする場合には，相関エネルギーを正しく評価する必要がある．運動交換相互作用と区別するために，従来の交換相互作用を直接交換相互作用と言う場合がある．

*28)　反強磁性的な相互作用が現れる，と言っても良い．

*29)　電子は $U$ のために飛び移ることが抑制されるので，エネルギーバンドに電子が半分しか占有されないのに絶縁体になる．これをモット絶縁体と呼ぶ．モット絶縁体の場合には，上向きのスピンのエネルギーバンドと，下向きのスピンのエネルギーバンドが $U$ だけ離れて現れる．

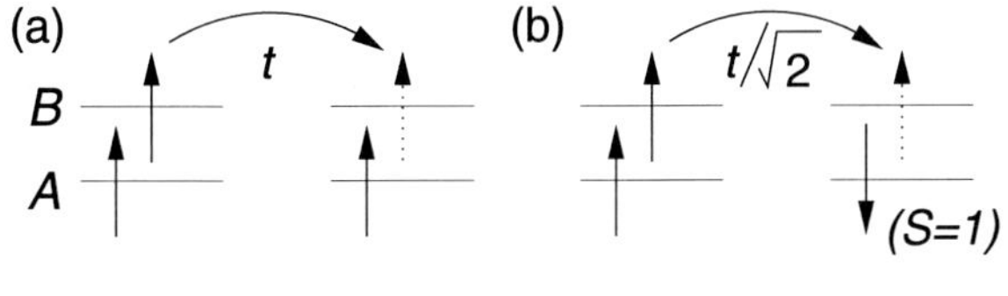


図 **7.4** 二重交換相互作用. (a) 2 つの原子の軌道 $A$ のスピンが平行の場合, 軌道 $B$ の電子は $t$ で飛び移る. (b) 移る原子の軌道 $A$ の向きが逆でも, $S=1$, $S_z=0$ なら軌道 $B$ の電子は $t/\sqrt{2}$ で飛び移ることができる.

の場合の方が, 平行な場合に比べて得な状況が発生する. この状況が, 運動交換相互作用によるものである[*30)].

### 7.4.2 二重交換相互作用

直交軌道 $A$, $B$ を持つ原子が 2 個ある場合を考える. 1 つの原子 (図 7.4(a) と (b) それぞれの左側) には電子が 2 個フント結合によって $S=1$ で占有し, もう 1 つの原子 (図 7.4(a) と (b) それぞれの右側) には軌道 $A$ のみスピンが存在する. 図 7.4(a) のように, 移る先の電子のスピンが平行なら, 電子は右側に移ってもエネルギーが変わらない. この場合 $t$ のエネルギーによって結合性軌道を作るので, 電子が移動しない場合 ($t=0$) よりエネルギーが得である[*31)]. 一方, 図 7.4(b) の場合は, スピンが反平行でありフント結合が得られないと期待されるが, 移った先の右側の原子において $S=1$ で $S_z=0$, すなわち $(\beta(1)\alpha(2)+\alpha(1)\beta(2))/\sqrt{2}$ の 2 電子状態なら, 左側の原子の状態 $\alpha(1)\alpha(2)$ から飛び移ることができ, そのホッピングエネルギーは $t/\sqrt{2}$ である[*32)].

このような, 2 階屋の構造をしている場合の 2 階の $B$ の電子の運動は, 1 階の $A$ の電子のスピンがすべてそろっている方がエネルギーが低くなる. この場合, 同じ原子内の直接交換相互作用の他に, $A$ の電子間にホッピングを通じて別の強磁性的な相互作用が働く. これを二重交換相互作用と呼ぶ.

運動交換相互作用, 二重交換相互作用の例として, $La_{1-x}Sr_xMnO_3$, $(0<$

---

[*30)] 1 つの原子の異なる d 軌道のように互いに直交する固有状態の場合は, $t=0$ となるので, 交換相互作用が支配的で強磁性になる.

[*31)] $B$ に対する分子軌道やエネルギーバンドができる.

[*32)] 右側の原子に移ったときの状態が $S=1$, $S_z=-1$ や, $S=0$ の場合には, ホッピングでスピンの大きさを変えることはできないので, 電子は移ることができない.

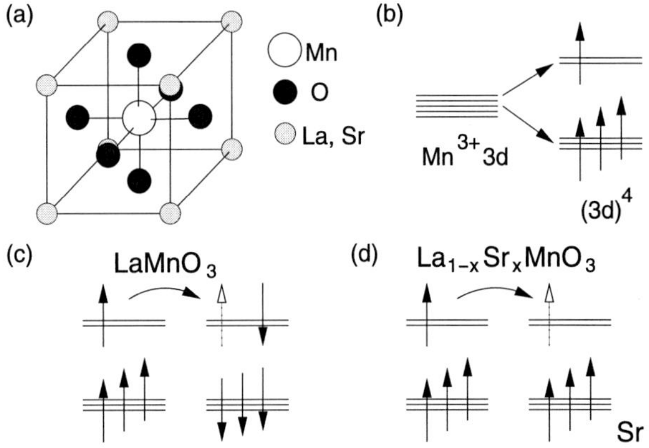


図 7.5 (a) $La_{1-x}Sr_xMnO_3$ $(0 < x < 1)$ の立体構造．ペロブスカイト構造．(b) 酸素による $Mn^{3+}$ イオンの 3d 軌道の結晶場分裂．4 つの電子配置 $(3d)^4$ は high spin 状態 (フント則) で占有する．(c) $LaMnO_3$ の場合．運動交換相互作用によって反強磁性秩序構造が安定する．(d) $La_{1-x}Sr_xMnO_3$ の場合，二重交換相互作用によって強磁性秩序構造が安定する．

$x < 1)$ がある (図 7.5)．この物質は立方体の中心に Mn があり，立方体の頂点に La(Sr)，面の中心に酸素 (O) が 6 個配位し，ペロブスカイト構造と呼ばれる構造をとる*33)．Mn は $Mn^{3+}$ イオンで存在し 3d 軌道に 4 つの電子が $(3d)^4$ で占有する．3d 軌道は主に O の結晶場*34)で 3 重と 2 重に分裂し，分裂幅がクーロン反発より小さいので，フント則により $S = 2$ の high spin 状態が安定である．

ここで $x = 0$ の $LaMnO_3$ の場合 (図 7.5(c)) には，2 重の電子の運動交換相互作用によって反強磁性秩序構造が安定である．しかし La の一部が電子の 1 つ少ない Sr に変わると (図 7.5(d))，Mn が $(3d)^3$ になる．この場合には二重交換相互作用によって，物質全体が強磁性的に変わる．少ない Sr のドープによって，反強磁性から強磁性へ大きな磁性の変化をもたらすのは興味深い．

*33) 銅酸化物高温超伝導体も同じペロブスカイト構造である．この場合 Mn が Cu になる．

*34) 周りにいる酸素原子は − イオンになっていて，$Mn^{3+}$ 付近にポテンシャル場を作る．これを結晶場という (配位子場ともいう)．結晶場によって 5 重の d 軌道が 2 重と 3 重に分裂する (縮退した摂動論である)．立方対称の結晶場を群論の記号で $O_h$ と表す．結晶場のポテンシャルは，例えば $O_h$ の既約テンソルで表される．

## 7.5 磁性の検出，X 線共鳴散乱法

電子電子相互作用は，電子状態のエネルギーを決める相互作用の1つであるので，電子電子相互作用だけを直接評価する実験方法はないと思われる．一般には磁性など電子電子相互作用が本質的である物性を測定することで，理論との比較で相互作用の大きさを評価することができる．

遷移金属イオンの磁性は，いくつかの交換相互作用によって強磁性にも反強磁性にもなる．これらは，磁化率を温度の関数として求めることで理解できる(第5章)．実際の系では結晶場の大きさ，温度，複数の相互作用などが絡み合って様々な秩序状態[*35]を作る．この秩序状態は1つとは限らず，同じ物質で2種類以上実現する場合がある．その場合には，相図を書いて現象を理解することが多い．この場合，相図の軸となるのは温度の他に，圧力，磁場，不純物の量などがある．$La_{1-x}Sr_xMnO_3$, $(0 < x < 1)$ の例でみたように，わずかな不純物の変化で秩序状態を大きく壊す場合があり，不純物の量は秩序状態の制御に重要な役割を担っている．

**軌道秩序:** 二重交換相互作用のところで，隣接軌道間のトランスファー積分 $t$ を考えた．1つの原子の d 軌道は2重に縮重していた．ここで異なる d 軌道間の $t$ を考えると，波動関数の符号によって，$t$ が 0 になる場合がある．例えば，$z$ 軸上に2つの原子をおき，それぞれ $d_{x^2-y^2}$ 軌道と $d_{3z^2-r^2}$ 軌道をおくと $t$ は 0 になる[*36]．$t \neq 0$ の場合だと，運動交換相互作用によって反強磁性的な相互作用が出るので，二重交換相互作用による強磁性相互作用の一部を損

---

[*35] 電子はフェルミエネルギーまで占有するという話は，電子間に相互作用がない場合である．言ってみれば，箱に豆を入れると底から順番にたまるだけである．もし箱に弱い磁石を入れると，磁石同士は底にたまるだけでなく磁石同士がついたり離れたりして，より低いエネルギーを実現するはずである．これを**秩序状態**という．秩序状態は内部エネルギー $U$ が小さく，エントロピー $S$(乱雑さ) が小さい状態である．温度 $T$ を上げると，自由エネルギー $(F = U - TS)$ が小さい状態は $S$ の大きい状態であり，相互作用を無視して乱雑に動く状態が実現する．秩序状態としては，強磁性，反強磁性，電荷密度波 (CDW) 状態，スピン密度波 (SDW) 状態，超伝導状態，スピングラス状態などがある (CDW, SDW については，p.135 の脚注∗35) を参照)．高温ではスピンは常磁性状態に，電子は自由電子的に振る舞う．

[*36] $d_{x^2-y^2}$ は，$x$ 軸方向と $y$ 軸方向に波動関数の値を持ち，符号は $x$ 軸方向が $+$，$y$ 軸方向は $-$ である．一方，$d_{3z^2-r^2}$ は，$xy$ 平面内では方向によらない関数である．したがって奇関数と偶関数の積の形になるので，$t$ が 0 になる．

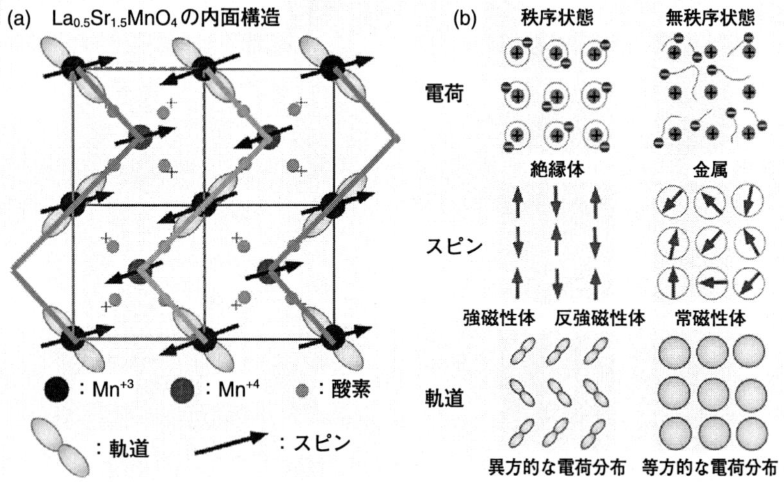


図 7.6 (a) $La_{0.5}Sr_{1.5}MnO_4$ の磁気秩序と軌道秩序．2 種類の d 軌道が交互に現れている．(b) 電荷，スピン，軌道の秩序状態と無秩序状態 (東北大学 村上洋一教授のご厚意による)．

なうであろう．したがって強磁性スピンを持つ原子の軌道は，$t = 0$ になる別々の軌道であった方が有利である．つまり隣接原子の軌道は，縮重した 2 つの軌道が交互に現れることになる．このような原子軌道が交互に選択されることを一般に軌道秩序という*37)．

$La_{0.5}Sr_{1.5}MnO_4$ では，磁性の他に，軌道秩序があることが知られている (図 7.6(a))．d 軌道が隣接原子で交互に現れる．このことを実験的に検証する方法として，X 線共鳴散乱法がある*38)．またスピンの秩序の観測として，中性子散乱法がある*39)．特定の原子の内殻軌道である 1s, 2p などの軌道から，

*37) この記述は読者の混乱を招きかねない．著者もこの説明で十分であるかどうか，若干の不安がある．つまり，二重共鳴では $t$ があることが必要だったのに，$t = 0$ になるように軌道が並ぶのはなぜか？ という疑問に十分応えていない．強磁性を起こすために $t \neq 0$ は必要である．しかし，強磁性になるスピンは，縮重しているどちらの軌道に占有していても良い．このときエネルギーの低い軌道の組が選ばれるということである．適当なハミルトニアンを考えて問題を解くことで理解が深まるが，本書のレベルを越えている．

*38) X 線共鳴散乱法については，東北大学では村上研究室 (村上先生は 2009 年 4 月に移動予定) が草分け的な研究を行っている (Web ページ http://calaf.phys.tohoku.ac.jp 参照)．

*39) 中性子散乱法については，東北大学では山田研究室などが研究を行っている (Web ページ http://www.yamada-lab.imr.tohoku.ac.jp/jp/neutron 参照)．

不完全に占有する 3d, 4f 軌道などに遷移するエネルギーに等しいエネルギーを持つ X 線を入射すると，光の吸収のときのように強い吸収と散乱が起きる．これを **X 線共鳴散乱**という．X 線共鳴散乱は，特定の原子の特定の軌道に関する情報を選択的に得ることができる．また，X 線も電磁場であるから偏光方向を変えることによって，原子軌道の対称性に関連した散乱を得ることができる．その結果，第 1 章の X 線構造解析で勉強した原子形状因子が軌道や偏光に依存し,「散乱強度が散乱方向によって大きく変わる異方性」を与える．結晶の構造因子と組み合わせて，軌道秩序を観測する手段が生じる[*40)]．$La_{0.5}Sr_{1.5}MnO_4$ では，軌道とスピンの秩序が同時に現れる．しかし他の物質での軌道秩序はスピンの秩序と独立に存在し，片方の秩序だけ現れることもある．一般に電子には電荷とスピンの 2 つの自由度 (軌道自由度があれば 3 つ) があり，電子電子相互作用によってこの 2 つの自由度が，様々な秩序相を作る (図 7.6(b))[*41)]．実際の物質の低温での秩序相は，この複数の自由度が絡み合って起こるので，複雑な相図になる．一連の研究は**強相関電子系**として幅広く研究されている．

## 演習問題

[7-1] (交換相互作用)　2 つの電子軌道 $\phi_1$, $\phi_2$ がある場合で，電子電子相互作用を評価せよ．この場合，2 つの電子軌道に存在する 2 つの電子を粒子の交換に対して波動関数が反対称になるように作るには，どういう波動関数を作れば良いか，$S=0$, $S=1$ の場合に分けて考えよ．$S=1$ の電子電子相互作用を評価すると交換相互作用が現れ，$S=0$ では交換相互作用が現れないことを示せ．

[7-2] (スレーター行列式)　スレーター行列式の波動関数は，内積が 1 であることを示せ．また，スレーター行列式の中の 1 電子軌道を 1 つだけ別の 1 電子軌道に変えたスレーター行列式との内積は 0 であることを示せ．

---

*40) 実際に軌道秩序を測定する手順は，それほど簡単ではない．理論からの予想と組み合わせて実験の配置が決められる．

*41) 秩序相の形成には，第 8 章の電子格子相互作用の寄与も大きい．特に 5 重に縮退した d 軌道が結晶場によって 2 重 ($e_g$ 電子) と 3 重 ($t_{2g}$ 電子) に分裂した場合，Mn 系や Cu 系などの $e_g$ 電子系による軌道秩序は，Ti 系や V 系の $t_{2g}$ 電子系による軌道秩序よりも電子格子相互作用の寄与が大きいと考えられている．

[7-3] (1 電子エネルギー) スレーター行列で表された波動関数を用いて，1 電子ハミルトニアン $h(r)$ の期待値の表式を求めよ．タイトバインディング近似での期待値との表現の違いを説明せよ．

[7-4] (2 電子エネルギー) スレーター行列で表された波動関数を用いて，2 電子ハミルトニアン $v(r_1, r_2)$ の期待値を求めよ．ハートリー・フォックの近似によるエネルギーの式が式 (7.6) で与えられることを示せ．

[7-5] (ハートリー近似) 多電子の波動関数として，単に 1 電子波動関数の積

$$\Psi(\boldsymbol{r}_1, \ldots, \boldsymbol{r}_N) = \varphi_1(\boldsymbol{r}_1)\varphi_2(\boldsymbol{r}_2)\cdots\varphi_N(\boldsymbol{r}_N) \tag{7.12}$$

の場合の，ハミルトニアン (式 (7.5)) の期待値を計算せよ．これをハートリー近似と呼ぶ．ハートリー・フォック近似との違いを説明せよ．

[7-6] (ハイトラー・ロンドン法) 2 電子の波動関数として，ハイトラー・ロンドンの波動関数がある．スピンシングレット $S = 0$ の関数として，

$$\Psi(\boldsymbol{r}_1, \boldsymbol{r}_2) = (\varphi_1(\boldsymbol{r}_1)\varphi_2(\boldsymbol{r}_2) + \varphi_1(\boldsymbol{r}_2)\varphi_2(\boldsymbol{r}_1))\cdot(\alpha_1\beta_2 - \alpha_2\beta_1) \tag{7.13}$$

と書く．この変分関数がスレーター行列とどういう点で形が異なっているかを説明せよ．また水素分子のエネルギーをハイトラー・ロンドンの波動関数を用いて評価せよ．

[7-7] (水素分子) ハイトラー・ロンドンの波動関数での $S = 1$ の波動関数を求め，水素分子の $S = 1$ と $S = 0$ のエネルギー準位の差を求めよ．

[7-8] (運動交換相互作用) 運動交換相互作用の大きさを見積もりたい．電子のトランスファー $t$ の大きさを $-3\,\mathrm{eV}$, 電子電子反発の項を $U = 9\,\mathrm{eV}$ とおくと，スピンが反平行の方は何 eV エネルギーが下がるか?

[7-9] (超交換相互作用) 酸化物の場合には，M-O-M のように酸素原子を挟んで金属原子が 2 つ存在する (図 7.7)．酸素原子の軌道には電子が 2 個，金属原子の軌道には電子が 1 個占有するとして，摂動論で 2 つの金属原子のスピン間に働く相互作用が反強磁性的になることを示せ．いくつかの中間状態を図に表せ．平行スピンの場合にはエネルギーの得がないことを示せ．これを超交換相互作用と呼ぶ．

[7-10] (二重交換相互作用) 二重交換相互作用の大きさを求めたい．実際の物質に対するパラメータを調べ，相互作用の値を求めよ．

[7-11] (交換ホール) スレーター行列の内積をとって，$r_1, r_2$ 以外の $dr_3 \cdots dr_N$

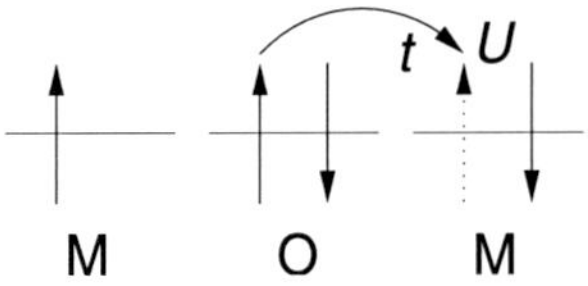


図 7.7 超交換相互作用の模式図．空いている状態へ繰り返し飛び移ることによって，運動交換相互作用と同じ反強磁性相互作用が現れる．演習問題の方法とは別に摂動論以外の方法で解くことも可能である．6 つの状態に上向きのスピンが 2 つ，下向きのスピンが 2 つ占有する場合の数は $3 \times 3 = 9$ である．9 個の状態に対してハミルトニアン行列を求め対角化することで，エネルギーの一番低い状態が求められる．力のある人は試してみてほしい．

で積分したものを 2 電子相関関数 $P(r_1, r_2)$ と定義する．$P(r_1, r_2)$ は，1 番目の電子が $r_1$ に存在する場合に 2 番目の電子が $r_2$ に存在する確率である．2 つの電子のスピンが平行な場合と反平行な場合の $P(r_1, r_2)$ の表式を求めよ．また，電子のスピンが平行な場合と反平行な場合に関して，$P(r_1, r_2)$ の概形を 2 個の電子の相対距離 $|r_1 - r_2|$ の関数としてプロットしてみよ．ここでスレーター行列中の 1 電子波動関数は，原子付近にのみ振幅のある関数と考えて良い．

[7-12] (ジェリウムモデル) 原子核の正電荷を空間の一様な電荷とした近似をジェリウムモデルと呼ぶ．この場合には，$N$ 個の電子は $k_{\mathrm{F}}$ の状態まで占有する波数 $\boldsymbol{k}$ の平面波である．ハートリー・フォック近似を用いて，ジェリウムモデルにおける電子のクーロン相互作用を評価せよ．ハートリー項は一様な正電荷と打ち消される．交換エネルギーは $k$ と $k_{\mathrm{F}}$ の関数として表される．交換エネルギーを $k$ の関数としてプロットせよ．

***tea time***

畑仕事に必要なのが水である．特に仙台は 4 月から 5 月にかけて，植物が成長するときに雨が少なく困る．雨水を貯める装置の市販品は高いので，インターネットで物色していたところ，ベランダなどにおく石油ポリ缶用の物入れ (130 $l$) が比較的安かったので，これを 2 つ直列につないで雨水を貯める装置を作った．計 260 $l$ あると，畑に一通り水を撒いても 1 週間はもつ．空になっても，一雨降ると再び満タンになる．手製天水桶の蓋をあけ，満タンになった水を見てニンマリしている．自然の力を有効に利用することの喜びは，科学の本来の喜びである．

# 8 電子格子相互作用，ラマン分光，超伝導

電子と格子間の相互作用は，電子の運動に大きな影響を与える．電子格子相互作用は，電子のエネルギーが緩和する機構である．ラマン効果は，光励起した電子が，フォノンを放出する効果である．低温では電子格子相互作用によって電子間に引力相互作用が生じ，超伝導状態が起きる．外部電場と格子の相互作用も合わせて勉強する．

## 8.1 電子格子相互作用が引き起こす現象

結晶中の電子は，原子の結晶ポテンシャルを感じながら[*1)]隣りの原子に移動する．これがエネルギーバンドの起源であった．第2章では，原子は等間隔に並んでいて動かないと仮定した．一方，結晶格子は原子間の力によって格子振動をすることも第3章で勉強した．原子がフォノンの振動数で振動すると，結晶の並進対称性が瞬間瞬間で壊れる．並進対称性があると，電子 (や格子) の波数は良い量子数であったが[*2)]，格子振動があると波数は保存量ではなくなる．これは，フォノンによる電子の**非弾性散乱** (波数の変化) として記述できる．これが**電子格子相互作用**である．電子格子相互作用に関係する現象は数多くあり，有限温度での固体の物性を理解するうえで重要である．

格子の振動に伴い，原子ポテンシャルの作る電場に変化が生じて電子格子相

*1) 電子のエネルギーが大きな負の値の場合には，トンネル効果によって電子が隣りの原子に移る．また真空準位に近い電子状態では，仕事関数 $W$ だけ下がった大きな箱の中を電子が自由に動くというイメージである．

*2) ハミルトニアンに対称性がある場合には，ある物理量が保存量となる．これを良い量子数といった．良い量子数となる物理量 $X$ はハミルトニアン $H$ と可換 ($[X, H] = 0$) で，時間発展 ($\dot{X} = [X, H]/i\hbar$) が 0 になる．並進対称性では波数が，回転対称性では角運動量が，空間反転対称性ではパリティが良い量子数である．

互作用が発生する．特に原子がイオンである場合には，電子が作る電場によって格子が変位する．振動する電場によってもイオンに力が働き格子振動が起こる．外部電場による場合には，電磁場 (フォトン) を吸収してフォノンが発生する現象 (赤外吸収) に対応する．これは通常，電子格子相互作用とは呼ばないが，この章で扱う．8.2 節では電子格子相互作用の摂動として，電子の非弾性散乱に対する散乱行列を求める．8.3 節以降では，電子とフォノンの散乱がどういう現象で現れるか，いくつかの例で説明する．

## 8.2 電子格子相互作用の概念

電子格子相互作用を摂動としてハミルトニアンの中に取り入れる．直感的になるが，摂動ハミルトニアンを導出する．重要な概念として,「断熱近似」がある*3)．断熱近似では，電子は振動する格子の瞬間の位置における関数のポテンシャルを感じる．格子振動による格子の変位を $\delta\boldsymbol{R}$ とおくと，原子のポテンシャル $v(\boldsymbol{r}-\boldsymbol{R})$ は，

$$v(\boldsymbol{r}-\boldsymbol{R}-\delta\boldsymbol{R}) = v(\boldsymbol{r}-\boldsymbol{R}) + v'(\boldsymbol{r}-\boldsymbol{R})\delta\boldsymbol{R} \qquad (8.1)$$

で与えられる．右辺第 2 項は変形ポテンシャルと呼ばれる．ある原子が隣りの原子にいる電子に近づけばポテンシャルエネルギーが下がる (図 8.1)．また，2 つの原子間距離が短くなれば，タイトバインディング法で計算したトランスファー積分の絶対値が大きくなる．原子波動関数は，格子の変位によって，

$$\varphi(\boldsymbol{r}-\boldsymbol{R}-\delta\boldsymbol{R}) = \varphi(\boldsymbol{r}-\boldsymbol{R}) + \varphi'(\boldsymbol{r}-\boldsymbol{R})\delta\boldsymbol{R} \qquad (8.2)$$

と表される*4)．原子軌道の積分 $< \varphi|v|\varphi >$ において，$\delta\boldsymbol{R}$ の 1 次の項まで取り出せば，電子格子相互作用になる．これらは，ハミルトニアン行列の対角項 (原子エネルギーの変化)，非対角項 (トランスファー積分の変化) で現れ，オン

*3) 電子は，格子の 1/1000 倍以下の重さしかない．言ってみればゾウ (格子) の上にいるネズミ (電子) である．ネズミはゾウに比べて速く動くので，ネズミにとってゾウが動いていることはそれほど気にならない．つまりネズミの運動を考えるときには，その瞬間瞬間ゾウが止まっている (ゾウの座標だけの関数) として考えて良い．これを断熱近似という．断熱的とは，熱の出入りがないことを意味する．ゾウが加速度運動をすると，本来なら慣性力によってネズミにエネルギーの出入りが発生する．この出入りはゾウの運動を考える時間スケールでは重要であるが，ネズミの運動を考える時間スケールでは無視できる．

*4) 電子の波動関数として，原子の座標に依存しない平面波 (自由電子の波動関数) であれば，この項は考えなくて良い．しかし波動関数の変化を記述するために逆に多くの基底が必要になる．

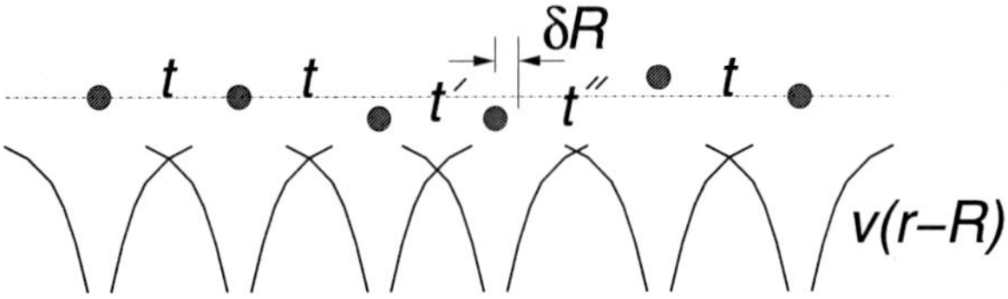


図 **8.1** 変形ポテンシャル．曲線は原子のポテンシャル．ある原子が $\delta\boldsymbol{R}$ だけ変位すると，隣りの原子ポテンシャルが近づく (遠ざかる) ことにより電子の感じるポテンシャルエネルギー (黒丸) が下がる (上がる)．また隣接原子間のトランスファー積分 $t$ の値も変化する．

サイト，オフサイト電子格子相互作用と呼ぶ*5)．

結晶で電子格子相互作用があると，電子は $\boldsymbol{k}$ から $\boldsymbol{k}'$ に散乱する．この散乱行列*6)を計算する．電子状態として波数 $\boldsymbol{k}$ のブロッホ軌道 $\Phi(\boldsymbol{k},\boldsymbol{r})$，また格子の変位として波数 $\boldsymbol{q}$ のフォノン $\delta\boldsymbol{R}=A\exp(-i\boldsymbol{q}\boldsymbol{R})$ を考えると，変形ポテンシャル (式 (8.1)) の摂動による $\boldsymbol{k}$ と $\boldsymbol{k}'$ のブロッホ軌道 (式 (2.4)) 間の行列は，

$$\begin{aligned} V_{\boldsymbol{k}',\boldsymbol{k}} &\equiv A < \Phi(\boldsymbol{k}',\boldsymbol{r})|v'(\boldsymbol{r})\exp(-i\boldsymbol{q}\boldsymbol{R})|\Phi(\boldsymbol{k},\boldsymbol{r}) > \\ &= \frac{1}{N}\sum_{\boldsymbol{R},\boldsymbol{R}',\boldsymbol{R}''}\exp(-i\boldsymbol{k}'\boldsymbol{R}+i\boldsymbol{k}\boldsymbol{R}''-i\boldsymbol{q}\boldsymbol{R}')M(\boldsymbol{R},\boldsymbol{R}',\boldsymbol{R}'') \end{aligned} \tag{8.3}$$

の形で表される*7)．ここで，3 つの原子の座標の関数である $M$ は，$A < \varphi(\boldsymbol{r}-\boldsymbol{R})|v'(\boldsymbol{r}-\boldsymbol{R}')|\varphi(\boldsymbol{r}-\boldsymbol{R}'') >$ である*8)．ここで，$v$ の中心の $\boldsymbol{R}'$ からの相対座標を $\boldsymbol{R_1}=\boldsymbol{R}-\boldsymbol{R}'$， $\boldsymbol{R_2}=\boldsymbol{R}''-\boldsymbol{R}'$ とおくと，$M$ は $\boldsymbol{R_1}$，$\boldsymbol{R_2}$ の関数 $M(\boldsymbol{R_1},\boldsymbol{R_2})$ と書くことができる (図 8.2(a))*9)． したがって式 (8.3) は，

*5) この他にも，イオン結晶の場合には，外場の電場によって光学フォノンが励起される．これは電場と格子の相互作用である．

*6) $\boldsymbol{k}$ の状態から $\boldsymbol{k}'$ の状態に散乱 (遷移) するので，量子力学の行列で表すことができる．

*7) 式 (8.2) から期待される波動関数の変化に関係する項は，式 (8.3) では直接表されていない．別な項になる．ここでは，この項は考えないことにする．実際の電子格子相互作用の評価をするときには，考慮する必要がある．

*8) 波動関数の変位 (式 (8.2)) を $v(r)$ で挟んで，$\boldsymbol{k}$ と $\boldsymbol{k}'$ のブロッホ軌道間の行列を計算しても，同様な結果が出る．この場合には，$M$ は $< \varphi'(\boldsymbol{r}-\boldsymbol{R})|v(\boldsymbol{r}-\boldsymbol{R}')|\varphi(\boldsymbol{r}-\boldsymbol{R}'') >$ か，$< \varphi(\boldsymbol{r}-\boldsymbol{R})|v(\boldsymbol{r}-\boldsymbol{R}')|\varphi'(\boldsymbol{r}-\boldsymbol{R}'') >$ のいずれかである．式 (8.1) か (8.2) のどちらかで $< \varphi(\boldsymbol{r}-\boldsymbol{R})|v(\boldsymbol{r}-\boldsymbol{R}')|\varphi(\boldsymbol{r}-\boldsymbol{R}'') >$ の中に $\delta\boldsymbol{R}$ を 1 つ含む項を考える．各項は，電子格子作用の異なった寄与をする．$M$ を **3 中心積分**という．

*9) 第 2 章のタイトバインディング法のときには，ハミルトニアンの並進対称性があり，$M$ はさらに $\boldsymbol{R_1}-\boldsymbol{R_2}$ の関数で書くことができた (式 (2.6)) が，ここでは波数 $\boldsymbol{q}$ で変調する格子の振動があるので，単位胞の並進対称性を満たさない．

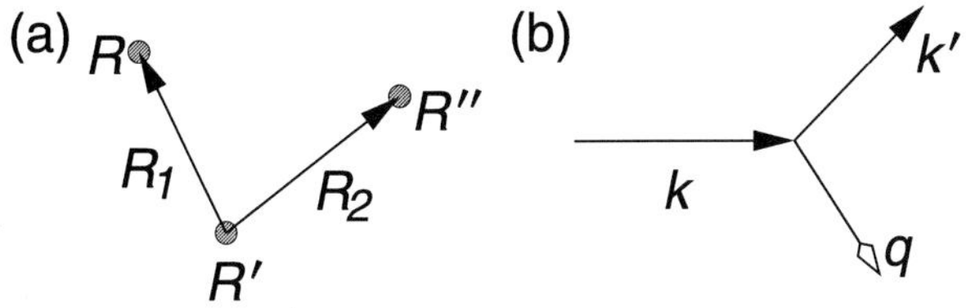


図 8.2 (a) 式 (8.3) で現れる 3 中心積分 $M(\boldsymbol{R}', \boldsymbol{R}, \boldsymbol{R}'')$ は，3 つの原子の位置 $\boldsymbol{R}', \boldsymbol{R}, \boldsymbol{R}''$ の関数であるが，積分は相対座標である $\boldsymbol{R_1} = \boldsymbol{R} - \boldsymbol{R}'$, $\boldsymbol{R_2} = \boldsymbol{R}'' - \boldsymbol{R}'$ の値で決まる．(b) 電子の運動量 $\hbar\boldsymbol{k}$ が結晶運動量 $\hbar\boldsymbol{q}$ を持つフォノン (白矢印) を放出して $\hbar\boldsymbol{k}'$ に散乱される．

$\boldsymbol{R}'$ の和を実行することができ，

$$V_{\boldsymbol{k}',\boldsymbol{k}} = \frac{1}{N} \sum_{\boldsymbol{R_1},\boldsymbol{R}',\boldsymbol{R_2}} \exp(-i\boldsymbol{k}'\boldsymbol{R_1} + i\boldsymbol{k}\boldsymbol{R_2} + i(-\boldsymbol{q} - \boldsymbol{k}' + \boldsymbol{k})\boldsymbol{R}')M(\boldsymbol{R_1}, \boldsymbol{R_2})$$
$$= \delta(-\boldsymbol{q} - \boldsymbol{k}' + \boldsymbol{k}) \sum_{\boldsymbol{R_1},\boldsymbol{R_2}} \exp(-i\boldsymbol{k}'\boldsymbol{R_1} + i\boldsymbol{k}\boldsymbol{R_2})M(\boldsymbol{R_1}, \boldsymbol{R_2}) \qquad (8.4)$$

を得る．ここで $\delta(-\boldsymbol{q} - \boldsymbol{k}' + \boldsymbol{k})$ はデルタ関数であり，波数 (運動量) の保存の法則 $\boldsymbol{k} = \boldsymbol{k}' + \boldsymbol{q}$ を表す (図 8.2(b))*10)．これは運動量 $\hbar\boldsymbol{k}$ を持つ電子が結晶運動量 $\hbar\boldsymbol{q}$ を持つフォノンを放出して $\hbar\boldsymbol{k}'$ に散乱されることを示す．またデルタ関数は，$\boldsymbol{k} = \boldsymbol{k}' + \boldsymbol{q} + \boldsymbol{G}$ ($\boldsymbol{G}$ は逆格子ベクトル) でも式 (8.4) の指数関数 $\exp(i(-\boldsymbol{q} - \boldsymbol{k}' + \boldsymbol{k})\boldsymbol{R}')$ を 1 にするので，式 (8.4) を満たす．このような $\boldsymbol{G}$ 分の結晶運動量をもらう散乱をウムクラップ散乱と呼ぶ．これに対し，$\boldsymbol{G} = \boldsymbol{0}$ の場合を正常散乱と呼ぶ．このように電子とフォノンは (結晶) 運動量とエネルギーを保存する条件で散乱する*11)．

## 8.3 ラ マ ン 散 乱

半導体に光を当てると，電子が価電子帯から伝導帯に励起する (光吸収．図 8.3(a))．光励起した電子は，伝導帯の底のエネルギーまで緩和してから発

---

*10) 論文などでしばしば $\hbar = 1$ の単位系 (自然単位系: 素電荷 $e = 1$, 光速 $c = 1$, 原子単位系: $e = 1$, 電子の質量 $m = 1$) の表式で表されることがあるが，著者は好まない．

*11) エネルギー保存の条件は，演習問題 [8-1] にした．電子の場合には，散乱前 (後) の状態が占有 (非占有) であることも重要な条件である．

光する[*12)]．電子はエネルギーバンド上を，フォノンを放出しながら緩和する (図 8.3(c))．これは電子格子相互作用によって記述できる．運動量とエネルギーを保存するようにエネルギーバンド上を電子が緩和すれば，エネルギーバンドの底まで到達する．一方，光励起した電子がフォノンを 1 個 (または複数) 放出したあとそのままフォトンを出す場合がある (図 8.3(d))．この場合，光 (フォトン) の立場からみれば，フォノン分のエネルギーを失った光の非弾性散乱と言うことができる．**光の非弾性散乱をラマン散乱**と呼び，この観測をラマン分光という[*13)]．

光によって励起された固体中の電子は，波数 $\boldsymbol{k}$ を持つ．波数 $\boldsymbol{k}$ から $\boldsymbol{k}'$ に散乱されると，電子はホールと再結合することができない．なぜなら光のエネルギー分散関係は $E = \hbar ck$ であり，電子が再結合したときの光の波数は，エネルギー差を $\Delta E$ とすると $\Delta E = \hbar c\Delta k$ であり，$\Delta E = 2\text{eV}$ ぐらいの可視光であっても，$\Delta k$ の値はブリルアン領域の大きさ $\pi/a = 10^8\text{cm}^{-1}$ に比べて遥かに小さいからである．したがって光吸収と発光は，同じ $k$ で起きる (**垂直遷移**．図 8.3(b))．このため固体のラマン分光で観測されるフォノンは，$q = 0$ のブリルアン領域の中心である $\Gamma$ 点のフォノンでラマン活性なものが観測できる[*14)]．ここでラマン活性とは，電子格子相互作用の大きいフォノンモードのことである[*15)]．固体のラマン強度 $I(\omega, E_{\mathrm{L}})$[*16)]は，式 (8.4) で表される電子格子相互

---

*12) なぜすぐに発光しないかというと，発光寿命 (ns) がエネルギー緩和の時間 (ps) に比べて約 1000 倍遅いからである．

*13) 光は，原子によって弾性散乱を起こす．光の弾性散乱をレイリー散乱という．レイリー散乱は，散乱体の大きさが光の波長より小さい場合の弾性散乱を指す．例えば光は空気の分子によってレイリー散乱を起こすが，青い光の方が赤い光に比べて強く散乱されるので，人間が宇宙や海の底をみると空気や水によるレイリー散乱光として青い光をみるのである．自ら光らない物質の色は，太陽光や電灯の散乱光によるものである (光吸収しなかった残りの光が散乱光 (色))．散乱の場合には，光励起の終状態が電子の固有状態でなくても良い．これを電子のバーチャル状態という．バーチャル状態は固有状態の重ね合わせで記述され，不確定性関係を満たすような短い時間ならバーチャル状態への「遷移」が可能である．一方，光によって固有状態への遷移 (光吸収) が起きれば，引き続き起きる散乱の振幅は非常に大きくなる．これを共鳴散乱という．波長可変の光源があれば共鳴ラマン散乱 (または共鳴レイリー散乱) の強度変化によって，遷移エネルギーが測定できる．

*14) フォノンを 2 つ以上発生するような非弾性散乱の場合には，$q \neq 0$ のフォノンでもラマン分光を観測できる．その場合には，一般にはスペクトルが幅広になる．二重共鳴ラマン分光のような特殊な状況の場合には，$q \neq 0$ のフォノンでも鋭いラマンスペクトルが観測できる．

*15) 群論で，$xy$ や $x^2 + y^2$ のような 2 次式で表される対称性のことを，2 階のテンソルの対称性と呼ぶ．格子振動も群論の指標表でいずれかの既約表現に属するが，その表現が 2 階のテンソル

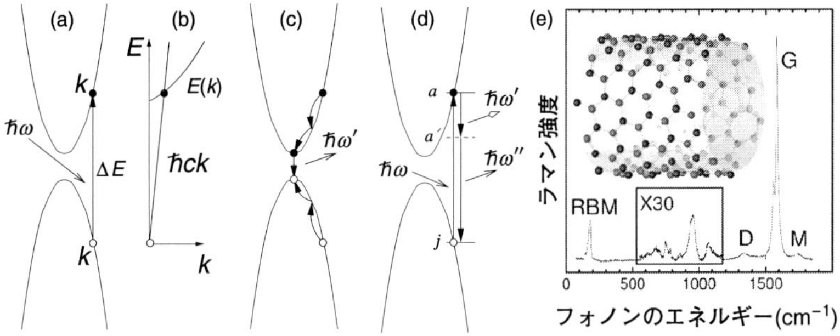


図 8.3 (a) 半導体の光吸収．光のエネルギー $\hbar\omega$ とエネルギー差 $\Delta E$ が等しいところで強い吸収が起きる (第 6 章参照)．(b) 光のエネルギー分散関係 $E = \hbar ck$ とエネルギーバンド $E(k)$ の交差点での光吸収 (垂直遷移) が起きる．(c) 発光．励起した電子 (黒丸) とホール (白丸) は，伝導帯および価電子帯において，フォノンを放出しながらエネルギー緩和 (ps の時間) して，エネルギーバンドの底で再結合し発光する (ns の時間)．(d) ラマン散乱過程．光の吸収，フォノンの放出，光の放出が仮想的に同時に起こるのがラマン散乱．$\hbar\omega = \Delta E$ の場合には強度が増大 (共鳴ラマン散乱)．(e) カーボンナノチューブ (図) のラマンスペクトル．横軸がフォノンのエネルギー，縦軸がラマン強度．RBM, D, G, M はラマンスペクトル (フォノンモード) の名前．

作用 $V_{\boldsymbol{k}',\boldsymbol{k}}$ と，式 (6.2) で表される電磁場と電子の相互作用 $\mathcal{H}'$ を $k$ の価電子帯と伝導帯で挟んだ $V_{\rm op}(k) \equiv < \Psi^{(c)}(k)|\mathcal{H}'|\Psi^{(v)}(k) >$ の行列を用いると，3 つの光学プロセス，(1) 光の吸収，(2) フォノンの散乱，(3) 発光に対応する行列の積 (3 次の摂動論) で書くことができ，

$$I(\omega, E_{\rm L}) = \sum_j \left| \sum_a \frac{V_{\rm op}(\boldsymbol{k}, a' \to j) V_{\boldsymbol{k},\boldsymbol{k}}(a \to a') V_{\rm op}(\boldsymbol{k}, j \to a)}{\Delta E_{aj}(\Delta E_{aj} - \hbar\omega)} \right|^2 \quad (8.5)$$

と表される．ここで $\Delta E_{aj} \equiv E_L - (E_a - E_j) - i\gamma$ である[*17]．また $j$, $a$, $a'$

の対称性を持っている場合にはラマン活性になることが知られている．A や E の対称性を持っている既約表現がラマン活性になることが多い．

*16) $E_{\rm L}$ はレーザーの励起エネルギー．

*17) 式 (8.5) の分子の 3 つの $V$ は右から左に順番に起きる．時間に依存する摂動論を 3 次の表式まで求めたことのある読者は多くないであろうが，式 (8.5) を分母を含めてすべて理解するためには，量子力学の摂動論の復習が必要である．摂動であるので，中間状態はエネルギー保存を満たす必要はないことに注意しよう．$\Delta E_{aj} \neq 0$ である．エネルギー分母のどちらかが 0 になる場合には，ラマン強度が著しく大きくなる．これを共鳴ラマン効果という．$\Delta E_{aj} = 0$, (もしくは $\Delta E_{aj} = \hbar\omega$) を入射光共鳴 (散乱光共鳴) という．

はそれぞれ，始状態，励起状態，フォノン散乱後の状態である (図 8.3(d))．$\gamma$ はスペクトル幅を決める因子であり，散乱に関係する時間と不確定性関係で決まる量である*18)．散乱の振幅の和は可能な中間状態 $a$ でとり，2 乗する．また同じ振動数のフォノンを与える始状態 $j$ に関しての和はお互いに独立なので，2 乗をとったあとで和をとる．

ラマン分光の実験では，物質にレーザーの光 (または通常の光源) を当て，後方に散乱された光*19)を分光器で波長に分解してスペクトルをとる．散乱光には光の弾性散乱である**レイリー散乱光**が強く含まれるので，**ノッチフィルター**と呼ばれる光学的なフィルターでレイリー光を除く．ラマン散乱には，フォノンを出して散乱光のエネルギーが入射光のエネルギーより小さくなる**ストークス散乱**と，フォノンを吸収して散乱光のエネルギーが入射光のエネルギーより大きくなる**アンタイストークス散乱**がある．分光器を用いる場合，レイリー散乱の位置を中心にしてスペクトルは両側に分かれて観測できる*20)．

## 8.4 フォノンの赤外吸収

ラマン分光と相補的な分光として，**赤外分光法** (infrared spectroscopy, IR) がある．フォノンのエネルギーは 0~0.3 eV くらいであるので，赤外線の光の作る電場と格子の間に相互作用があると光を吸収してフォノンを励起する．これを**フォノンの赤外吸収**という．これは，上記の電子格子相互作用とは別の機構である．イオン性の物質は各原子に電荷を持ち，近隣の $+-$ のイオンで**永久双極子** $\boldsymbol{P}$ を作る*21)．電磁場のフォトンのエネルギーが格子振動のフォノンのエネルギーに等しい場合には，電磁場の電場 $\boldsymbol{E}$ と永久双極子 $\boldsymbol{P}$ との双極子相互作用 $-\boldsymbol{P}\cdot\boldsymbol{E}$ によって，格子はフォトンを吸収して格子振動のエネルギーに

*18) 時間の不確定性 $\Delta t$(寿命) とエネルギーの不確定性 $\Delta E$(スペクトルの幅) は $\Delta E\cdot\Delta t \geq \hbar/2$ の不確定性関数がある．これは $E$ を与える演算子 $-i\hbar\frac{\partial}{\partial t}$ と $t$ が交換しない $[-i\hbar\frac{\partial}{\partial t}, t] \neq 0$ に由来する．詳細は，拙著『量子物理学 (培風館, 1995 年)』を参照してほしい．

*19) 通常の物質は光を透過しないので，入射した光の方向に戻ってくる後方散乱光を集める．これを**後方散乱配置**という．カーボンナノチューブのラマン分光は後方散乱配置で測定する．

*20) アンタイストークス散乱は吸収すべきフォノンが存在しないといけないので，測定する物質の温度が高いことが必要である．エネルギーの高いフォノンは低温ではラマン強度が著しく小さくなる．ストークス散乱とアンタイストークス散乱強度はフォノンの数の比になる (演習問題 [8-4])．

*21) 永久双極子を持たない中性の原子であっても，外部電場 $\boldsymbol{E}$ による分極によって双極子を作る (図 6.3，図 8.4(b) 参照)．

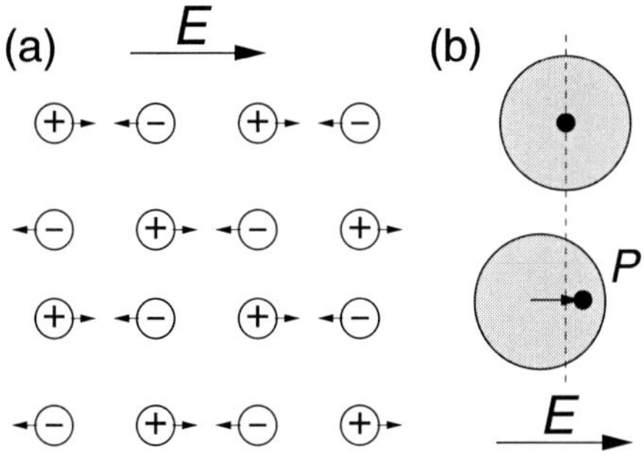


図 8.4　(a) フォノンの赤外吸収．イオン結晶に電場がかかると光学フォノンが発生する．フォノン振動数と電磁場 (赤外線) の振動数が等しいと，共鳴吸収が起きる．(b) 中性の原子 (分子) の場合でも，電場によって電子雲 (大きな円) と格子 (中心の黒丸) の中心がずれ，分極 $\boldsymbol{P}$ ができる．双極子相互作用 $-\boldsymbol{P}\cdot\boldsymbol{E}$ は，格子の変位を伴う．

変換する．これがフォノンの赤外吸収である (演習問題 [8-18])．

赤外吸収スペクトルの実験では，連続スペクトルの光源の光の透過光 (または後方散乱光) を分光し，特定のスペクトル強度が小さくなる (吸収) ことを観測することで，その振動数の光の吸収の有無を確認できる*22)．透過光で測定できるような，溶液や薄膜における測定も可能である．

ラマン分光で観測されるフォノンと赤外分光法で観測されるフォノンは，一般に対称性が違う*23)．赤外吸収で観測されるフォノンは，$x$, $y$, $z$ のようにベクトルのような対称性を持ったフォノンモードである*24)．

---

*22)　有無を確認する実験で常に重要なことは，対照実験をすることである．例えば赤外分光法の場合には，調べたい物質が含まれない物質のスペクトルと比べることが必要である．通常では観測されないスペクトルが観測された場合には，同じ装置で，別の物質や条件では現れないことを確認して論文にまとめると，データの信頼度が非常に高くなる．対照実験は，期待するものがないので不要と感じる学生が少なくないようであるが，それは誤りである．対照実験は短時間でできるので，対照実験をすることの重要性を理解して必ず行うべきである．「急がば回れ」である．

*23)　厳密に言えば，もし結晶に反転中心があれば，反転中心に対称 (g. ゲラーデ) なフォノンモードはラマン分光で，反対称 (u. ウンゲラーデ) なフォノンモードは赤外分光法で観測される．これは，関連する相互作用が反転中心に対してそれぞれ g と u の対称性を持っているからである．反転中心がない物質では，ラマンと IR がともに観測されるモードもある．

*24)　詳細は群論の本を参照のこと．群論の本のほとんどには，分子のラマン分光や赤外分光に関して記述がある．固体の場合でも Γ 点のフォノンであれば，分子の議論と同等に扱うことができる．

## 8.5　ポーラロン：フォノンの衣を着た電子

式 (8.4) で表される電子格子相互作用 $V_{\boldsymbol{k}',\boldsymbol{k}}$ は，電子のエネルギーに摂動を与える．格子振動がない場合の電子のエネルギー $\epsilon(k)$ を非摂動エネルギーとし，2 次の摂動論[*25)]を用いると，$E(k)$ は

$$E(k) = \epsilon(k) + \sum_q \frac{|V_{k+q,k}|^2}{\epsilon(k) - \epsilon(k+q)} \{f(\epsilon(k)) - f(\epsilon(k+q))\} \qquad (8.6)$$

で与えられる．ここで $f(\epsilon(k))$ は，フェルミ分布関数である[*26)]．エネルギーバンドに占有する電子の場合，$\epsilon(k) < E_{\mathrm{F}}$ であり，$\epsilon(k+q) > E_{\mathrm{F}}$ であるので，式 (8.6) の右辺第 2 項の分母は負，また分子 $|V_{k+q,k}|^2$ は正か 0，さらに $\{\cdots\}$ は正であるので，第 2 項全体では負である．この結果，電子のエネルギーが電子格子相互作用によって小さくなる．このことは，$E(k) = \hbar^2 k^2/2m$ を有効質量 $m$ で表したときに，$m$ が $\epsilon(k)$ のときより重くなることに対応している．

格子振動がある場合には，電子格子相互作用によって電子の運動はフォノンを伴ったものになる[*27)]．これを「フォノンの衣を着た電子 (ポーラロン)」[*28)]という．ポーラロンの効果は，イオン結晶の場合に大きな効果となって現れる．図 8.5(a) で +イオンと+イオンの間に電子があると，2 つの+イオンが引き付けられ，また 2 つの −イオンは離れる．これは電子とイオンの電荷のクーロン相互作用であって，格子変形がない場合でも存在する．したがって，8.2 節で説明した変形ポテンシャルのように「変形して初めて相互作用が発生する状況」

---

*25)　1 次の摂動は $\boldsymbol{k}$ から $\boldsymbol{k}'$ への摂動なので 0 である．

*26)　$(f(\epsilon(k+q)) - f(\epsilon(k)))$ は，$\epsilon(k)$ の状態に電子が存在して，$\epsilon(k+q)$ の状態に電子が存在しない条件に対応する．具体的には，$f(\epsilon(k))\{1 - f(\epsilon(k+q))\} - f(\epsilon(k+q))\{1 - f(\epsilon(k))\}$ である．第 2 項が必要であることの証明は演習問題 [8-5] にする．

*27)　電子の運動の途中で，電子は「仮想的に」波数 $\boldsymbol{q}$ のフォノンを吸って，$\boldsymbol{q}$ のフォノンを出している．逆に，先に $\boldsymbol{q}$ のフォノンを出して，次に波数 $\boldsymbol{q}$ のフォノンを吸っても良いが，中間状態が占有していないことが必要である．「仮想的に」とは，エネルギー保存則を満たさない中間状態への励起が，実際に電子が遷移して起きているわけではないことを意味している．摂動論で勉強したと思うが，摂動を受けると波動関数も 1 次の摂動を受ける．1 次の摂動を受けた波動関数の表式が中間状態の波動関数を含み，2 次のエネルギーの補正において仮想的な励起を生む．量子力学の本で摂動論を再確認すると良い．

*28)　自転車のタイヤに空気が十分に入っていないとペダルが重く感じられる．これは，タイヤと地面の摩擦の他に，接地しているタイヤの部分と中の空気が伸び縮みすることによって仕事をしているからであると考えられる．電子の運動に伴って原子が動くので，電子は重くなる．

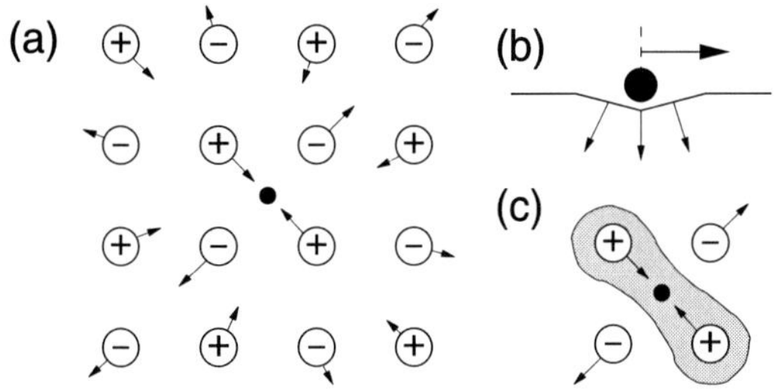


図 **8.5** (a) ポーラロン．電子 (黒丸) がイオン結晶の中を動くとき，格子もクーロン力で変位する．(b) 電子の運動には格子の運動が伴う．その結果，電子の質量が重くなる (動きにくい)．(c) 大きな格子の変形があると，電子は自らの作ったポテンシャル (灰色の部分) 中に閉じ込められてしまう (自己束縛状態)．

よりも大きな効果になる．

イオン結晶で，イオンの変形が大きい場合には，変形したイオンの作るポテンシャルの中に電子が閉じ込められて動けなくなる場合がある．これを自己束縛状態[*29]という．この場合には，自己束縛状態の電子の波動関数は空間に局在し，ホッピング (熱的な励起) によって電気伝導が起きる．

## 8.6 コーン異常：フォノンのソフト化

電子格子相互作用は，電子に対する相互作用であるとともにフォノンに対する相互作用でもある．以下では，$\boldsymbol{q}=\boldsymbol{0}$ のフォノンに対する電子格子相互作用の効果を考える．エネルギー $\hbar\omega$ のフォノンに対して電子格子相互作用を摂動で扱うと，2 次摂動の範囲で以下のように書くことができる．

$$\hbar\omega=\hbar\omega^{(0)}+2\sum_{\boldsymbol{k}}\frac{|V_{\boldsymbol{k},\boldsymbol{k}}(v\to c)|^2}{\hbar\omega^{(0)}-(E_e(\boldsymbol{k})-E_h(\boldsymbol{k}))+i\Gamma}\left(f(E_h(\boldsymbol{k}))-f(E_e(\boldsymbol{k}))\right) \tag{8.7}$$

ここで，$\Gamma$ はスペクトルの幅を決める因子である[*30]．価電子帯に存在した波

---

[*29] 自縄自縛状態ともいう．車がぬかるみにはまったとき，車が重いためにぬかるみから出られなくなるような状態に相当する．著者も物理に興味を持って抜け出られなくなっている．

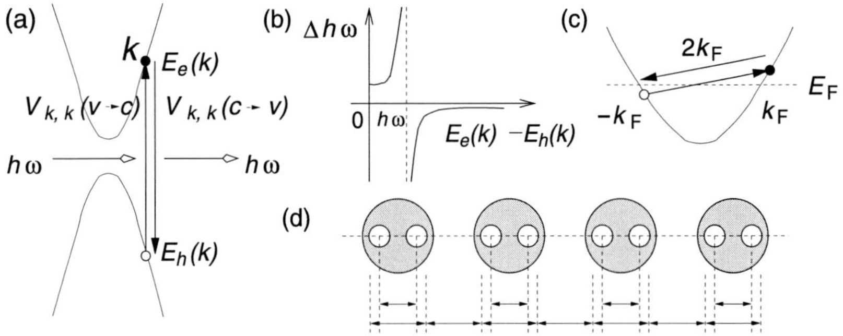


図 8.6 コーン異常．(a) エネルギーギャップの小さい半導体の場合，$\boldsymbol{q}=0$ のフォノンと $\boldsymbol{k}$ の電子の間の電子格子相互作用でフォノンの摂動が起きる．(b) 式 (8.7) の右辺第 2 項の分母の値は，$E_e(\boldsymbol{k})-E_h(\boldsymbol{k})$ と $\hbar\omega$ の大小関係で符号が変わる．(c) 一般の金属の場合には，$2k_F$ の波数のフォノンがソフト化する．(d) CDW (電荷密度波): $2k_F$ の波数のフォノンの振動数が虚数になると，等間隔であった格子 (白丸) が結合交代を起こし，電荷密度 (灰色の大きな丸) が $2k_F$ に対応する波長で振動する．

数 $\boldsymbol{k}$ の電子は，フォノンのエネルギーを吸って伝導帯の波数 $\boldsymbol{k}$ の状態に散乱される (図 8.6(a))[*31]．式 (8.7) は摂動論であるので，$E_e(\boldsymbol{k})-E_h(\boldsymbol{k})$ がどんなに大きな値でも寄与があることに注意したい[*32]．摂動の分子は正か 0 なので，2 次補正の値は，分母の $E_e(\boldsymbol{k})-E_h(\boldsymbol{k})$ の値が $\hbar\omega^{(0)}$ より大きい (小さい) ときに，負 (正) になる (図 8.6(b))．エネルギーギャップの大きさが $\hbar\omega^{(0)}$ 以下の半導体や金属の場合には，この仮想励起が可能になり結果としてフォノンの振

---

*30) 分母が 0 になると，摂動であることが破綻する．多くの場合にはエネルギー分母が 0 になってもその散乱振幅が無限大になることはない．実際に時間変化に対応する時定数 (フォノンの寿命など) と不確定性関係でつながるエネルギー分の $\Gamma$ を考えれば良い．摩擦のあるバネの強制振動の振幅 (演習問題 [6-2]) と同じ形をしている．

*31) $\boldsymbol{q}=0$ であるので，フォノンによる電子励起である．電子格子相互作用の摂動ハミルトニアンを使っているので，赤外吸収の状況と異なることに注意したい．赤外吸収の場合には電磁波によるフォノンの吸収であり，ここでは，フォノンによる電子励起である．

*32) 摂動論での励起は実励起でなく波動関数の 1 次摂動からくる補正であった．この摂動論は，実は非摂動の $\omega^{(0)}$ を計算するときにも考慮されているので，これから議論する自由電子によるソフト化の議論では，重複して考慮することを避ける必要がある．固体のフォノンのモデルを考えるときに，1950 年代の物理ではジェリウム模型 (イオンと自由電子) を用いて金属を考えた．このモデルでクーロン力を考えるとフォノンの振動が出てこないでプラズマ振動だけが出てくる．電子格子相互作用を考えると音響フォノンが導出される．実際の金属では，化学結合もあるので原子間ポテンシャルからフォノンを定義することができる．

動数のソフト化が起きる (図 8.6(b)). 伝導電子によってフォノンのソフト化が起きることを，一般にコーン異常と呼ぶ.

通常の金属の場合，フェルミ波数 $\pm k_{\mathrm{F}}$ を持つ[*33)]. この場合には，電子の励起として，$q = 2k_{\mathrm{F}}$ の波数のフォノンがソフト化される (図 8.6(c))[*34)]. 特に 1 次元金属の場合には，コーン異常が非常に大きく影響して，$\omega$ の値が負 (虚数) になるような場合もある (ジャイアントコーン異常). この場合には，格子が波数 $q = 2k_{\mathrm{F}}$ で変形を起こす. この変形に対応して，電子密度も波数 $q = 2k_{\mathrm{F}}$ で空間的に振動する. これを電荷密度波と呼ぶ (図 8.6(d))[*35)]. 1 次元金属の場合には $k_{\mathrm{F}} = \pi/2a$ ($a$ は格子定数) であるので，格子がもとの周期 $a$ の 2 倍の $2a$ で，交互に伸び縮みする (これを結合交代という). 演習問題 [2-5] で行ったように，トランスファー積分が $t_1, t_2, t_1, t_2, \ldots$ と交互に現れることによって，フェルミエネルギーのところでエネルギーギャップが開き，絶縁体になる. このように 1 次元金属は，フォノンの振動数のソフト化によって絶縁体になる方が安定である. これをパイエルス不安定性という[*36)].

## 8.7 超　伝　導

第 7 章で議論したように，電子と電子の間には強いクーロン反発がある. 電子電子相互作用によって，電子は互いに避け合うように動き，2 つの粒子の交換に関して反対称になるような多体の波動関数が基底状態になる[*37)]. この結果，

*33) 1 次元金属を考えている. 2 次元金属や 3 次元金属の場合には，フェルミ面は閉曲線，閉曲面になる. この閉曲線，閉曲面のある部分が平行線，平行面のようになると，1 次元的な振る舞いになる. このような状況をフェルミ面のネスティングという.

*34) $q = 0$ の励起も考えられるが，光学フォノン ($\omega \neq 0$) である必要がある.

*35) charge density wave(CDW) という. 電荷でなくスピンが $q = 2k_{\mathrm{F}}$ で振動する場合もある. これをスピン密度波 (spin density wave, SDW) と呼ぶ.

*36) ジャイアントコーン異常は格子に対する効果であり，パイエルス不安定性は電子に対する効果である. CDW はその結果現れる電子状態である. $t_1, t_2, t_1, t_2, \ldots$ と交互に現れるとき，エネルギーギャップの大きさは $t_1 - t_2$ に比例するので，結合交代が大きくなった方が安定である. 一方で結合交代が大きくなると格子のバネの伸び縮みのエネルギーも損をするので，全エネルギーを極小にする結合交代の状態が実現する. カーボンナノチューブで金属ナノチューブと呼ばれるものは，1 次元金属であるがパイエルス不安定性はない. これはエネルギーギャップが開くことによる電子系のエネルギーの得が，格子が歪むことによるエネルギーの損に比べて著しく小さいからである.

*37) 反対称な波動関数 $\Phi(\boldsymbol{r}_1, \boldsymbol{r}_2) = -\Phi(\boldsymbol{r}_2, \boldsymbol{r}_1)$ だと，2 つの電子が重なるような $\boldsymbol{r}_1 = \boldsymbol{r}_2$ の状況で多体の波動関数の値が 0 になるから，クーロンエネルギーの損がない.

電子はパウリの原理 (フェルミ統計) に従い，エネルギーバンドの底からフェルミエネルギーまで占有する*38).

フェルミエネルギー付近の 2 つの電子間には，電子格子相互作用の 2 次摂動で引力相互作用が働くことを示そう．この引力相互作用は超伝導と呼ばれる特殊な電子状態と密接な関係がある*39).

### 8.7.1 2 つの電子間に働く相互作用

波数 $\boldsymbol{k}$ の電子が電子格子相互作用によって $\boldsymbol{q}$ のフォノンを放出し，$\boldsymbol{k}-\boldsymbol{q}$ に散乱する場合を考える (図 8.7)．この $\boldsymbol{q}$ のフォノンを吸収し，$\boldsymbol{k}'$ の電子が $\boldsymbol{k}'+\boldsymbol{q}$ に散乱すると仮定すると，フォノンを「なかだち」として 2 つの電子の状態 $(\boldsymbol{k},\boldsymbol{k}')$ は，$(\boldsymbol{k}-\boldsymbol{q},\boldsymbol{k}'+\boldsymbol{q})$ に散乱する．これは，最初の 2 つの電子の間に相互作用があって，波数が良い量子数でないことを意味している*40).

2 つの電子の間の相互作用は，電子格子相互作用を用いて摂動論で記述できる*41)．図 8.7 の始状態は，2 つの電子がそれぞれ $\boldsymbol{k}, \boldsymbol{k}'$ にいる状態である．この 2 電子状態を $f(\boldsymbol{k},\boldsymbol{k}') \equiv f_i$ と表そう．このとき終状態は，$f(\boldsymbol{k}-\boldsymbol{q},\boldsymbol{k}'+\boldsymbol{q}) \equiv f_j$ という別の 2 電子状態である．一方，図 8.7 の中間状態は 2 つの電子がそれぞれ $\boldsymbol{k}-\boldsymbol{q}$, $\boldsymbol{k}'$ にいる状態で，かつ $\boldsymbol{q}$ のフォノンが 1 つある状態であり，$g(\boldsymbol{k}-\boldsymbol{q},\boldsymbol{k}',\boldsymbol{q}) \equiv g_m$ と表すことにする．ここでハミルトニアンは，非摂動の「電子+フォノン」のハミルトニアン $H_0$ と，摂動である電子格子相互作用 (式 (8.4)) の $V$ との和

$$H = H_0 + V \tag{8.8}$$

*38) 粒子の統計性とスピンの間には密接な関係があるが，上記の議論はその関係とは別の観点から説明したものである．一般の粒子に対しては上記の議論を適用できない．

*39) 超伝導に関する議論は，広範で深い．本書では電子格子相互作用が 2 つの電子間にどう働くかに焦点を絞りたい．以下の議論は 3 つのステップになっていて，(1) 2 つの電子間に働く電子格子相互作用の導出，(2) 引力相互作用がある場合に働く 2 つの電子間の束縛エネルギー，(3) フェルミエネルギーのところに発生するエネルギーギャップの発生，の順になる．

*40) ボーリングでピンが 1 本残っている状態で仮想的にボールを 2 つ投げた場合を想像してほしい (図 8.7)．最初のボール (矢印) でピン (白丸) をはじき，はじかれたピンが 2 番目のボールに当たるとする．2 つのボール同士はぶつかっていないが，運動量もエネルギーも，ピンを「なかだち」としてやりとりがある．

*41) 8.6 節までの電子格子相互作用は，1 つの電子，1 つのフォノンに対する摂動であった．その場合には 1 電子状態，1 フォノン状態に対して摂動論を用いれば良かった．この節では 2 つの電子対に対する摂動である．電子間相互作用に対する補正を考えるには，2 電子状態に対して摂動を行う必要がある．その分，前の話よりもわかりにくいきらいがある．

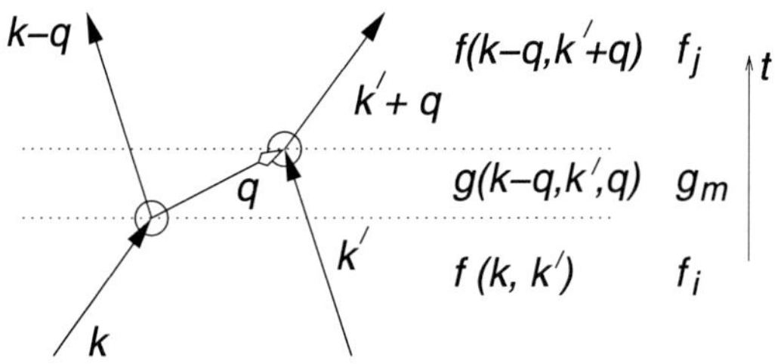


図 **8.7**　電子格子相互作用．$\boldsymbol{q}$ (白丸) のフォノンの放出と吸収による，電子の散乱の様子．時間は下から上に経過する．

で与えられる．$V$ はフォノンを 1 個放出および吸収できるので $< g_m|V|f_i >$ や $< f_j|V|g_m >$ は 0 でない値を与える．一方，$H_0$ は，フォノンの数を変えないので $< g|H_0|f >= 0$ である[*42]．式 (8.8) の固有値を $E$，固有関数を $\Phi$ とおくと，$\Phi$ は

$$\Phi = \sum_i a_i|f_i > + \sum_m b_m|g_m > \tag{8.9}$$

と表すことができる ($a_i$, $b_m$ は係数)[*43]．$H\Phi = E\Phi$ に式 (8.9) を代入して，$< f_i|$ および $< g_m|$ をかけると，

$$\begin{aligned} Ea_i &= a_i E_i + \sum_m b_m < f_i|V|g_m > \\ Eb_m &= \sum_j a_j < g_m|V|f_j > + b_m E_m \end{aligned} \tag{8.10}$$

を得る．ここで，$E_i =< f_i|H_0|f_i >$, $E_m =< g_m|H_0|g_m >$ である．また，$< f_i|f_j >= \delta_{ij}$, $< g_m|g_n >= \delta_{mn}$，$< f_i|g_m >= 0$ などの直交関係を用いた．式 (8.10) の第 2 式から得られる $b_m$ を第 1 式に代入して，$b_m$ を消去すると，

$$\begin{aligned} (E - E_i)a_i &= \sum_{m,j} \frac{< f_i|V|g_m >< g_m|V|f_j >}{E - E_m} a_j \\ &\equiv \sum_j < f_i|V_{\mathrm{eff}}|f_j > a_j \end{aligned} \tag{8.11}$$

---

*42)　このことは，$f$ と $g$ の関数群はフォノンの波動関数まで含めた量子力学の状態として直交していることを示す．フォノン 0 個の波動関数とフォノン 1 個の波動関数は直交する．ここで考えている波動関数は (電子の波動関数)×(フォノンの波動関数) である．

*43)　$g$ と $V$ からフォノンが 2 個あるような中間状態の空間も本来考えなければならないが，ここでは簡単のため無視している．

を得る．2 電子状態の $f_i$ が摂動を受けることによって生じるエネルギー変化 $E-E_i$ は，2 電子状態 $f_j$ を実効的な摂動 $V_{\rm eff}$ で混ぜることによって起きる[*44]．

ここでフェルミ球の表面付近の電子対を考える[*45]．電子は，パウリの原理より同じ $\boldsymbol{k}$ の状態に占有することはできない．また $f_i$ と $f_j$ は同じエネルギー面上にあるとする．式 (8.11) の真ん中の式の分子は正の値と考えることができる[*46]．一方，式 (8.11) の真ん中の式の分母は，$\boldsymbol{E}_i = \boldsymbol{E}_k + \boldsymbol{E}_{\boldsymbol{k}'}$ に注意すると

$$E - E_m = E - (E_i - E_{\boldsymbol{k}} + E_{\boldsymbol{k}-\boldsymbol{q}} + \hbar\omega_{\boldsymbol{q}}) \tag{8.12}$$

である ($E_{\boldsymbol{k}}$ は電子のエネルギー，$\hbar\omega_{\boldsymbol{q}}$ はフォノンのエネルギー)．ここで，$\hbar\omega_{\boldsymbol{q}}$ が電子の散乱前後エネルギー差より大きい場合 ($|E_{\boldsymbol{k}} - E_{\boldsymbol{k}-\boldsymbol{q}}| \ll \hbar\omega_{\boldsymbol{q}}$)，すなわち電子をフェルミエネルギー付近の電子に限るとすると，この分母を常に負にすることができる[*47]．すなわち,「フォノンのエネルギーに比べて小さいエネルギー程度」のフェルミエネルギー近傍の電子格子相互作用は，常に負 (引力) にすることができる．もちろん 2 つの電子間には強いクーロン反発があるので，差引き引力が勝つ場合は，フェルミ面のごく近傍に限られる[*48]．

実空間における引力のイメージは以下の通りである．ある電子が原子 (+イオン) に近づくと，引力によって原子はその電子の方に動く．するとその原子のそばにいた別の電子も原子に引かれ，最初の電子の方に移動する．ということは，原子が 2 つの電子の間に入り，実効的に 2 つの電子の間には引力相互作用が働くことになる[*49]．

---

[*44] $V_{\rm eff} = \sum_m (V|g_m >< g_m|V)/(E-E_m)$ である．式 (8.11) は，摂動論の勉強をすると最初から数行目に出てくる式である．確認してほしい．

[*45] フェルミ球の内部の電子は，図 8.7 のプロセスでは電子がすでに占有している終状態にしか飛べないので，パウリの原理より 2 電子間の散乱は起きない．

[*46] $< f_i|V|g_m >$ を $\boldsymbol{k}$ や $E$ に関してゆっくり変化する関数と仮定した．$\boldsymbol{k}$ に関して異方的な場合には別の考察 (異方的な超伝導) が必要になる．

[*47] いくつかの注意が必要である．$\boldsymbol{q}$ で指定される $g$ の電子状態は，パウリの原理を満たすフェルミ球の外側でなければばならない．一方，エネルギーは摂動である電子格子相互作用による中間状態であるから，フォノンのエネルギーはエネルギー保存則を満たさなくても良い．したがって，$f_i$ のエネルギー $E_i$ は，$2E_F$ より小さくて，(1) $|E-E_i| \ll \hbar\omega_{\boldsymbol{q}}$ (摂動によるエネルギー変化はフォノンエネルギーより小さい), (2) $|E_{\boldsymbol{k}} - E_{\boldsymbol{k}-\boldsymbol{q}}| < \hbar\omega_{\boldsymbol{q}}$(散乱の前後のエネルギー差はフォノンエネルギーより小さい) という 2 つの条件を同時に満たすことができる．

[*48] 電子間相互作用も他の電子によって遮蔽される．金属の自由電子によるクーロン力の遮蔽は演習問題 [8-8] で考える．

[*49] この相互作用は，電子格子相互作用においてフォノンが 2 つの電子間でキャッチボールすることによって起こる．電子と原子には重さの差がある．原子が電子によって引かれる場合，力は電

### 8.7.2　超伝導ギャップ

フェルミ面付近のエネルギー電子間の相互作用 $< f_i|V_{\mathrm{eff}}|f_j >$ が負になる場合には，フェルミ面にエネルギーギャップが現れることを示す．式 (8.11) に示すように，フェルミエネルギー近傍の 2 電子状態 $f_i$ はお互いに影響し合っている．ここで $< f_i|V_{\mathrm{eff}}|f_j >= -V$(定数) はエネルギーにも $i$ (または $\boldsymbol{k}$) にもよらないと仮定する．式 (8.11) の両辺を $(E - E_i)$ で割り，$i$ に関して和をとって，さらに両辺を $\sum_i a_i$ $(=\sum_j a_j)$ で割ると，

$$1 = V\sum_i \frac{1}{E_i - E} \tag{8.13}$$

という，摂動後のエネルギー $E$ に対する一風変わった式が出る．ここで $i$(または $\boldsymbol{k}$) に関する和を $E_i$ に関する積分に置き換える．2 電子状態の $E$ や $E_i$ のエネルギーの原点を $2E_{\mathrm{F}}$ にとり，1 電子状態の状態密度を $D(E_i)$ とおくと，式 (8.13) は，

$$1 = V\int_0^{\hbar\omega_{\mathrm{D}}} dE_i D(E_i)\frac{1}{E_i - E} \sim VD(0)\ln\frac{\hbar\omega_{\mathrm{D}} - E}{-E} \tag{8.14}$$

と表すことができる．ここで $\hbar\omega_{\mathrm{D}}$ は，$V$ の値が引力を与えるであろうフォノンのエネルギーの上限値*50)である．また，$D(0)$ は，フェルミエネルギーの状態密度である．積分のエネルギー幅 $\hbar\omega_{\mathrm{D}}$ が十分小さければ，状態密度は一定と近似することができる．式 (8.14) を変形すると，$E$ に対する表式，

$$E = \frac{\hbar\omega_{\mathrm{D}}}{1 - \exp(1/VD(0))} \sim -\hbar\omega_{\mathrm{D}}\exp\left\{\frac{-1}{VD(0)}\right\} \tag{8.15}$$

を得る*51)．式 (8.15) では，フェルミエネルギー付近の電子対にはすべて負の値のエネルギーシフト $(-\hbar\omega_{\mathrm{D}}\exp(-1/VD(0)))$ があり，フェルミエネルギー $+\hbar\omega_{\mathrm{D}}$ ぐらいの電子対は $-V$ が働かずに $E_i$ のエネルギーを持つので，$\hbar\omega_{\mathrm{D}}\exp\{-1/VD(0)\}$ ぐらいのエネルギーギャップが生じる．このエネルギーギャップはフェルミエネルギー付近の電子対が集団で引き起こす現象であり，超

---

子が受ける力と同じであるが加速度は小さい．しかし原子は重いので，ひとたび原子が動けば 2 番目の電子が引力を受ける時間は，2 電子間の場合の斥力による時間より遅く長い．

*50) フォノンのエネルギーの上限値は，フォノンの状態数が $3N$ であることで決まる．デバイ近似と呼ばれるフォノン分散関係を近似する手法では，フォノンの状態密度が $q^2$ に比例し，フォノン状態密度を積分した結果が $3N$ になるようなフォノンエネルギーの上限値，$\hbar\omega_{\mathrm{D}}$ を導入する．この $\omega_{\mathrm{D}}$ をデバイ振動数という．

*51) 式 (8.15) の第 2 項で，$VD(0) \ll 1$ と仮定した．したがって，$\exp(1/VD(0))$, $(\exp(-1/VD(0)))$ は非常に大きな値 (小さな値) であり，摂動のエネルギーが小さいことと話が合う．

伝導ギャップと呼ばれる．

### 8.7.3 BCS 状態，クーパー対

8.7.2 項で現れた電子は，フェルミエネルギー付近の任意の電子対の組に対するものである．実際の超伝導状態では，引力相互作用によるエネルギーの得が最大になるように電子対が選ばれる．この状態を，3 人の発見者[*52)]の名前をとって **BCS 状態**という．BCS 状態は，$\boldsymbol{k}$ と $-\boldsymbol{k}$ の状態が対 (クーパー対) になってできる状態である (図 8.8)[*53)]．

フェルミ面近傍の $N$ 個の電子から $N/2$ 個の $(\boldsymbol{k},-\boldsymbol{k})$ の対を選ぶ場合の数は 1 通りである[*54)]．すなわち BCS 状態では，電子の持つエントロピー $S$ が非常に小さい．したがって自由エネルギー $F = U - TS$ から考えると，$T$ が大きくなると，電子格子相互作用の得による内部エネルギー $U$ の得よりもエントロピー $S$ の損の方が大きくなって超伝導が壊れることが予想される．これは秩序の相転移である．超伝導と常伝導間の相転移は 2 次の相転移であって，固体の融解 (1 次の相転移) のような潜熱は発生しない．超伝導状態は，電子の集まりがエントロピー $S$ を捨て内部エネルギー $U$ の得をとり，低温で実現する秩序状態であると言うことができる．

BCS 状態は変分関数であることに注意したい．変分関数を用いたエネルギーの評価，物性の評価については，本書ではこれ以上触れないことにする[*55)]．

---

*52) J. Bardeen, L. Cooper, J. R. Shrieffer: Theory of superconductivity. Phys. Rev., **108**, 1175 (1957). 1972 年にノーベル物理学賞を受賞.

*53) 電子格子相互作用を考えたときは，$\boldsymbol{k}$ と $\boldsymbol{k}'$ のどの状態でも引力になったが，$\boldsymbol{k}$ と $-\boldsymbol{k}$ の組を作ると，フェルミ面付近のすべての $\boldsymbol{k}$ の状態が対を作ることができるのでエネルギーを得する．フェルミ面付近で，2 電子状態 $f_i$ の運動量の和が $\boldsymbol{k}+\boldsymbol{k}' \neq \boldsymbol{0}$ でない場合には，散乱後の 2 電子状態 $f_j$ の運動量の和は $\boldsymbol{k}+\boldsymbol{k}'$(運動量保存) であるから，式 (8.13) における $i$ の和は，運動量の和が $\boldsymbol{k}+\boldsymbol{k}'$ のものだけに限られ，したがって $E$ の値の得が小さい．$\boldsymbol{k}+\boldsymbol{k}' = \boldsymbol{0}$ であれば，フェルミ面のすべての $(\boldsymbol{k}, -\boldsymbol{k})$ の対を $f_i$ として使うことができるので，式 (8.14) の和を積分するときにフェルミ面付近の状態密度に置き換えることができた．式 (8.14) の $D(0)$ は，実は BCS 状態を仮定している．

*54) 対と対を交換しても，対の集まりは同じものである．

*55) 超伝導は固体物理の分野ではとても大きな分野であり，非常に多くの研究者によって調べられている．超伝導の教科書も多い．高温超伝導体のように新しい機構に関する議論が繰り広げられていたり，また全く新規な構造を持つ高温超伝導体 (LaOFeAs, $MgB_2$) が近年発見されるなど，現在も非常に活発な分野である．読者がこの章を読んでいる間にも，世界中で超伝導体への新しい挑戦が続いている．

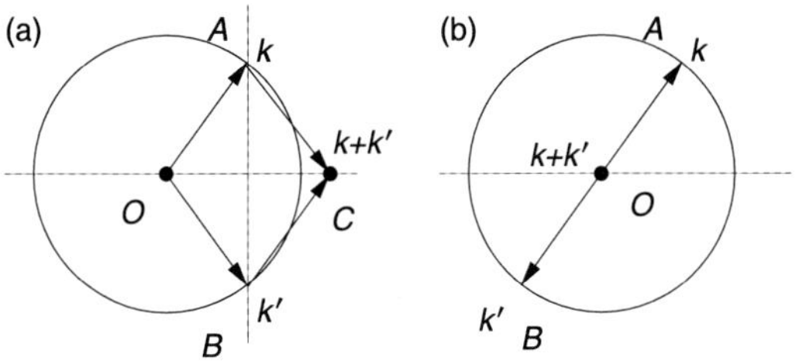


図 8.8 BCS 状態．(a) もし電子対の波数の和 $\boldsymbol{k}+\boldsymbol{k}'$ が 0 でない場合には，可能な $\boldsymbol{k}$ と $\boldsymbol{k}'$ の組は，$\boldsymbol{k}+\boldsymbol{k}'$ を点 C として，OACB がひし形になる点の集まりである．線分 OC の垂直 2 等分面とフェルミ球の交線上で可能な $\boldsymbol{k}$ と $\boldsymbol{k}'$ の組を構成することができる．(b) もし $\boldsymbol{k}+\boldsymbol{k}'$ が $\boldsymbol{0}$ なら，フェルミ球のすべての $\boldsymbol{k}$ と $-\boldsymbol{k}$ の組が電子対 (クーパー対) を作ることができる．したがって，内部エネルギーの得は最大になる．これが BCS 状態である．

BCS 状態に対する，エネルギーギャップやエントロピー (比熱) の飛びなどは，BCS 状態に関する最初の論文*56) で説明されている．超伝導の本質をついた，20 世紀を代表する論文である．

### 8.7.4 超伝導状態の特徴，マイスナー効果

超伝導状態は，(1) 電子格子相互作用による引力相互作用，(2) 2 電子状態のフェルミエネルギー付近のエネルギーギャップ，(3) BCS 状態という電子系全体で起きる秩序を持った波動関数で特徴づけられる，金属の低温での電子秩序相である．特に $k$ 空間で波動関数に秩序があるので，常伝導が「電子系の気体」なら超伝導は「電子系の液体」と呼ぶことができる秩序相である*57)．

超伝導の特徴の 1 つは，電気抵抗が 0 であるということである．これは，フェルミエネルギー付近にギャップがあるため電子対が散乱を起さないことによる*58)．超伝導体が電気抵抗を持つためには，超伝導ギャップを越えて電子が励起 (散乱) しなければならない．これは，BCS 状態の一部の電子対を壊すことに相当

---

*56) p.140 の脚注＊52) 参照．4 年生の輪講などで，50 年たった今でも良く読まれる．論文とは何年たっても燦然と輝くものでありたいと，著者も恥ずかしながら思う次第である．

*57) 電子は結晶中で固体のように bcc 構造をとることも不可能でない．電子密度が非常に小さい系ではウィグナー (Wigner) 結晶という構造をとることが知られている．クーロン力が最小になるように電子が結晶を作るのである．「電子系の固体」と呼ぶことができる．

*58) 常伝導状態でも，フェルミ球の中心部にいる電子は励起する終状態がないために散乱を起こさない．フェルミ球のごく表面の電子だけが散乱されることに注意しよう．

し，その一部の電子は常伝導状態である．

もう1つの特徴は，超伝導状態では磁束を通さないことである(**完全反磁性**または**マイスナー効果**)．超伝導体に磁石を近づけると，N極であろうとS極であろうと超伝導体に磁束が入らないように電流が流れて磁束の侵入を拒む[*59]．ドーナッツ状の超伝導体の中心の穴に磁場を通してから温度を下げて電流を流すと，磁束はドーナッツの中心から外に出ることができず，超伝導体は磁束を通さないために電流を流す．この電流は電気抵抗がないのでエネルギーの消費がなく流れ続ける[*60]．これを応用したのが**超伝導磁石**である．超伝導磁石は，低温を得るために要する電力以外にはエネルギーを使うことなく大きな磁場を発生させることができ，強磁場の施設ではよく利用されている．

**臨界磁場:** 超伝導体に非常に強い磁場を加えると，超伝導体が壊れる．壊れる磁場を**臨界磁場** $B_{\mathrm{c}}$ と呼ぶ．臨界磁場の作る磁場のエネルギーは，単位体積あたり $B_{\mathrm{c}}^2/2\mu$ である($\mu$ は透磁率)[*61]．一方，超伝導体になることによって得するエネルギーは，超伝導ギャップの大きさを $\Delta$ とすると，$\Delta^2 D(0)$ 程度である($D(0)$ は単位体積あたりのフェルミエネルギーでの状態密度)．この2つの大きさが等しい程度の磁場で，超伝導体を壊して磁場を通した方が電子系のエネルギーが得である．これが磁場による超伝導・常伝導転移になる[*62]．

**第1種超伝導体，第2種超伝導体:** 磁場が侵入する場合には2つの種類があり，第1種超伝導体，第2種超伝導体と呼ばれる．第1種超伝導体は，$B_{\mathrm{c}}$ 以上で

---

*59) したがって，高温超伝導体のような液体窒素の温度で超伝導になる物質の上に大きな磁石を載せると磁石が浮き上がり，磁石の上に人間が乗ることもできる．著者は，昔住んでいた東京の狛江にある電力中央研究所の公開日に，超伝導体の上で磁気浮上を体験した．このとき，腕をひねることで浮上したまま回転することができた．どこの研究所の公開日も楽しいものである．

*60) 磁性の章(第5章)で勉強したように，磁性の起源には，電子スピンによるものと軌道運動によるものの2種類がある．軌道運動によるものは，原子や分子さらには結晶で電流が流れて磁化を発生する．このような電流は(時間に関して一定の磁場では)電場が発生しない状況で流れる電流で，磁場中の定常状態であり減衰しない．こういう電流を永久電流と呼ぶ．永久電流は電場によって流れる電流ではない．超伝導の場合には，BCS状態がすべての電子によって作られる多電子状態で，磁場中では永久電流が流れ磁場の侵入を阻止する．磁場が考えている系にかかると，系の時間反転対称性を破るので，磁場中でシュレディンガー方程式を解いたときの波動関数の電流の期待値は0でない．これが電流が流れる直接的な理由である．

*61) 超伝導体に磁場がかかると，マイスナー効果によって内部には磁場が発生しない．つまり超伝導体は永久電流を流して，外部磁場と正反対の大きさの磁化 $\boldsymbol{M} = -\boldsymbol{B}_{外}$(完全反磁性)を発生する．反磁性であるから，$\boldsymbol{M}$ と $\boldsymbol{B}_{外}$ との双極子相互作用 $(-\boldsymbol{M}\cdot d\boldsymbol{B}_{外}/\mu)$ を，$\boldsymbol{B}_{外}$ に関して0から $B_{\mathrm{c}}$ まで積分して，$B_{\mathrm{c}}^2/2\mu$ を得る．

*62) この相転移は1次相転移であり，潜熱を伴う．

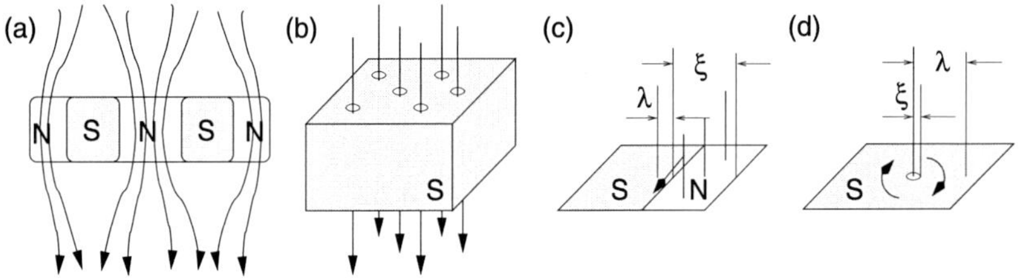


図 8.9 (a) 第 1 種超伝導体: 磁束が束になり部分的に臨界磁場を越えるところが常伝導 (N) になる (中間状態). S は超伝導の部分. (b) 第 2 種超伝導体: 外部磁場は量子磁束に分割されて量子磁束の通るところが常伝導になる (混合状態). (c) 相関長 $\xi$: 超伝導が壊れるのに必要な長さ. 磁場侵入長 $\lambda$: 超伝導が壊れないで反磁性電流が流れる空間の長さ. $\xi \gg \lambda$ なら, 超伝導は超伝導のところに磁場をなるべく入れないように, まとめて超伝導を壊す (中間状態, 第 1 種超伝導体). (d) $\xi \ll \lambda$ なら, 超伝導を壊す部分を最小限にして磁束を通し, 超伝導体に電流を多く流す (混合状態, 第 2 種超伝導体).

は, 超伝導から常伝導に変化する超伝導体である. マイスナー効果がある場合には物質中に磁束が入れないので, 外部磁場が大きく曲げられている. 磁場の大きさが物質の表面で均質でないので, $B_{\mathrm{c}}$ を越える部分から順番に常伝導状態になり, 超伝導状態と混在する. これを**中間状態**という (図 8.9(a))[*63]. 一方, 第 2 種超伝導体は磁場の大きさが $B_{\mathrm{c1}} (< B_{\mathrm{c}})$ 以上で, 超伝導体に無数の常伝導体の穴があき, 常伝導体の穴 1 つ 1 つを量子磁束 $\phi = h/2e = 2.07 \times 10^{-15}\,\mathrm{Wb \cdot m^2}$ が貫く状態が起こる (図 8.9(b), 図 8.10)[*64]. 図 8.10 のような, 量子磁束が貫く状態を混合状態と呼ぶ. さらに, $B_{\mathrm{c2}}$ と呼ばれる磁場 $(B_{\mathrm{c1}} < B_{\mathrm{c}} < B_{\mathrm{c2}})$ 以上では, すべての超伝導相が常伝導になる. このような混合状態がなぜ発生するかは, 超伝導体を記述する 2 つの特徴的な長さ, (1) **相関長** $\xi$ と, (2) **磁場侵入長** $\lambda$ の大小関係と関わっている.

*63) 一般の磁性体では, 磁場に対する応答は試料の形状によることに注意しよう. 試料の形状によっては, 弱い磁場で局所的に強い磁場が発生する. これらは**反磁場係数**というパラメータで記述される. 試料を球形に加工すれば,「球内を貫く磁場の値」は一定値になる (表面の磁場の大きさは場所によって異なることに注意). 核磁気共鳴 (NMR) のスペクトル幅は試料の形状によることが多く, 球形に加工した試料の実験は, 非常にきれいな NMR スペクトルを与えることが知られている. 試料を球形に加工するのは, 旋盤の技術のみせどころである.

*64) 磁束には最小単位があり, 量子磁束という. cgs 単位系だと, $2 \times 10^{-7}\,\mathrm{Gauss \cdot cm^2}$. 超伝導体の量子磁束とその運動は, 日立製作所 基礎研究所の外村 彰博士によってホログラフィ電子顕微鏡で観測した. ホログラフィ電子顕微鏡は AB 効果 (アハラノフボーム効果. 近隣の磁束によって電子の波動関数の位相が変化する効果) を直接的に検証できる装置として有名である.

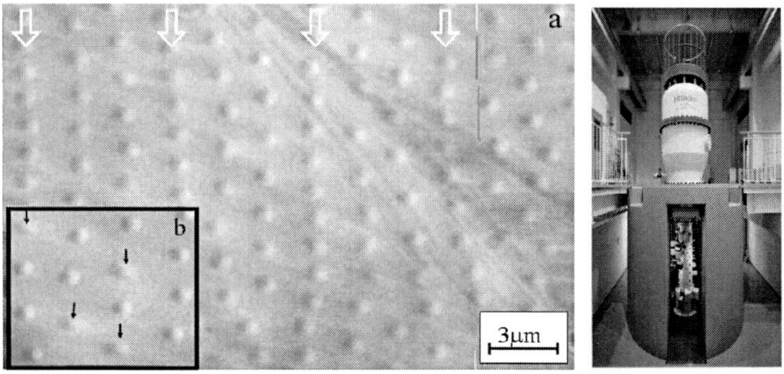


図 8.10　1MV ホログラフィ電子顕微鏡 (右図) によって撮影した，Bi-2212 と呼ばれる高温超伝導体の磁束量子 (左図中，でっぱったように見えるもの)．黒い矢印のところでは，量子磁束が三角格子を作っているが，直線上に並ぶもの (白い矢印) もみえる (日立製作所 基礎研究所 外村 彰博士のご厚意による)．

**相関長:** 相関長 $\xi$ とは，超伝導状態と常伝導状態の接する界面がある場合，どれぐらいの空間的な長さで常伝導状態から超伝導状態に移り変われるかを表す長さである．$\xi$ の長さで，超伝導ギャップの値が 0 から $\Delta$ ぐらいに変化するので，界面では単位面積あたり $\xi\Delta$ ぐらいのエネルギーの損が発生する．これは一般には界面エネルギー ($>0$) と呼ばれるものである．

**磁場侵入長:** 超伝導体表面に磁場が近づくと表面付近に巨大な電流が流れて磁場の侵入を防ぐ．この電流の流れる層の厚さを磁場侵入長 $\lambda$ という．$\lambda$ 程度であれば，磁場が超伝導体に侵入する*65)．$\lambda$ ぐらいの長さでは，磁場と電流の相互作用によって界面の単位面積あたり $\lambda \boldsymbol{B}_{外}{}^2/2\mu$ だけエネルギーが高くなる．

もし $\xi \gg \lambda$ であれば，超伝導を壊す損 (単位面積あたり $\xi\Delta$) の方が，永久電流を流すことによる磁場のエネルギーの損 (単位面積あたり $\lambda \boldsymbol{B}_{外}{}^2/2\mu$) よりも大きいので，なるべく超伝導体を壊さずに磁場を受ける方が得である．したがって，界面の面積を小さくするように磁束もまとめて，なるべく一部の超伝導を壊すだけですまそうという中間状態 (第 1 種超伝導体) が実現する (図 8.9(c))*66)．

*65)　ロンドン方程式を解くことによって得られる (演習問題 [8-10])．

*66)　これは，水と油の混じり方に似ている．水と油の間には界面ができ，界面エネルギーは正である．したがって，界面の面積はなるべく小さく平らになろうとする．これに界面活性剤 (界面エネルギーを負にする物質．一般に 1 つの分子の中には，水になじむ部分 (親水基) と油になじむ部分 (疎水基) がある) を入れると，油の周りに疎水基が並んで親水基は外側を向き，全体が水

一方，$\xi \ll \lambda$ であれば，超伝導体の壊れる損 (単位面積あたり $\xi\Delta$) の方を，超伝導体のままでいて磁場を通すことによる損 (単位面積あたり $\lambda \boldsymbol{B}_{外}{}^2/2\mu$) より小さくすることができる．したがって，超伝導の立場からみれば，超伝導をなるべく部分的に壊して界面をできる限り多く作り，磁束を常伝導部分に通して，永久電流の損を最小限にするのがエネルギー的に得である．磁束は，できる限り細かく分割した方が $\lambda \boldsymbol{B}_{外}{}^2/2\mu$ の値を小さくできるので，量子磁束まで分割し，混合状態 (第 2 種超伝導体) を作るのである (図 8.9(d))*67)．

超伝導は電子格子相互作用の引力によるもので，日常にあまりみられない現象であるので，固体物理を勉強する人にとっては興味の尽きない問題である．近年は，高温超伝導体の発見によって，強い磁場を必要とする医療機器やリニアモーターカーの磁石など，実際の応用に広く利用する動きが活発になってきている．

## 演習問題

[8-1] (光のエネルギー分散) 光のエネルギー分散式が，$E = \hbar ck$ で与えられることを示せ．$\hbar c$ を eVcm の単位で表すと数値はいくらになるか? エネルギー差が 1 eV の光の波数の大きさと，格子長 2 Å の立方格子の逆格子ベクトルの大きさとを比較せよ．

[8-2] (分光学での波数) 分光学では，波数 $k$ は $1/\lambda$ で与えられる．一方，固体物理学では，波数 $k$ は $2\pi/\lambda$ で与えられる．分光学の定義では，光のエネルギー分散式が $E = hck$ で与えられることを示せ．$hc$ を eVcm の単位で書くといくらになるか? エネルギー差が 1 eV の光の波数の大きさを分光学の単位 $\mathrm{cm}^{-1}$ で表せ．

[8-3] (摂動論，仮想的な励起) 摂動ポテンシャル $V$ に対する 2 次までのエネ

に溶けやすい構造 (ミセル構造) になる．さらに，界面エネルギーが負であれば，界面の面積を増やすように (細かなミセル構造がより増えるように) 動く．これが，中性洗剤やせっけんが油汚れを落とす仕組みである．超伝導の場合には，超伝導と常伝導との界面，超伝導の中の磁場の通過する部分と通過しない部分の界面の競争によって，混合状態 (第 2 種超伝導体) か中間状態 (第 1 種超伝導体) のどちらかが実現される．

*67) 平行な向きの量子磁束と量子磁束の間には斥力が働くので，2 次元で 2 つの平均距離が最大になる三角格子を作る．これをアブリコソフ格子という．図 8.10 の磁束量子は特殊で，三角格子と線上に並んだ格子が共存する．このような状況は，物質の固有の電子状態によるものである．

ルギーと波動関数の補正の表式を求めよ．摂動における「仮想的な励起」と波動関数の補正項の関係を説明せよ．

[8-4] (ラマン分光) ラマン分光で，アンタイストークス散乱とストークス散乱の強度比が $\exp(-\hbar\omega/k_{\rm B}T)$ に比例することを説明せよ．ただし，$\omega$ は観測するフォノンの角振動数，$k_{\rm B}$ はボルツマン定数 $1.38\times10^{-23}$J/K である．グラファイトの LO フォノンの $\Gamma$ 点の振動数 (G-band) は，1585 cm$^{-1}$ である．温度 $T$ が 300 K のときのアンタイストークス散乱とストークス散乱の強度比を求めよ．

[8-5] (終状態の補正) 式 (8.6) 中の $\{f(\epsilon(k)) - f(\epsilon(k+q))\}$ は，電子の始状態が存在して，終状態が存在しない条件である $f(\epsilon(k))(1-f(\epsilon(k+q))) - f(\epsilon(k+q))(1-f(\epsilon(k)))$ から得られる．第 2 項が必要であることを説明せよ．

[8-6] (ポーラロン) 式 (8.6) で $E(k) - \epsilon(k) = \alpha$ とおいたときに，有効質量の増加分を $\alpha$ で表せ．

[8-7] (パイエルス不安定性) 1 次元金属において，トランスファー積分がバネの変位 $u$ で $t_1 = t - \alpha u$, $t_2 = t + \alpha u$ と結合交代を起こすとき，エネルギーギャップが開き，エネルギーギャップの大きさが $u$ に比例することを示せ．電子系のエネルギーの得は，エネルギーギャップの大きさの半分に，フェルミエネルギー付近の状態密度 $D(E_{\rm F})$ の積で近似できる．一方，格子のエネルギーの損は，バネ定数を $K$ とおくと $Ku^2$ に比例した損である．ここで，系全体のエネルギーが最小になる $u$ の値を求めよ．このときのエネルギーギャップの大きさを，$u$ 以外のパラメータで表せ．

[8-8] (デバイ遮蔽) 金属中のクーロン相互作用は自由電子によって遮蔽される．金属中の点電荷の作るクーロンポテンシャルが，自由電子の電荷によって遮蔽されることを考えよう．原点に点電荷をおき，原点以外の点に関するポアソン方程式 $\Delta\phi = e(n - n_0)$, ($\phi$ は電位．$n$, $n_0$ は遮蔽によってできる電荷密度，無限遠での電荷密度である) を解く．この場合，$n = n_0 \exp(e\phi/k_{\rm B}T)$ というカノニカル分布を仮定し，さらに $e\phi/k_{\rm B}T \ll 1$ の近似を用いて，電場の解と遮蔽長を求めよ．これをデバイ遮蔽と呼ぶ．

[8-9] (トーマス・フェルミ近似) 前問 [8-8] で，$\phi$ が存在しても，フェルミエ

ネルギーがどこでも一定であるように電子が配置される．この条件から遮蔽長を評価することもできる．これをトーマス・フェルミ近似という．この近似で電場の解と遮蔽長を求めよ．前問 [8-8] の遮蔽長と数値を比較せよ．また近似の相違点を考えよ．

[8-10] (ロンドン方程式) 超伝導体中の磁場の侵入長を求めよう．量子力学の磁場中の電流密度の表式は，波動関数を $\Psi$ とすると，

$$\boldsymbol{J} = -\frac{ie\hbar}{2m}\{\Psi^*\nabla\Psi - \Psi\nabla\Psi^*\} - \frac{e^2}{m}|\Psi|^2\boldsymbol{A}$$

であり，右辺第 1 項を常磁性電流，第 2 項を反磁性電流という．ここで，磁場は時間によらず一定であるとし，さらに超伝導状態を壊さないと仮定すると，磁場があったとしても超伝導状態は BCS 状態を保ち，空間の変調を受けないから，常磁性電流の寄与はないと考えることができる．さらに $|\Psi|^2$ は，超伝導に関わっている電子の数密度であり，$n_s$ とおくと，$\boldsymbol{J} = -n_s e^2 \boldsymbol{A}/m$ と書くことができる．この式を時間に依存しないマクスウェルの方程式で $\mathrm{rot}\boldsymbol{H} = \boldsymbol{J}$ に代入して，1 次元の問題にすると，超伝導体中 $(x > 0)$ では $\boldsymbol{B}(x) = \boldsymbol{B_0}e^{-\lambda x}$ の形に書けることを示し，侵入長 $\lambda$ の表式を求めよ．

[8-11] (電子気体のエントロピー) 電子気体の比熱 $C$ が $T$ に比例することは，4.8 節で説明した．比熱 $C = T(\partial S/\partial T)$ であるから，電子気体のエントロピー $S$ は $T$ に比例することを示し，比例係数を求めよ．また，フェルミ粒子のエントロピーの表式は，電子が状態に占有している数を $n$ とおくと，

$$S = -k_{\mathrm{B}}\sum\{<n>\log<n>+(1-<n>)\log(1-<n>)\}$$

で与えられることを示せ (和はすべての状態についてとる)．$<n>$ としてフェルミ分布関数 $f(E)$ を仮定して，低温での $S$ の振る舞いを求め，上で求めた結果と一致することを示せ．

[8-12] (超伝導体の比熱とエントロピー) 超伝導体を，フェルミエネルギーにおいてエネルギーギャップ $\Delta$ だけあいた自由電子 (半導体) と近似しよう．この場合，電子のフェルミエネルギーはギャップの真ん中にあり，ギャップを越えて電子が励起すると仮定する．さらに問題を簡単化するため，フェルミエネルギー付近の状態密度はギャップ以外の部分では定数とする (注:

実際の超伝導の準粒子の状態密度は定数ではない)．この場合の電子の比熱を計算し，温度の関数としてプロットせよ．エントロピーはごく低温ではどのようになるか?

[8-13] (超伝導体の転移温度での飛び)　常伝導体 $F_{\mathrm{n}}$ と超伝導体 $F_{\mathrm{s}}$ の単位体積あたりの自由エネルギーの差は，臨界磁場 $B_{\mathrm{c}}$ を用いて，

$$F_{\mathrm{n}} - F_{\mathrm{s}} = \frac{B_{\mathrm{c}}^2}{2\mu}$$

である ($\mu$ は透磁率)．エントロピー $S = -\partial F/\partial T$ の表式を用いて，転移温度 $T_{\mathrm{c}}$ では $B_{\mathrm{c}} = 0$ であることを示せ．ここで超伝導・常伝導転移は 2 次の相転移であり，自由エネルギーの 1 次の微分までの変数は転移点で連続である．また $\partial B_{\mathrm{c}}/\partial T \neq 0$ と仮定して良い．$T_{\mathrm{c}}$ での比熱の飛びを，$B_{\mathrm{c}}$ を用いて表せ．

[8-14] (磁束量子)　磁束 $\Phi$ の周りを電子が 1 周する．電子の波動関数は，磁束の作るベクトルポテンシャルで，$\phi(\boldsymbol{r})$ から $\phi(\boldsymbol{r})\exp(ieG/\hbar)$ だけ位相が変化する．ここで $G$ は，ある原点 $\boldsymbol{R}$ から $\boldsymbol{r}$ までの線積分で

$$G = \int_{\boldsymbol{R}}^{\boldsymbol{r}} \boldsymbol{A}(\boldsymbol{r}')d\boldsymbol{r}'$$

と表すことができることを示せ (ヒント: $H = (1/2m)(-i\hbar\nabla - e\boldsymbol{A})^2$ で，$\phi(\boldsymbol{r}) = \exp(ieG/\hbar)\varphi$ の $\varphi$ が，$H = \hbar^2\nabla^2/2m$ の解であることを示す)．磁束 $\Phi$ を回る円積分で線積分を実行し，ストークスの定理 ($\boldsymbol{B} = \mathrm{rot}\boldsymbol{A}$) を用いて 1 周分の位相の変化を求めよ．この位相の変化が $2\pi$ の整数倍になるためには，磁束は磁束量子 $\phi_0 = h/e$ の整数倍でなければならないことを示せ．超伝導の電子対の場合は磁束量子はどうなるか?

[8-15] (コーン異常)　$q = 0$ のフォノンのソフト化 (図 8.6) で，物質のフェルミエネルギーを変化させるとフォノンの振動数がどのように変化するかを，式 (8.7) の分子を定数と仮定して，図に描いて説明せよ．フォノンの振動数は，ラマン分光を用いて調べることができる．物質のフェルミエネルギーを実験的に変化させる方法について調べ説明せよ．またこの実験からどういうことがわかるか説明せよ．

[8-16] (ジョセフソン効果)　2 つの超伝導体が薄い絶縁体で接合した素子をジョセフソン素子という．ジョセフソン素子を調べ，SQUID の原理を式と図

を用いて説明せよ．

[8-17] (GL 方程式) 超伝導などの 2 次の相転移を記述するギンツバーグ・ランダウ方程式を調べ，相転移温度での秩序変数や比熱の変化を記述せよ．磁場下での超伝導が，1 次の相転移を起こすことを示せ．

[8-18] (フォノンの赤外吸収) フォノンの赤外吸収の行列 $<\psi_f|H'|\psi_i>$ の式を求めよ．この行列が 0 にならないためには，どのようなフォノンの振動であればよいか説明せよ．

***tea time***

人生で成功した回数，失敗した回数の比を考えると，3 : 7 ぐらいであると思う．著者は比較的失敗が多い人間である．それでもうまくいっているように見えるのには，いくつか理由があると思う．例えば，ラッキーを確実に摑むこと，また失敗したときには面倒でも元に戻ってやり直すことなどである．

ラッキーとは常に結果論であると思う．これから起こることがラッキーであるか判断するのは難しい．変な話，ラッキーを摑むには，摑んだものがラッキーならよいのである．著者の場合，人が与えてくれる機会をそのまま受けていたら，結果としてラッキーであったことが多い．具体例は別の機会にしたい．

また忘れ物などの失敗も，面倒でも戻って取りにいけば失敗にはならない．計算ミスも，面倒でもやり直せば，全くミスのない結果になる．「面倒でも」という言葉は，オセロのように一度に黒を白にできる．「失敗も良い経験」ぐらいに思っていれば，分解修理しようとして物を壊したり，努力しても実を結ばなかったりしたことでも，意外と簡単に忘れることができる．逆に運が良すぎるとき，例えばテニスで 40-0 になると，ビビって連続失点し負けてしまう．囲碁（強くない！）でも，好調なときに「ふるえた手を打って (囲碁言葉)」負けてしまう．むしろ，0-40 のような前途多難な状況から，1 点 1 点努力して追い付いたときの方が，あとから見れば楽しい時である．勝負事はめっぽう弱いが，運にはまだ見放されていないようである．

# 9 物質中を流れる電子，スピントロニクス

物質の両端に電極を付け電圧をかけると，電流が流れる．電流を制御すれば，トランジスターなどのデバイス (固体素子) ができる．電極に磁石を用いると，スピンの向きがそろった電流 (スピン流) を作ることができる．コンピュータのハードディスクは，スピン流の磁気抵抗効果を利用している．

## 9.1 電流の巨視的イメージ，微視的イメージ

物質中の電流の問題は，輸送現象 (または輸送特性) と呼ばれ非常に幅広く研究されてきた*1)．物質中の電気の流れやすさは，形によらない定数である**電気伝導度** $\sigma$ (S/m)，もしくはその逆数である**抵抗率** $\rho = 1/\sigma$ ($\Omega$m) で表すことができる*2)．ここで直方体の物質を考え，物質の幅 (縦横) を $W$，長さを $L$ とすると，電気抵抗 $R$ は

$$R = \rho \frac{L}{W^2} \quad (\Omega) \tag{9.1}$$

で与えられる．$R$ の逆数を $G = 1/R$(S) と書き，コンダクタンスと呼ぶ*3)．

*1) この章で輸送現象を幅広く取り扱うのは，いささか困難である．読者にはまず，輸送現象の一般的な視点を紹介することにする．

*2) $\sigma$ の単位は，S/m である．S はジーメンスと読む．S は 抵抗の単位 $\Omega$ の逆数であり，昔は mho (モー) と呼んだ．ohm (オーム) の反対である．$\rho$ の単位は $\Omega$m である．

*3)
$$G = \sigma \frac{W^2}{L} \tag{9.2}$$

で与えられる．$R$ (resistance), $G$ (conductance) と，$\rho$ (resistivity), $\sigma$ (conductivity) の英語の使い方に注意しよう．$R$ と $G$ は形に依存し，実際にテスターなどで測る値である．$\rho$ や $\sigma$ は測定値から計算して求める値で，形によらない「物質に固有の値」である．単位も違うし，意味もかなり違うわりには，似たような言葉である．仙台駅でタクシーを利用する際に，運転手に「理学部へ」か「医学部へ」かを誤解されないように言うぐらいの注意が必要である．数値を言う場合には，冗長性を増すためにも単位をつけて言うことは正しい習慣である．

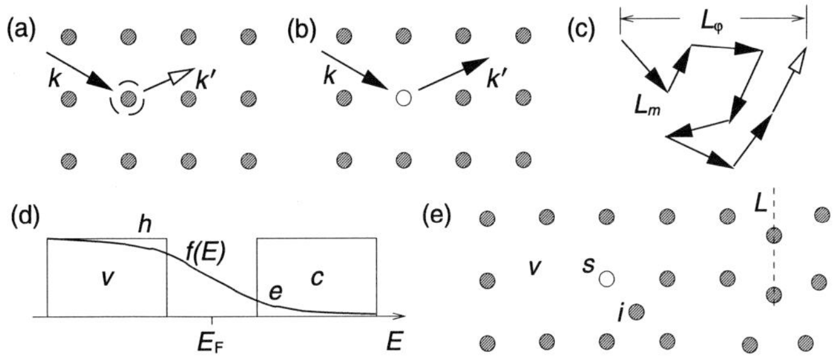


**図 9.1** 電気抵抗の起源．(a) 非弾性散乱．電子の散乱で格子振動が発生．エネルギーを失う (白矢印)．(b) 弾性散乱．不純物ポテンシャルによる散乱．エネルギーは保存．波数の向きが変化．波動関数の位相情報が保存．(c) 結晶中の多重散乱．弾性散乱 (黒矢印) と非弾性散乱 (白矢印) が混在．非弾性散乱が起きると，波動関数の位相情報が消失．$L_\varphi$ が位相緩和長 (平均自由行程)，$L_m$ が運動量緩和長．(d) 半導体の価電子帯 (v) にはホール (h)，伝導帯 (c) には電子 (e) のキャリアーがある．高温ではフェルミ分布関数の傾きが緩やかになりキャリアー数が増加．抵抗が減少．(e) 結晶中の欠陥のイメージ．格子欠損 (v)，置換原子 (s)，格子間原子 (i) などは点欠陥．新たに原子層が入ると面欠陥 (L)．

電気抵抗は温度によって変化する．これは物質の熱膨張*4)の効果もあるが，「抵抗率 $\rho$ の温度変化による効果」が大きい．例えば金属の場合には，温度を上げると抵抗率 $\rho$ が増える．つまり金属は高温の方が電気を流さない．これは，電場によって加速された電子が，フォノンを放出すること (電子格子相互作用) によって，一定の時間 (緩和時間) または一定の距離 (緩和長) 進むとエネルギーが失われる (非弾性散乱) からである (図 9.1(a))．高温では格子振動が活発で，非弾性散乱が頻繁に起こる．逆に半導体の場合には，温度を上げると $\rho$ が減少する．つまり半導体は高温の方が電気を良く流す．これは，温度が上がることで半導体のキャリアー*5)の数が増えるからである (図 9.1(d))．フェルミ分布関数の「ぼけ」*6)の効果である．常温での電子の散乱では，フォノンによって散乱される非弾性散乱が重要である (図 9.1(a))．低温になると格子振動が小さく

---

*4) これはフォノンの非調和項の効果であった．3.5 節の図 3.5 で勉強した．

*5) 電荷を運ぶ担い手．電荷担体．n 型半導体なら電子，p 型半導体ならホールである．半導体は不純物をドープ (添加) することでドナー準位，アクセプター準位を作り，キャリアーを生成する．キャリアーの種類が電子かホール (hole) かは，ホール (Hall) 効果の測定でわかる．

*6) 温度 $T$ が上昇すると，熱的な励起によってフェルミ分布関数は $(T=0)$ 階段関数から緩やかなカーブに変わる．これをフェルミ分布関数の「ぼけ」という．4.8 節の図 4.9 で勉強した．

なり，電子格子相互作用の値も小さくなるので，平均自由行程は長くなる*7)．低温で重要になってくるのが弾性散乱の効果である．

弾性散乱とはエネルギーを失わない散乱である (図 9.1(b))．物質中に結晶の「格子欠陥 (図 9.1(e))」*8)があるところでは，電子の波数 $\boldsymbol{k}$ は「良い量子数」ではなくなるので，他の波数 $\boldsymbol{k}'$ に散乱する．これが弾性散乱である．弾性散乱ではエネルギーの損失はないが，電場の方向に逆らう方向に散乱されるので，電子が減速され電気抵抗の起源になる．欠陥の量が多いほど，大きな電気抵抗になる．また電子はスピンを持っているので，磁場や磁性体との相互作用によっても複雑な挙動をする．以下，いろいろな状況での電子の振る舞いをみることにしよう．結晶中では，弾性散乱と非弾性散乱が混在する (図 9.1(c))．

## 9.2 移　動　度

電子 (ホール) は，電場 $\boldsymbol{E}$ 中で $-e\boldsymbol{E}$ ($e\boldsymbol{E}$) の一定の力を受ける (等加速度運動) ので，速度は経過時間 $t$ に比例して $-e\boldsymbol{E}t/m$ ($m$ は有効質量) になる．緩和時間 $2\tau$ だけ時間が経過し，電子の持つ速度が失われるとすると*9)，電子の平均の速度 $\boldsymbol{v}$ は，$-e\boldsymbol{E}\tau/m$ である (図 9.2(a))*10)．

1 秒間に $1\,\mathrm{m}^2$ の断面を通過する電荷が，電流密度 $\boldsymbol{J}$ ($\mathrm{C/m^2s}$) であり，

$$\boldsymbol{J} = -n_\mathrm{c}e\boldsymbol{v} = \frac{n_\mathrm{c}e^2\tau\boldsymbol{E}}{m} \tag{9.3}$$

である．ここで $n_\mathrm{c}$ は単位体積あたりのキャリアー数である*11)．電磁気学では

---

*7) 低温であっても電子格子相互作用がある限り，フォノンを放出する過程はある．電子がフォノンのエネルギーに比べて大きな運動エネルギーを持つ場合には，フォノンを放出し減速する．これは電流値が飽和する起源になる．

*8) 結晶の周期性の乱れを格子欠陥と呼ぶ．格子欠陥には，ある原子が，(1) なくなっていたり，(2) 別の原子に置き換わっていたり，(3) 格子間にあるような，点欠陥がある (図 9.1(e))．また原子の結晶面がずれる線欠陥や面欠陥がある．物質の表面も周期性が終端しているので欠陥と考えることができる．Si 半導体では，ゾーンメルティング法 (結晶棒の融ける部分を端から端に移動させることで，不純物や欠陥を一緒に移動させて単結晶の純度を上げる方法) などで結晶成長を精密に制御し，欠陥を極端に少なくする技術が確立し，良質のデバイス作成に貢献している．

*9) 非弾性散乱なら，フォノンを放出することで電子は運動エネルギーを失う．弾性散乱でも，電場に逆らう方向に散乱されれば，電場からの力によって減速する．このような過程をすべて緩和時間というパラメータに押し込めている．これを緩和時間近似と呼ぶ．

*10) ここで，$2\tau$ を使ったのは平均速度の分母に 2 が付かないためである．緩和時間の定義として，この定義が広く用いられる．

*11) 電荷を運ぶ粒子をキャリアーと呼ぶ．電子と読み替えても良いが，半導体の場合にはホールもあ

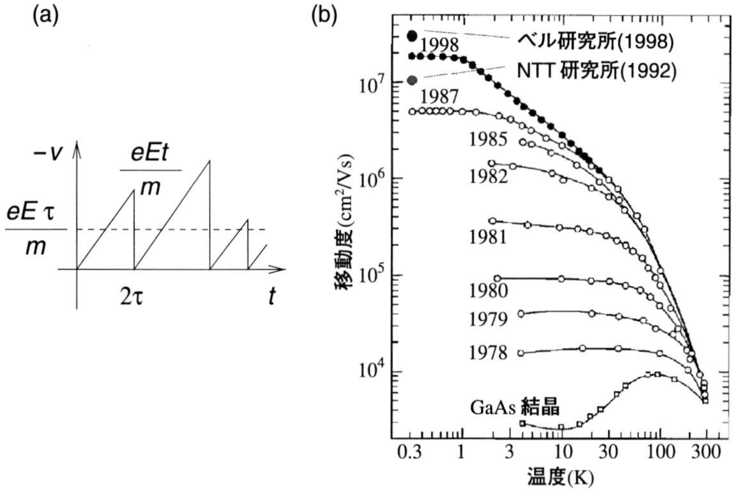


図 9.2 (a) 移動度．電子は電場 $\boldsymbol{E}$ 中で等加速度運動する．緩和時間 $2\tau$ で電子の速度が 0 になると，平均速度の大きさ $v$ は $e\boldsymbol{E}\tau/m$ (破線) になる．$\tau$ が大きく $m$ が小さいと，同じ $\boldsymbol{E}$ でも $v$ が大きくなる．(b) 移動度は低温で大きな値．半導体製造技術の進歩とともに激増．NTT 研究所 (1992)，ベル研究所 (1998) の当時の世界記録の値を表示 (東北大学 平山祥郎教授のご厚意による)．

$\boldsymbol{J} = \sigma \boldsymbol{E}$, ($\sigma$(C/mVs) は電気伝導度) の関係があり，式 (9.3) より $\sigma$ は

$$\sigma = \frac{n_{\mathrm{c}} e^2 \tau}{m} \tag{9.4}$$

である．電気伝導度 $\sigma$ は，物質中の単位体積あたりのキャリアー数 (電子数 $n$ とホール数 $p$) と，1 個のキャリアー数の動きやすさを表す移動度 $\mu$ の積

$$\sigma = ne\mu_e + pe\mu_h \tag{9.5}$$

で表すことができる．ここで，$\mu_e$ ($\mu_h$) は電子 (ホール) の移動度である．移動度の単位は $\mathrm{m^2/Vs}$ である*12)．式 (9.4) と式 (9.5) を比べると，移動度は

---

るので，両方を含めてキャリアーと呼ぶ．

*12) 移動度は，モビリティと言う場合が多い．また単位も慣習上 $\mathrm{cm^2/Vs}$ が使われることが多い．Si の移動度は，電子がだいたい 1000 $\mathrm{cm^2/Vs}$ であり，ホールはその半分と覚えておけば良い．GaAs などの電子の移動度は，一桁上がって 10000 $\mathrm{cm^2/Vs}$ (ホールは 500 $\mathrm{cm^2/Vs}$)，HEMT (high electron mobility transistor，ヘムト) になると，さらにもう一桁上がって 100000 $\mathrm{cm^2/V{\cdot}s}$ のオーダーになる．HEMT では，電荷を供給する不純物のある場所と，電荷が流れる不純物のない場所をデバイス作成技術で分けることによって，無散乱を実現した．最近の研究によると，1 層のグラファイト原子層 (グラフェン) が 100000 $\mathrm{cm^2/Vs}$ を越える移動度を観測している．

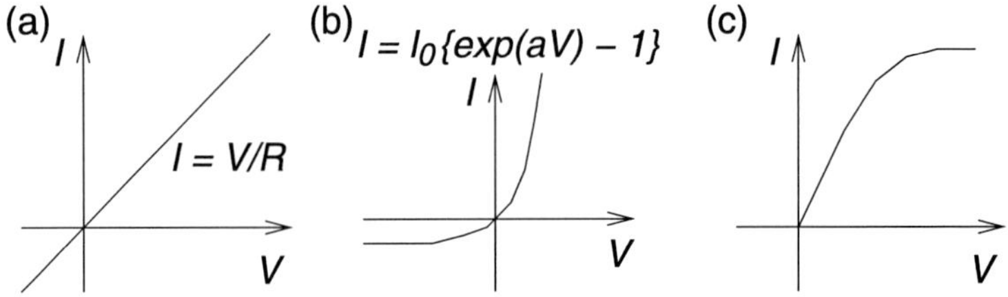


図 **9.3**　(a) オーミック伝導の IV 特性．(b) 非オーミック伝導．ダイオード．一方向にのみ電流が良く流れる．(c) 非オーミック伝導．ヒーター (白熱電球)．電流が流れると温度が上がり抵抗が大きくなる．

$$\mu_i = e\tau_i/m_i, \qquad (i = \mathrm{e}, \mathrm{h}) \tag{9.6}$$

と表され，緩和時間 $\tau_i$ に比例し，有効質量 $m_i$ に反比例する．つまり散乱が少なく有効質量が小さい方が移動度は大きい．有効質量は，電子に比べてホールの方が大きいので，移動度はホールの方が小さい．また結晶中の欠陥を少なくすると大きな $\tau$ を得ることができ，大きな移動度を得ることができる．半導体結晶成長技術の進歩により，現在非常に高い移動度が実現できている (図 9.2(b))．

## 9.3　オーミック伝導，非オーミック伝導

家庭用の電気製品に流れる電流は，オームの法則 ($V = RI$, 電圧 = 抵抗 × 電流) に従う．オームの法則に従う伝導をオーミック伝導という (図 9.3(a))．一方，半導体の素子 (例えばダイオード，図 9.3(b)) や白熱電球 (図 9.3(c)) ではオームの法則が成り立たない．ダイオードは，電流の流れる向きによって電流値が異なり，白熱電球はフィラメントの温度が高くなると抵抗が大きくなる．このような伝導を非オーミック伝導という．非オーミック伝導を理解するには，伝導の物理現象を理解する必要がある．

移動度を考えるときに，散乱の緩和時間 $\tau$ を考えた．$\tau$ にフェルミエネルギー付近の電子の速度 (フェルミ速度) $v_\mathrm{F}$ をかけたものを緩和長 $L_\mathrm{MFP} = \tau v_\mathrm{F}$ と

---

2008 年現在の最高値は，$3\times10^7\,\mathrm{cm^2/Vs}$ である．移動度はトランジスターの高速動作と密接な関係がある．GHz さらには THz のオーダーの信号を処理するためには，応答の良い半導体が必要である．一方，有機物で作る有機半導体であると $1\,\mathrm{cm^2/Vs}$ の値でもそれほど悪い値ではない．もちろん GHz 帯には使えないが，別の用途ではこの移動度で十分という世界もある．単独の数値が良いから性能が良いという考えは，どこの世界でも成り立たない話である．

表 **9.1** 散乱機構による緩和長依存性

| 緩和長 | 散乱機構 | | | |
|---|---|---|---|---|
| | 弾性散乱 | 磁性不純物 [b] | フォノン | 電子電子 [c] |
| | $N_i$ [a] | $N_s$, $B$ | $T$ | $N_c$, $W$ |
| $L_m$ | 減少 | 減少 | 減少 | 不変 |
| $L_\varphi$ | 不変 | 減少 | 減少 | 減少 |

[a] $N_i$ 散乱体の数.

[b] 磁性不純物では不純物のスピンの励起 (したがって非弾性散乱) が可能. $N_s$ は磁性不純物の数. $B$ は磁場 (励起エネルギーを可変) で散乱が抑制される.

[c] 価電子帯内の電子だけを考えている. $N_c$ はキャリアー数. $W$ はエネルギーバンド幅.

呼ぶ．緩和長にはいくつかの種類がある．電子が弾性散乱すると，電流が流れる方向の速度成分が失われる．失われるまでの距離を**運動量緩和長** $L_m$ という (図 9.1(c))．$L_m$ を単に**平均自由行程** (mean free path) と呼ぶ*13)．弾性散乱の場合には電子のエネルギーは変わらないので，電子の波動関数を $e^{i\boldsymbol{kr}}$ のように書くとき，運動量の向き $\boldsymbol{k}$ は変わるとしても波動関数の位相情報*14)は失われない．この場合には，散乱前の波と一部散乱した波は，干渉することができる*15)．一方，フォノンを放出するような非弾性散乱では，位相の情報は失われる．$L_\varphi$ の長さ進んだ場合に位相の情報がなくなるとしたとき，$L_\varphi$ を**位相緩和長** という．$L_\varphi$ の長さ以上では，電子の波動関数は互いに干渉しない．

表 9.1 に，運動量緩和長 $L_m$ と，位相緩和長 $L_\varphi$ の散乱機構による変化を示す．散乱する機構があれば，それぞれの緩和長が減少する．弾性散乱の場合には，$L_m$ が減少し $L_\varphi$ は不変である．また価電子帯の中の電子電子相互作用では，$L_m$ が不変である．電子電子相互作用は，電子同士の衝突によって位相情報

*13) この結果は，$L_m$ が $L_\varphi$ より小さい（弾性散乱が非弾性散乱よりも頻繁に起きる）場合を想定している．正確には，平均自由行程 $L_{\mathrm{MFP}}$ は，$L_{\mathrm{MFP}}^{-1} = L_m^{-1} + L_\varphi^{-1}$ で与えられる．

*14) 波動関数が指数関数 $e^{i\boldsymbol{k}\cdot\boldsymbol{r}}$ のように書かれているとき，指数関数の肩の部分は 0 から $2\pi$ まで変わり関数全体は周期的である．波動関数を $Re^{i\theta}$ ($R$ は実数) と書いたときの $\theta$ を波動関数の位相という．弾性散乱の前後では，散乱体の形に依存した位相の有限の飛び (phase shift) はあるが，位相の情報は失われない．つまり入射波の $\boldsymbol{r}$ での位相から散乱波の $\boldsymbol{r}'$ での位相の値を知ることができる．

*15) 量子力学を勉強したときに，二重スリットを通過した散乱波は干渉を起こすことを学んだ．これは弾性散乱である．メゾスコピック系とは，電子の波動関数の干渉が系全体で同時に起こるぐらい小さな系のことを指す．典型的な大きさ $L$ ($< L_\varphi$) は 1〜100 nm ぐらいである．1 nm 以下の原子や分子の世界では，原子の波動関数は一定の符号を持って分子軌道を作る．

表 **9.2** 輸送現象における特徴的なパラメータ

| 記号 | 名前 | 定義 |
|---|---|---|
| $M$ | チャネル数 [状態の数] | 1 つの電子が干渉可能な状態で通り抜ける電子状態 (チャネル) の数．式 (9.7)．量子伝導では，M に比例した伝導度になる． |
| $L$ | 試料の長さ | 電流が流れる方向の試料の長さ． |
| $L_F$ | フェルミ波長 [a] | フェルミエネルギーでの電子のド・ブロイ波長 $2\pi/k_F$． |
| $L_m$ | 運動量緩和長 [b] | 電子が最初に持っていた運動量の大部分を失うまでに進む距離． |
| $L_\varphi$ | 位相緩和長 | 電子が最初に持っていた位相情報の大部分を失うまでに進む距離． |
| $L_c$ | 局在長 | 電子の波動関数が空間的に広がっている長さ．$L_c = ML_m$． |
| $L_T$ | 熱的拡散長 | 熱の揺らぎによる拡散 [c] の長さ．$L_T^2 = \frac{D\hbar}{k_B T}$ (アインシュタインの関係式) で定義． |
| $t_t$ | 経過時間 | 電子が $L$ の距離を進む時間． |
| $t_m$ | 運動量緩和時間 | $t_m = L_m/v_F$． |
| $t_\varphi$ | 位相緩和時間 | $t_\varphi = L_\varphi/v_F$． |
| $D$ | 拡散係数 | ランダムな弾性散乱によって電子がどれぐらい拡散 [c] するかを示す係数．$D = L_\varphi^2/t_\varphi$． |
| $R_0$ | 量子抵抗 | 散乱が全くなくても生じる量子化された抵抗値．1 つのチャネルが持つ値．$R_0 = \frac{h}{2e^2} = 12.9064\mathrm{k}\Omega$ (式 (9.9))． |
| $G_0$ | 量子伝導度 | $R_0$ の逆数．$G_0 = \frac{2e^2}{h} = 77.4809 \times 10^{-6}\Omega^{-1}$ (式 (9.10))． |

[a] $v_F$ ($k_F$) はフェルミ速度 (波数)．
[b] $L_m$ は通常平均自由行程と呼ばれる．
[c] 拡散とは，電子の散乱を巨視的にみたときの，電子の平均的な位置の時間的変化を意味する．本書では，熱的な拡散についての議論には触れていないが，輸送を考える場合には重要な長さである．

が失われるが運動量は失われない*16)．弾性散乱が起きるのは「静的なポテンシャル」による散乱である．ここで「静的なポテンシャル」とは，格子欠陥や不純物原子のポテンシャルのことであり，時間とともに変化しないポテンシャルである．一方,「動的なポテンシャル」とは，散乱体にエネルギー励起する量子 (例えばフォノン，スピン，別の電子) があるポテンシャルのことである．例えば，8.2 節で出てきた断熱ポテンシャルは，動的なポテンシャルである．磁性不純物のようにスピンがあれば，電子の散乱のときにスピンの向きが変わるので非弾性散乱になる*17)．表 9.2 に，輸送現象を理解する場合の特徴的なパ

*16) 電子電子の散乱は，2 つの終状態がともに電子によって占有されていない場合にのみ起こる．1 つの電子を追尾すれば，運動量は変化する．しかし電子電子相互作用は内力なので，電子全体の運動量は変化しない．電子全体の運動量を変化させるには電場などの外力が必要である．

*17) 磁性不純物による散乱は，低温での輸送特性に特徴的な温度依存性を示す．この効果を,「the Kondo effct (近藤効果)」という．近藤効果は，電子電子相互作用や磁場を伴うと複雑な挙動を

ラメータを列挙する．

## 9.4 接触抵抗と 4 端子法，ホール効果

物質の電気抵抗 (導電率) を測定する場合には，物質の両端に金属電極を付け，電極間の電圧と物質を流れる電流を測定する．これは 2 端子法と呼ばれる簡便な方法であるが，電極と物質の間の接触抵抗*18)を考えていないので正確な抵抗率を測定する手段ではない．特に，測定する物質が小さい場合にはこの接触抵抗の寄与が相対的に大きく，抵抗率を測定する回路に接触抵抗が直列に入っている状況では電極の付け方によって流れる電流が大きく変わる．この問題を回避するために，標準の測定として **4 端子法**が使われる．

図 9.4 に，(a)4 端子法の回路と，(b) 等価な回路を示す．4 つの電極の外側の 2 つの電極 A と D に電圧をかけ，回路に流れる電流値を測定する．この電流値には，接触抵抗 2 個分の抵抗 $2R_c$ の寄与が含まれている．内側の 2 つの電極 B と C に電圧計を付け電圧を測る．このとき電圧計の内部抵抗が接触抵抗より十分大きければ，電圧計に流れる電流は回路の電流に比べ無視することができ，したがって端子 B と C の間の電圧には接触抵抗の影響がない*19)．直列の回路であるので回路の電流は一定であり，ここから物質に固有の抵抗，また試料の形状から抵抗率の値を求めることができる．これを **4 端子法**と呼ぶ．

図 9.4(a) では，B と C の電極の反対側にも電極がある．これは，ホール効果の測定に用いられる．ホール効果の測定では，AD 間に電流を流した状態で，磁場を基板に垂直にかける．するとキャリアー (電子またはホール) がローレンツ力を受けて曲がるので，AD と直角方向に電圧 (ホール電圧) が発生する．B と B の反対の電極に電圧計をおいてホール電圧を測定する．この結果，物質中の電流が電子によるものかホールによるものかがわかる．これは，半導体の n

---

する．名前を伴う効果は，英語では the Kondo effect のように the を付けるか Kondo's effect と表す．the Brilloin zone なども同じである．

*18) 電極と物質の界面で生じる抵抗を接触抵抗という．接触抵抗によって電圧降下が起こるので，物質には電極にかかる電圧より小さな電圧しかかからない．錆びや表面の粗さなどによる接触抵抗と，仕事関数が異なることによる「2 つの物質間に固有の接触抵抗」がある．

*19) ここで，$2R_c + R_{\text{内部抵抗}} \gg R_{BC}$ であることも必要である．最近の電圧計は，デジタル化しているので非常に内部抵抗が大きく 10 MΩ 以上ある．

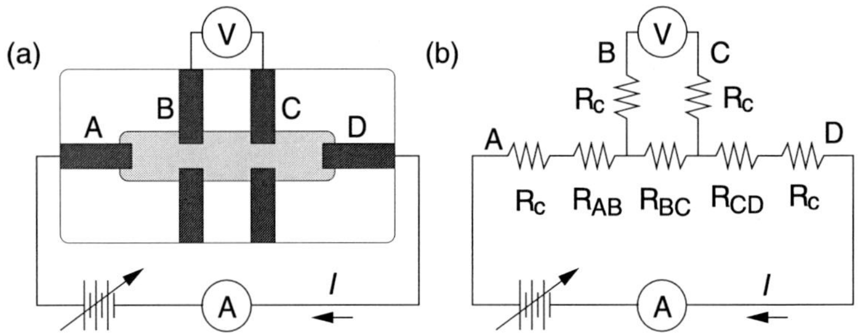


図 9.4　(a) 4 端子法の装置図．基板上に伝導度を測定したい物質をおき，合計 6 個の電極を付ける．A と D の電極に電圧をかけ，回路に流れる電流 $I$ を電流計 (丸で囲んだ A) で測定する．一方，B と C の電極の間の電圧 $V$ を電圧計 (丸で囲んだ V) で測定する．電圧計を A と D に付ければ，2 端子法である．
(b) (a) の等価回路．電極と物質の界面には接触抵抗 $R_{\rm c}$ がある．電圧計の内部抵抗が $R_{\rm BC}$ に比べて十分大きければ，電圧計に流れる電流は無視できる．また電圧計の内部抵抗が $2R_{\rm c}$ より十分大きければ，電圧計の測定値は接触抵抗 $R_{\rm c}$ によらず $R_{\rm BC}$ にかかる電圧に近似できる．電流値 $I$ と物質の形状の情報から，接触抵抗の影響を受けない伝導度の測定が可能である．

型，p 型を判定する場合に使われる (演習問題 [9-2])*20).

## 9.5　量子伝導度，ランダウワーの式

2 つの電極 1 と 2 につながっている長さ $L$ の物質で，電子の散乱がない理想的な場合*21)を弾道輸送 (バリスティック伝導) という．弾道輸送では，電気抵抗が 0 になるわけではなく一定の量子伝導度を持つ．このことを示そう．電極 1 と 2 の静電容量が十分に大きければ，電極の化学ポテンシャル (フェルミエネルギー) は電流の大きさによらず一定の値 $\mu_1, \mu_2, (\mu_1 > \mu_2)$ とおくことができる．電子が電極で反射しないとすると，波数 $k > 0$ を持った電子は図 9.5 の左から右に動く．この場合，電子のエネルギーが $\mu_2 < E < \mu_1$ であれば電流に寄与する．物質中を運動する電子は一定の速度で動き，最初のエネルギー $E$

*20)　ホール効果という言葉が付くものとして，強磁性金属において磁化に起因した異常ホール効果や，スピン軌道相互作用に起因したスピンホール効果，局在効果に関連した量子ホール効果，さらには電子電子相互作用に起因した分数量子ホール効果 などが知られている．

*21)　平均自由行程 $L_m$ が $L_m > L$ ($L$ は物質の長さ) を満たすときには散乱がないと考えられる．9.5 節では $L \ll L_m, L_\varphi$ の状況を考えている．

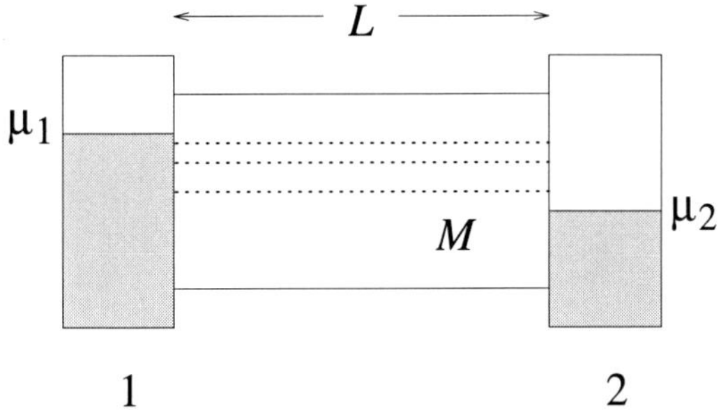


図 **9.5** 2 つの電極 1 と 2 につながった長さ $L$ の弾道輸送をする物質．2 つの電極は化学ポテンシャル e $\mu_1$, $\mu_2$ を持つ．$M$ は電極 1 から 2 に動く $k>0$ の電子のチャネル数である．

のままで右側の電極に飛び込む．したがって電位降下は，2 つの電極のところだけで起きる．またフェルミエネルギーは，右向き $(k>0)$ と左向き $(k<0)$ の電子で異なると考えるべきであり，それぞれ $\mu_1$，$\mu_2$ である*22)．

もう 1 つ考えなければいけない重要な概念がチャネル数 (電子の通り道の数) である．有限の幅がある測定試料では，幅の方向にエネルギー量子化が起こる．一方，電流が流れる方向は連続なので，量子化された複数のエネルギーバンド $E_j(k)$*23)ができ，1 次元の波数 $k$ に対しそれぞれのエネルギーの値を持つ．このとき全電流 $I$ には，ある $k$ に対し $\mu_2 < E_j(k) < \mu_1$ を満たすすべてのエネルギーサブバンドからの寄与がある．このエネルギーサブバンドの数をチャネル数と呼ぶ*24)．チャネル数はエネルギー $E$ の関数であり，$M(E)$ と表す．

ある電子が速度 $v = \hbar^{-1}(\partial E/\partial k) > 0$ を持ち $\mu_2 < E < \mu_1$ の領域に入るとき，電流 $I = e/t_t$ が発生する．ここで $t_t = L/v$ はサンプルの端から端まで行くのにかかる経過時間である (表 9.2)．このとき全電流 $I = e < v > /L$ は，エネルギーサブバンド $j$ ごとの $v$ の平均 $< v >$ の和で与えられる．

---

*22) 通常フェルミエネルギーは，系の電子が熱平衡状態にあって，エネルギーの低い状態から占有したときの最大のエネルギーとして定義されるが，このように右向きと左向きの電子の間に相互作用がない場合には，フェルミエネルギーが一定になるようには緩和しない．

*23) エネルギーサブ (副) バンドである．$j$ 番目のエネルギーバンドの値が $E_j(k)$ である．

*24) 例えば，2 つの地点を結ぶ道路が，一般道，有料道路，高速道路の 3 種類であれば，可能な経路 (チャネル) は 3 つであり，総輸送量は 3 つの経路の輸送能力の和に比例する．もし 3 つの輸送能力が同じなら，単に経路数の 3 倍になる．また時速 100 km の車は高速道路しか走行できない．同様に，ある $k$ の場合にはチャネル数が小さくなる場合も考えられる．

$$\begin{aligned} I &= \frac{e}{L} \cdot \frac{2L}{2\pi} \sum_j \int_{k>0} \frac{1}{\hbar} \frac{\partial E_j(k)}{\partial k} \left[ f(E_j - \mu_1) - f(E_j - \mu_2) \right] dk \\ &= \frac{2e}{h} \int \left[ f(E - \mu_1) - f(E - \mu_2) \right] M(E) dE \\ &= \frac{2e^2}{h} M \frac{(\mu_1 - \mu_2)}{e} \end{aligned} \tag{9.7}$$

つまり $I$ は電位差 $(\mu_1 - \mu_2)/e$ とチャネル数 $M$ に比例する．式 (9.7) で $j$ に関する和と $k$ に関する積分は，$E$ に関する積分 $M(E)dE$ に置き換えた．ここでは簡単のため，伝導チャネルの総数が $\mu_2 < E < \mu_1$ で一定 $(M(E) = M)$ であるとした*25)．式 (9.7) の 1 行目の $2L/2\pi$ はスピンの縮重度 2 を含む $k$ の準位の密度 (式 (2.21)) である．また式 (9.7) の 2 行目の $2e/h$ は，エネルギーサブバンドごと，エネルギーごとの量子化された電流 (単位は A/J) である．$f(E - \mu_i), (i = 1, 2)$ はフェルミ分布関数であり，$\mu_i$ はそれぞれのフェルミエネルギーである．

電極間の電圧は $V = (\mu_1 - \mu_2)/e$ であるので，バリスティック伝導をする物質の抵抗は

$$R_{\mathrm{c}} = \frac{(\mu_1 - \mu_2)/e}{I} = \frac{h}{2e^2} \cdot \frac{1}{M} \tag{9.8}$$

で与えられる．ここで $R_{\mathrm{c}}$ は接触抵抗である*26)．$h/2e^2$ は量子抵抗 $R_0$ であり，この量子抵抗が $M$ 個並列になった結果に等しい．$R_0$ の値は，

$$R_0 = \frac{h}{2e^2} = 12.9064 k\Omega \tag{9.9}$$

になる．全く散乱を起こさない細線の極限では，この量子抵抗が観察される．式 (9.8) の逆数は接触伝導度 $G_{\mathrm{c}}$ であり，これは $R_0$ の逆数の量子伝導 $G_0$ の $M$ 倍になる．$G_0$ の値は，

$$G_{\mathrm{c}} = G_0 M, \qquad G_0 = \frac{2e^2}{h} = 77.4809 \times 10^{-6} \mathrm{S} \tag{9.10}$$

である．半導体の回路では，ゲート電圧を変化させて電子の通り道の幅を変化

---

*25) $M(E)$ は状態密度ではない．$M(E)$ や $M$ の次元は，[1/J] ではなく [1] である．細線の幅が 1 nm であると $\mu_1 - \mu_2 = 1\,\mathrm{eV}$ でも $M = 1$ である．一方，幅が 1 $\mu$m であると $\mu_1 - \mu_2 = 1\,\mathrm{eV}$ で，$M \sim 10^6$ ぐらいに大きくなる．$M = 1$ であっても 1 つのエネルギーバンドであるので，多くの $k$ の状態がある．

*26) バリスティック伝導をする物質中では電圧降下がないので抵抗がない．抵抗があるとすれば電極における接触抵抗のみである．

させることができる[*27)]．極低温の半導体結晶では，散乱がほとんどなくなりバリスティック伝導になる．このとき伝導度が量子化され，$G_0$ の整数倍になる[*28)]．

もし物質に不純物ポテンシャルなどによる散乱がある場合には，波動関数は量子力学でトンネル確率 $\mathcal{T}$ を計算することになる．$\mathcal{T}$ が 1 でない場合には，伝導度 $G$ と抵抗 $R$ は

$$G = \frac{2e^2}{h} M\mathcal{T} \equiv \frac{2e^2}{h} \sum_{ij}^{M} |t_{ij}|^2, \qquad R = \frac{h}{2e^2} \cdot \frac{1}{M\mathcal{T}} \tag{9.11}$$

のように与えられる．チャネル数 $M$ が 1 より大きい場合には，$\mathcal{T}$ は $i$ 番目から $j$ 番目のチャネルの透過確率 $|t_{ij}|^2$ の和で与えられる．式 (9.11) はランダウワーの公式として知られている．ランダウワーの公式は，波動関数が結晶全体を行き渡る場合にのみ成り立つ[*29)]．

$M = 1$ である細線をメゾスコピック[*30)]な細線と呼ぶとすると，このメゾスコピックな細線部分の抵抗 $R_w$ は透過確率 $\mathcal{T}$ で表され，

$$R_w = R - R_{\rm c} = R_0 \frac{1-\mathcal{T}}{\mathcal{T}} \equiv R_0 \frac{\mathcal{R}}{\mathcal{T}} \tag{9.12}$$

と書くことができる．$R_w$ は透過しない波動関数の反射確率 $\mathcal{R} = 1 - \mathcal{T}$ に比例し，細線中の電圧降下を与える．

## 9.6　オームの法則に従う伝導

巨視的な大きさの金属の場合，電子の波動関数の位相が緩和するような散乱[*31)]があるので，シュレディンガー方程式で電子の波動関数を物質の端から端

*27)　半導体の反転層と呼ばれる層の厚さは，ゲート電圧で変化させることができる．

*28)　グラフェンのように，エネルギーバンドに時間反転対称性があり，エネルギーバンドが常に二重に縮退している場合には，$G_{\rm c}$ は $G_0$ の偶数倍になる．

*29)　量子力学で固体の問題を解いた場合には散乱がなく，ブロッホの定理が結晶全体で成り立つので波動関数が結晶全体に広がる．一方，散乱がある場合には，波動関数はある空間だけに閉じ込められる．これを局在するという．局在する波動関数は，局在する部分だけで量子抵抗を持つと考えれば良い．物質の端から端まで量子抵抗が $N_L$ 個直列につながった抵抗が，$M$ 本並列にあると考える．こういう状況がマクロな物質の伝導であり，伝導度は連続的な値をとる．

*30)　ミクロスコピック (微視的な) とマクロスコピック (巨視的な) の中間の大きさをいう．半導体の場合 $1\mu$m 程度の大きさを指す．最近は，100 nm 以下の大きさをナノ構造と呼ぶ場合が多い．

*31)　例えば電子格子相互作用によるフォノンとの非弾性散乱．ここでは，$L_\varphi \ll L_m \ll L$ の状況を考えている．

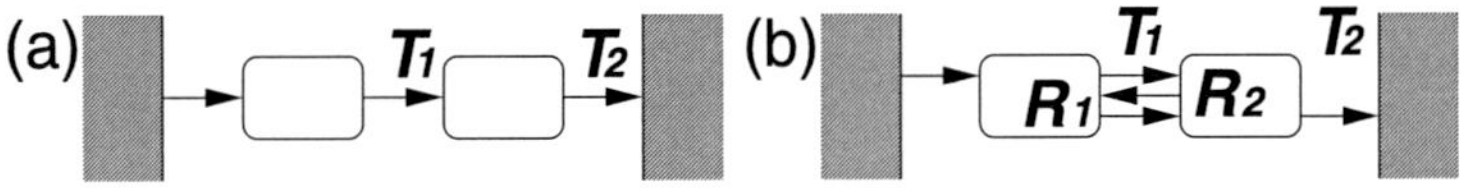


図 9.6 オームの法則に従う伝導．電極の間に 2 つの散乱体があり，それぞれの透過確率を $\mathcal{T}_1$, $\mathcal{T}_2$ とすると，(a) 電子がそのまま通過する場合の確率は，$\mathcal{T}_1\mathcal{T}_2$ である．(b)$\mathcal{T}_1$ で透過後，反射確率 $\mathcal{R}_2$ で反射し，さらに反射確率 $\mathcal{R}_1$ で反射したあと $\mathcal{T}_2$ で透過する場合の確率は，$\mathcal{T}_1\mathcal{R}_2\mathcal{R}_1\mathcal{T}_2$ である．確率の積であるので，積の順番は自由に変えることができる．2 回以上の多重散乱がある場合には，式 (9.13) で与えられる．

まで解いても，散乱を記述できない．位相の情報が失われる場合，ある散乱波と次の散乱波の波動関数の間の干渉効果は無視できる．この場合には，透過確率はそれぞれの散乱過程の透過確率 $\mathcal{T}_i$ と反射確率 $\mathcal{R}_i = 1 - \mathcal{T}_i, (i = 1, \ldots, N)$ の積を足し合わせた形で表すことができる．

ここで $i = 1$ と $i = 2$ の間の多重散乱*32) を考える (図 9.6) と，1 と 2 の間の透過確率 $\mathcal{T}_{12}$ は，

$$\begin{aligned} \mathcal{T}_{12} &= \mathcal{T}_1\mathcal{T}_2\left(1 + \mathcal{R}_1\mathcal{R}_2 + \mathcal{R}_1^2\mathcal{R}_2^2 + \cdots\right) \\ &= \frac{\mathcal{T}_1\mathcal{T}_2}{1 - \mathcal{R}_1\mathcal{R}_2} \end{aligned} \tag{9.13}$$

で与えられる．式 (9.13) は，以下のように書き直すことができる．

$$\frac{1 - \mathcal{T}_{12}}{\mathcal{T}_{12}} = \frac{1 - \mathcal{T}_1}{\mathcal{T}_1} + \frac{1 - \mathcal{T}_2}{\mathcal{T}_2} \tag{9.14}$$

抵抗に対する式である式 (9.12) と式 (9.14) を見比べると，2 つの部分の抵抗は，それぞれの抵抗の和 $R_{12} = R_1 + R_2$ になっている．したがって同様のことを $N$ 個の散乱体で行うと

$$R - R_{\mathrm{c}} = R_0 \sum_i^N \frac{1 - \mathcal{T}_i}{\mathcal{T}_i} \sim N R_0 \frac{1 - \mathcal{T}}{\mathcal{T}} \tag{9.15}$$

と与えられる．ここで $\mathcal{T}$ は $N$ 個の散乱体での透過確率の平均値*33) である．したがって全体の抵抗は微視的な抵抗の和になり，長さ $L$ に比例する．古典的な電流であるオームの法則の微視的な解釈である．

---

*32) 何回も反射する状況を多重散乱という．
*33) 平均は，運動量緩和長 $L_m$ にわたってとる．

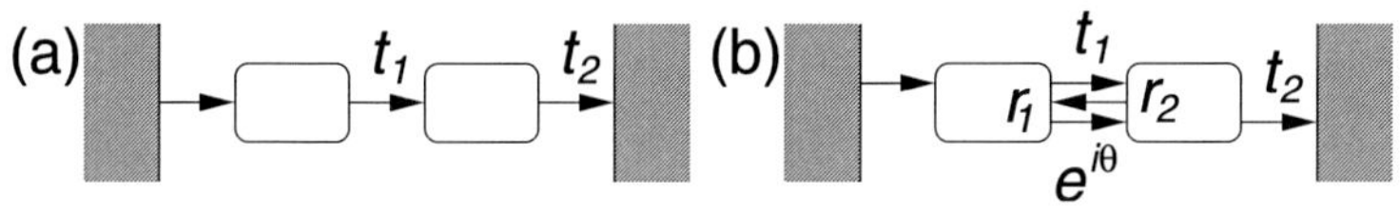


図 9.7 位相情報が残っている弾性散乱の場合には，図 9.6 の場合と異なり，波動関数の透過係数 $t_i$，反射係数 $r_i$ (複素数) を考えないといけない．(a) 反射がなく 2 つの領域を弾性散乱して通過する場合，(b) さらに 2 つの散乱領域 (四角) の間を波動関数が往復すると，波の位相が変化する．位相変化分 $e^{i\theta}$ が反射係数にかかる．さらに多重散乱する場合も含めると式 (9.16) を得る．

## 9.7 局在効果，後方散乱における電子波の干渉，磁気抵抗効果

最後に「電子の局在」を考える．電子の散乱が弾性散乱だけとし，電極 1 と 2 の間に多重散乱が起きる場合を考える．弾性散乱であるから，電子の波数 (エネルギー) の大きさは変わらない．散乱の前後で，波動関数の位相[*34)]のシフトが観測される． この場合，式 (9.13) で考えた透過確率 $T_{12}$ ではなく，波動関数の透過係数 $t_{12}$ を考える (図 9.7)[*35)]．

$$t_{12} = \frac{t_1 t_2}{1 - r_1 r_2 e^{i\theta}} \tag{9.16}$$

ここで $t_1, t_2, r_1\ r_2$ は，1 と 2 での透過振幅，反射振幅である[*36)]．位相シフト $\theta$ は，1 と 2 を往復すると発生する位相のシフトである[*37)]．式 (9.16) から 1 と 2 の間での透過確率は，$t_{12}$ を 2 乗して，

---

*34) 波動関数は複素数である．波動関数を $Re^{i\theta}$ ($R$ は実数) と書いたとき，$\theta$ を位相と呼ぶ．散乱体のない場合には，$\theta = kr - \omega t$ であるので波の位相と同様に空間的，時間的に変化する．弾性散乱ポテンシャルがあるところでは，ポテンシャルの及ぶところだけ波数の大きさが変化するので，ポテンシャルの通過する前後で位相を比べてみると，ポテンシャルがない場合に比べて位相がシフトしている．これを散乱の位相シフトという．

*35) 透過確率は，波動関数の 2 乗が入射前と後でどれぐらい減少するかの確率を表す．一方，透過係数は，波動関数そのものの値が入射前と後でどれぐらいの比で変化するかを示す．波動関数は複素関数であり，波としての位相の情報を持っている．したがって透過係数も複素数である．透過係数の 2 乗が透過確率になる．式 (9.13) では，それぞれの領域を通過したあとで位相情報が失われていたので，透過確率を考えた．

*36) 波動関数は複素数であるから，透過振幅，反射振幅も複素数である．$t_1$, ($r_1$) は，入射波の振幅を 1 としたときの，透過 (反射) 後の波動関数の振幅であり，複素数としての位相情報を含んでいる．チャネルが 2 つ以上ある場合には散乱の $S$ 行列という行列で一般化できる．散乱の量子論の勉強をすると良い．

*37) 波動関数が 1 と 2 の間を移動すると，波としての位相の変化がある．これを考える必要がある．

$$\mathcal{T}_{12}^{c} = |t_{12}|^2 = \frac{\mathcal{T}_1\mathcal{T}_2}{1 - 2\sqrt{\mathcal{R}_1\mathcal{R}_2}\cos\theta + \mathcal{R}_1\mathcal{R}_2} \tag{9.17}$$

になる．ここで $\mathcal{T}_i = |t_i|^2$, $\mathcal{R}_i = |r_i|^2$ である*38)．電極 1 と 2 の間の抵抗 $R_{12}$ の平均値は $\theta$ に関して平均 $\langle\cos\theta\rangle = 0$ をとった結果*39)であり，式 (9.12) より

$$R_{12} = R_0 \left\langle \frac{1 - \mathcal{T}_{12}^{c}}{\mathcal{T}_{12}^{c}} \right\rangle = R_0 \frac{1 + \mathcal{R}_1\mathcal{R}_2 - \mathcal{T}_1\mathcal{T}_2}{\mathcal{T}_1\mathcal{T}_2} = R_1 + R_2 + 2R_1R_2/R_0 \tag{9.18}$$

で与えられる．ここで $R_1 = R_0(1 - \mathcal{T}_1)/\mathcal{T}_1$, $R_2 = R_0(1 - \mathcal{T}_2)/\mathcal{T}_2$ である．式 (9.18) では $R_{12}$ は加算的ではない ($R_{12} \neq R_1 + R_2$) のでオームの法則が成り立たない．式 (9.18) で和にならない項は $2R_1R_2$ であり，この項の影響で $R$ は $L$ が長くなると指数関数的に大きくなる．このことを示すために $L_c \sim L_m$ の長さごとに $R(L)$ を定義する．このとき式 (9.18) は以下の微分方程式になる*40)．

$$\frac{dR}{dL} \equiv \frac{R(L + L_c) - R(L)}{L_c} = \frac{R_0 + 2R}{L_c} \tag{9.19}$$

式 (9.19) の解は，

$$R(L) = \frac{R_0}{2}\left\{e^{2L/L_c} - 1\right\} \to \infty, \qquad (L \to \infty) \tag{9.20}$$

となるから，$L \to \infty$ の極限では $R$ は発散し絶縁体になる．すなわち，フェルミエネルギー付近の波動関数が空間的に局在し干渉することで，透過確率がほぼ 0 になる．この現象を局在*41)という (図 9.8).

---

*38) 式 (9.13) は式 (9.17) の干渉がない場合の極限と考えることができる．しかし 2 つの式 (9.17) と (9.13) は解析的にはつながっていない．それは，2 つの式が異なる仮定に基づいているからである．式 (9.13) を求めるときは，それぞれの散乱の間で干渉がない場合として，反射波は入射波と干渉しないと仮定した．その結果，式 (9.13) では，多重散乱の確率を足し合わせた．一方，散乱波が干渉する場合には，式 (9.16) の干渉可能な波の反射波の和を先にとり，次に 2 乗して確率を求めた．したがって，2 つの式 (9.17) と (9.13) から求めた $T_{12}$ は，独立な結果である．

*39) この平均は，ランダムな散乱体のポテンシャルやポテンシャル間の距離に関する平均である．このような平均をアンサンブル平均という．式 (9.18) では，$2R_1R_2/R_0 = R_0\{\mathcal{R}_1\mathcal{R}_2 + (1 - \mathcal{T}_1)(1 - \mathcal{T}_2)\}/\mathcal{T}_1\mathcal{T}_2$ とおくとよい．

*40) $R_{12} = R(L + L_c)$, $R_1 = R(L)$, $R_2 = R(\Delta L) = R(L_c) \sim R_0$ などを仮定すれば，微分方程式を得ることができる．初期条件は $R(0) = 0, [dR/dL]_{L=0} = R_0/L_c$ である．

*41) 局在には 2 種類あることが知られている．式 (9.20) は 1 電子波動関数に対するランダムな散乱ポテンシャルの効果であり，アンダーソン局在という．これに対して，もし電子電子相互作用の大きさが平均のエネルギー準位間隔よりも大きい場合には，電子は高速道路の渋滞のように全く動けなくなってしまう．このような局在をモット局在という．いずれも物理学者の名前 (P. Anderson, N. Mott) であり，両者とも 1977 年にノーベル物理学賞を受賞した．ちなみに局在

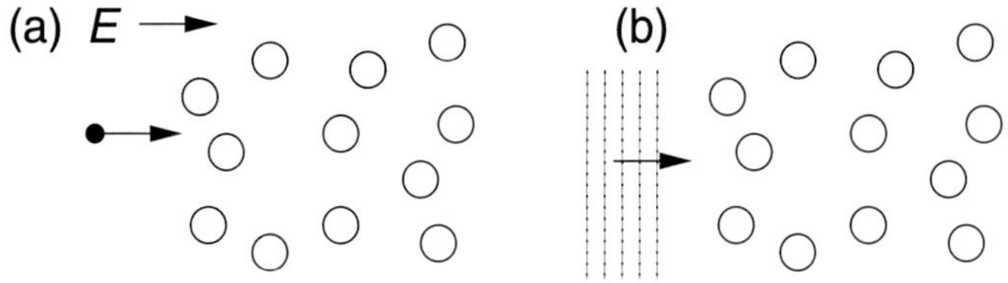


図 9.8 電子の波動関数の局在．(a) 非弾性散乱で位相情報を伴わない場合には，電子は粒子のように扱うことができる．不規則に散乱体がある場合でも，電場があれば，左から入った粒子は右側に抜け，電流は散乱体のある部分の長さに反比例する (オームの法則)．(b) 弾性散乱で位相情報を伴う場合には，電子は波として扱われ他の散乱体からの波と干渉する．不規則に散乱体がある場合では，0 から $2\pi$ の位相が不規則に足されるので，左から入ってきた平面波の振幅は右側 (透過波) でも左側 (反射波) でも指数関数的に小さくなる．この結果，電子の波動関数は散乱体のある領域に局在する．電子の波動性が本質的な現象である．

位相緩和長 $L_\varphi$ が 局在長 $L_c$ よりも十分大きいとき*42)，式 (9.20) で示した強い局在 (強局在) が起きる．このような強局在が起きる場合の電気伝導は，局在状態から局在状態に電子がホッピング*43)することによって起きる．逆に $L_c$ が $L_\varphi$ より大きい場合には，式 (9.20) での $L$ は $L = L_\varphi$ で「うちきり」になる．この場合には，弱局在が起きる*44)．強局在も弱局在も，位相緩和長 $L_\varphi$ が平均自由行程 $L_m$ (1 つの弾性散乱を起こすまでの距離) よりも長いときに起きる現象である*45)．

表 9.3 に，ここで勉強した 4 つの伝導の状態と，各状態が起きる場合の条件

---

は，チャネル数 $M$ が多い場合でも起きる．大きな $M$ の場合には局在長を $L_c = ML_m$ のように再定義する (並列回路と同じ概念と考えればわかりやすい)．

*42) すなわち $L_\varphi$ の長さまでは位相の干渉効果が起きるので，この章で議論した局在の効果が起きる．$L_\varphi$ を越えた長さでは，$L_\varphi$ ごとの抵抗が直列につながったオームの法則が成り立つ．

*43) 熱源から (に) エネルギーをもらって (あげて) ジャンプすることをホッピングという．このときの電気伝導はバリアブルレンジホッピングと呼ばれる特殊な温度依存性を示すことがわかっている (演習問題 [9-18])．

*44) 弱局在状態は，例えば外部磁場によって局在長を変化させることができ，磁場をかけると電気が流れやすくなる．これを負の磁気抵抗と呼ぶ．磁気抵抗の起源は，局在と密接な関係がある．

*45) 著者も研究している炭素材料は，結晶の他に欠陥の多い材料が数多く知られていて，弱局在から強局在までコントロールできる．局在は，長い位相緩和長 $L_\varphi$，少ないチャネル数 $M$，短い平均自由行程 $L_m$ のときに強く起き，局在長 $L_c$ が短くなる．多くの低次元伝導体，例えば金属ワイヤーや処理温度を高めに設定して欠陥を少なくした炭素繊維は，弱局在を示す．また，大量にドープした半導体，F (フッ素) を大量に挿入したグラファイト (グラファイト層間化合物) などは強局在を示す．

表 9.3 伝導帯の分類

| 分類 | 条件式 | コヒーレンス長 |
|---|---|---|
| 古典 (オーム則) | $L_\varphi < L_m \ll L$ | $\sim L_m$ |
| 局在 | $L_m \ll L_\varphi < L$ | $L_m$ の $M$ 倍 |
| 弱局在 | $L_\varphi < L_c$ | $L_\varphi$ |
| 強局在 | $L_\varphi > L_c$ | $L_c$ |
| バリスティック | $L_m > L_\varphi > L$ | $L$ |

式，また各状態で電子が位相の情報を保つコヒーレンス長*46)をまとめた．位相緩和長 ($L_\varphi$) が 平均自由行程 ($L_m$) より小さい場合には，古典的な伝導が起き，抵抗は加算的になる (オーム則)．平均自由行程が位相緩和長よりも小さいとき ($L_m \ll L_\varphi$) には，量子的な干渉効果 (波動関数の散乱前後間の干渉) が $L_\varphi$ (または $L_c$) の長さで起き，弱局在 (または強局在) が起きる．試料が十分に大きい ($L_\varphi \ll L, L_c \ll L$) 場合には，局在効果は $L_\varphi$ (または $L_c$) の長さが微視的な長さでの効果にとどまる．この場合にも古典的な伝導が観察される．コヒーレンス長が試料の大きさに匹敵するようになると，局在効果が巨視的な量子効果として観測される*47)．さらにバリスティック伝導では，電気伝導はランダウワー公式によって支配され，電気伝導はチャネル数 $M$ によってのみ決まる．

## 9.8 スピントロニクス

最後に電子のスピンの輸送について考える．電子はスピン (ボーア磁子の磁気モーメント) を持つので，強磁性体 (磁石) のそばを電子が通過するときには電子のスピンは磁場の方向に向いた方がエネルギーが低い．したがって，パウリの帯磁率を考えたときと同じように，上向きのスピンと下向きのスピンの数が違うので，スピンの向きが偏極した電流が流れる．これをスピン流という (図 9.9(a))*48)．スピン流のスピンの向きは，2 つの磁石の間で電子のスピン

*46) コヒーレントという言葉は，レーザーのとき (第 6 章) にも出てきたが,「干渉可能」という形容詞である．名詞はコヒーレンスである．コヒーレンス長 (非弾性散乱が起きるまでの長さ，非弾性散乱長) の長さの中では，量子力学で良く使ったシュレディンガー方程式を解くことができる．それより長い長さでは，電子はホッピングなどエネルギーが保存しない運動になるので，拡散など統計力学的な手法が重要である．固体物理は，量子力学と統計力学の両方の力が必要である．

*47) 巨視的な量子効果としては，量子ホール効果，普遍的な伝導度の揺らぎ，磁気抵抗効果が観測できる．詳細は，より専門の教科書で勉強してほしい．

*48) 電子が移動するので，電荷の流れとしての電流がある．スピン流という場合には，電子の $< S_z >$ の平均が 0 でない状態での電流を指す．熱平衡状態で磁場がなければ，電流中の上向きと下向

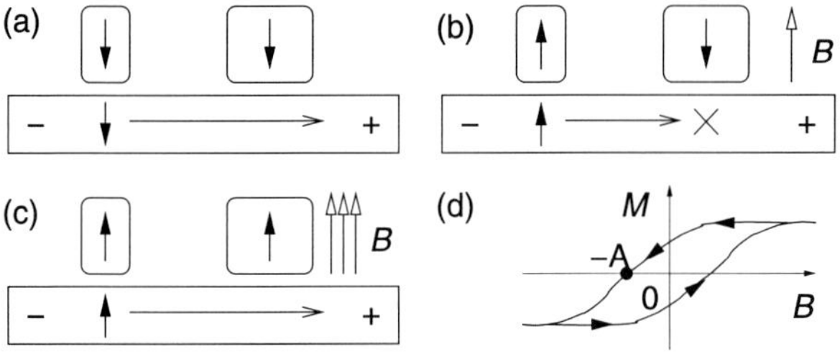


図 **9.9** スピン流. (a) 大きさの異なる磁石 (磁気モーメント下向き) を導線に近づけると, 下向きのスピンに偏極した電子が外部電場によって流れる. (b) 全体に上向きの磁場 $B$ をかけると, 左側の小さな磁石の向きが上向きに変わる. この場合, 上向きのスピンの電子は, 左側の磁石は通過できるが, 右側の磁石は通過できない. (c) (b) よりさらに大きな $B$ をかけると右側の磁石の向きも変わり, 上向きのスピン流が流れる. (d) 保磁力. 外部磁場 $B$ を正から負に変化させたとき, $B=-A$ で初めて磁化 $M$ の符号が変わる. この $A$ の値を保磁力という. 同じ磁性体なら, 磁石が大きいほど保磁力は大きい.

の向きに変化を与える相互作用がなければ, 2 番目の磁石までスピンの向きを保つ*49). このとき 2 番目の磁石の向きが電子のスピン偏極と同じ (すなわち 1 番目の電極の磁場の向きと同じ) 方向の場合には, 電流はそのまま通過する (図 9.9(a)) が, 逆の場合には電流は流れない (図 9.9(b)). 磁石の向きによってスピン流 (電流) を生成・制御することをスピントロニクスという*50). 磁石の内部磁場の向きは, 外部磁場を局所的にかけることで変えられる. 局所的にかけるといっても, 2 つの小さな磁石の向きを片方ずつ変える手法が必要である.

---

きのスピンを持つ電子の数は同じはずである.

*49) 原子が物質中にスピンを持つような場合には, 電子スピン散乱によって原子のスピンの向きが変化する (スピントルクという) 非弾性散乱が起きる. この場合には, ある距離進むと電子のスピンの向きの情報が失われる. これをスピン緩和長 という. 原子軌道が閉殻であるような場合にはスピンがないので, スピンの散乱はない. また炭素のようにスピン軌道相互作用が小さいものは, 閉殻でなくてもスピンの散乱は小さい. 現在では, スピントルクを利用して原子のスピンの向きを変える原理によって, ハードディスクの書き込みを行おうとしている. この方法は従来の, コイルに電流を流して磁石の向きを変えるやり方よりもエネルギー効率が非常によいことが指摘されている.

*50) スピントロニクスは, 磁場によって抵抗が変化する**磁気抵抗効果**を利用している. 多層膜の磁性体を使うことによって, 大きな (100% 以上) 磁気抵抗効果が可能で, **巨大磁気抵抗効果**と呼ぶ. A. Fert と P. Grünberg は 1987 年に巨大磁気抵抗効果を発見し, 2007 年のノーベル物理学賞を受賞した. 現在ではハードディスクなどの読み取りに巨大磁気抵抗効果が利用されており, 容量を飛躍的に増加させることができた. さらに東北大学の宮崎照宣教授らは 1994 年にトンネル磁気抵抗効果における巨大磁気抵抗効果を発見し, 磁気メモリー素子開発に大きな貢献をした.

強磁性体の内部磁場の向きは，外部磁場がなくても自発的に発生する (自発磁化)．この内部磁場の向きを反対にするには，逆向きの外部磁場をかければ良い．逆向きの外部磁場を 0 からかけていっても，ある大きさの磁場 (図 9.9(d) の $B=-A$) までは，向きは反対にならない．この磁場の大きさを**保磁力**という*51)．保磁力の大きさは，同じ磁性体なら大きい磁石の方が大きい．これを利用して 2 つの磁石の大きさに大小の差を付けると，局所的にかける外部磁場は 1 つでも，磁場の大きさを 0 から大きくしていくと，(1) まず小さい磁石の内部磁場が向きを変え (図 9.9(b))，(2) 次に大きい磁石の内部磁場が向きを変える (図 9.9(c)) ようにすることができる．(1) と (2) の間で磁場を 0 に戻すと，2 つの電極を逆向きに設定することができる．

磁石の平行・反平行の 2 つの場合の電流の違いを用いると，コンピュータの 0 と 1 の信号を作ることができる．2 つの磁石の内部磁場の相互の向きを変化させることによって，向きの情報を電流で検出することができる．これはパソコンのハードディスクの情報の読み取りや，磁気ランダムアクセスメモリー (magnetic random access memory, MRAM) を nm 領域の大きさで可能にする*52)．この原理などを用いて，スピントロニクスは物理と工学の大きな先端分野となっている．スピントロニクスは**エレクトロニクス** (通常の電子の電荷の情報をやりとりする) に対比する言葉であり，今後ますますの発展が期待できる．

## 演習問題

[9-1]　(ショットキー接合)　非オーミック伝導として，金属と半導体の接合であるショットキー接合がある．ショットキー接合での電流電圧特性を求めよ．

[9-2]　(4 端子法)　4 端子法で計測した電流と電圧の値と，サンプルの形状から抵抗率を求める手順を説明せよ．サンプルの抵抗値 (接触抵抗値) と電圧

---

*51)　保磁力の単位は，磁場の大きさ A/m である．磁束密度の単位は T (テスラ) である．$B$ を磁場と呼ぶのは便利であるが，単位の記述など，要所では注意が必要である．

*52)　従来の磁性体の磁気情報は，ピックアップコイルと呼ばれる微小なコイルに流れる誘導電流を測定したり，光の偏光面が磁性体の反射の前後で変化する**カー回転効果**を用いることで得ていた．これらは，原理上 $1\mu$m 以下の構造を作ることはできないが，スピン流の変化の観測では図 9.9 の原理を用いればよく，電流の流れる部分は nm の大きさの幅に小さくできる．p.167 の脚注 ∗49) でも説明したが，磁気情報の処理をスピントルクの方法で行えば，書き込みもコイルを使う必要はない．

計の内部抵抗の値の比が $\alpha$ のとき，抵抗率の相対誤差を評価せよ．

[9-3] (接触抵抗)　接触抵抗を測定する方法を考えよ．測定しようと思う抵抗に比べて接触抵抗が非常に大きい場合，測定精度を上げるにはどのようにしたら良いか? 試料の大きさを変更しないで考えられる方法を説明せよ．

[9-4] (4端子法での誤差)　4端子法で接触抵抗を小さくするために電極を大きくしたところ，実験の測定値に誤りが発生した．この原因を考えよ．電極を点にした4端針にした場合，測定値の補正として考えないといけないことを説明せよ．

[9-5] (半金属のホール係数)　電子とホールが共存する半金属がある．電子とホールの数密度を $n$, $p$, 緩和時間を $\tau_e$, $\tau_h$, 有効質量を $m_e$, $m_h$ とおくとき，この系のホール効果の係数を求めよ．n 型 (p 型) 半導体の場合 ($n \gg p$, または $p \gg n$) のホール係数も求めよ．

[9-6] (自由電子模型による移動度)　銅の移動度の値を自由電子模型を用いて評価せよ．銅の抵抗率の値は 1.5 Ωm (0°C) とせよ．

[9-7] (半導体の平均自由行程)　半導体の電子の移動度が $10^{-1}\mathrm{m}^2/\mathrm{Vs}$(Si) と $10^3\mathrm{m}^2/\mathrm{Vs}$(GaAs) の平均自由行程を評価したい．ホールの移動度は無視し，また電子の有効質量の値は 1.0(Si), 0.066(GaAs) とせよ (フェルミ面の形状が回転楕円体のため，Si の有効質量は 2 つの値を持つ)．2 つの半導体の場合について，適当な電子密度を仮定してフェルミ速度を評価せよ．

[9-8] (ホール角)　ホール効果の実験で，$n$ と $p$ のキャリアー濃度を測定する方法を調べよ．電流を流すための電場の大きさとホール電圧の電場の大きさからなる角度をホール角という．ホール角を調べ，ホール角の式を導出せよ．

[9-9] (半導体の不純物濃度)　市販の Si の n 型半導体で，カタログの $n$ の値がいくらか調べよ．この値が正しいかどうかを調べるために，$B$ =1T の磁場を出すことができる電磁石と 10 V の定電圧源を用いて実験した．ホール電圧の値はいくらになるか．

[9-10] (散乱での位相シフト)　直径 $a$ の球内のエネルギーが，$-V_0$ だけ下がった井戸型ポテンシャルがある．エネルギー $E > 0$ の電子が弾性散乱されるときの，位相のシフトを求めよ．

[9-11] (チャネル数) 自由電子が，幅 $W$ のリボン状の1次元導体中にいる．このときのチャネル数 $M$ をエネルギー $E$ の関数として求めグラフにせよ．1次元導体がバリスティックのとき，電気伝導を $E_{\mathrm{F}}$ の関数として図示せよ．

[9-12] (強磁性体のB-H カーブ) 強磁性体の B (磁束密度) と外部磁場の大きさ (H) をグラフにしたものをB-H カーブという．強磁性体の磁場を + と − に1周期分変化させたときのB-H カーブを図示し，保磁力や強磁性体の物理量を，図や式を用いて説明せよ．

[9-13] (半導体の pn 接合) 半導体の pn 接合における順方向の電流が，$I = I_0(\exp(eV/k_{\mathrm{B}}T) - 1)$ で表せることを示せ．

[9-14] (MOS 構造) 金属–絶縁体–半導体 (MOS) 構造において，界面に強い電場をかけると半導体側に反転層と呼ばれる2次元電子層が発生する．このことを，図を描いて説明せよ．また，反転層での電子密度を適当なパラメータを用いて表せ．

[9-15] (磁気抵抗効果) 磁気抵抗効果の原理を調べ，説明せよ．特に磁気抵抗効果を大きくするにはどのような方法が有効であるか，式を用いて説明せよ．

[9-16] (ウイーデマン・フランツ則) 金属において，電気伝導率と熱伝導率は比例する．この比例係数が絶対温度 $T$ に比例することを，ウイーデマン・フランツ則という．この法則を調べ，式を用いて説明せよ．

[9-17] (金属の低温電気抵抗) 金属の低温における電気抵抗がフォノンによるとき，$T^5$ に比例することを示せ．

[9-18] (バリアブルレンジホッピング) 強い局在の状態では，電子はホッピングで電気伝導を示す．ホッピングできるのは，$k_{\mathrm{B}}T$ 程度のエネルギー差 $\Delta E$ の局在状態間である．半径 $R$ の中では，不確定性原理から，一定の確率でしかホッピングできない状態である．この条件で，ホッピングを最適化し，低温での電気伝導度の式 (バリアブルレンジホッピングの式) を導出してみよ．

[9-19] (熱起電力) 半導体では，温度差を起電力に変換することができ，熱起電力という．熱起電力の概念を式と図を用いて説明せよ．

# 索　　引

## ア　行



## カ　行

## サ 行



## タ 行

## マ 行



## ヤ 行



## ラ 行



## ワ 行

**著者略歴**

齋藤理一郎（さいとう りいちろう）

1958年　東京都に生まれる
1985年　東京大学大学院理学系研究科
　　　　博士課程修了
現　在　東北大学大学院理学研究科教授
　　　　理学博士

現代物理学［基礎シリーズ］6
基礎固体物性　　定価はカバーに表示

2009年2月25日　初版第1刷
2016年3月25日　　　第4刷

著　者　齋　藤　理　一　郎
発行者　朝　倉　誠　造
発行所　株式会社　朝　倉　書　店
東京都新宿区新小川町6-29
郵便番号　162-8707
電　話　03(3260)0141
FAX　03(3260)0180
http://www.asakura.co.jp

〈検印省略〉

© 2009〈無断複写・転載を禁ず〉

中央印刷・渡辺製本

ISBN 978-4-254-13776-7　C 3342　　Printed in Japan

JCOPY ＜(社)出版者著作権管理機構 委託出版物＞

本書の無断複写は著作権法上での例外を除き禁じられています．複写される場合は，そのつど事前に，(社) 出版者著作権管理機構（電話 03-3513-6969，FAX 03-3513-6979，e-mail: info@jcopy.or.jp）の許諾を得てください．

# 好評の事典・辞典・ハンドブック

| | | |
|---|---|---|
| 物理データ事典 | 日本物理学会 編 | B５判 600頁 |
| 現代物理学ハンドブック | 鈴木増雄ほか 訳 | A５判 448頁 |
| 物理学大事典 | 鈴木増雄ほか 編 | B５判 896頁 |
| 統計物理学ハンドブック | 鈴木増雄ほか 訳 | A５判 608頁 |
| 素粒子物理学ハンドブック | 山田作衛ほか 編 | A５判 688頁 |
| 超伝導ハンドブック | 福山秀敏ほか編 | A５判 328頁 |
| 化学測定の事典 | 梅澤喜夫 編 | A５判 352頁 |
| 炭素の事典 | 伊与田正彦ほか 編 | A５判 660頁 |
| 元素大百科事典 | 渡辺　正 監訳 | B５判 712頁 |
| ガラスの百科事典 | 作花済夫ほか 編 | A５判 696頁 |
| セラミックスの事典 | 山村　博ほか 監修 | A５判 496頁 |
| 高分子分析ハンドブック | 高分子分析研究懇談会 編 | B５判 1268頁 |
| エネルギーの事典 | 日本エネルギー学会 編 | B５判 768頁 |
| モータの事典 | 曽根　悟ほか 編 | B５判 520頁 |
| 電子物性・材料の事典 | 森泉豊栄ほか 編 | A５判 696頁 |
| 電子材料ハンドブック | 木村忠正ほか 編 | B５判 1012頁 |
| 計算力学ハンドブック | 矢川元基ほか 編 | B５判 680頁 |
| コンクリート工学ハンドブック | 小柳　洽ほか 編 | B５判 1536頁 |
| 測量工学ハンドブック | 村井俊治 編 | B５判 544頁 |
| 建築設備ハンドブック | 紀谷文樹ほか 編 | B５判 948頁 |
| 建築大百科事典 | 長澤　泰ほか 編 | B５判 720頁 |

価格・概要等は小社ホームページをご覧ください.